手把手教你学工程量清单计价系列

手把手教你学装饰装修工程工程量清单计价

（第2版）

孙　波　主编

中国建材工业出版社

图书在版编目(CIP)数据

手把手教你学装饰装修工程工程量清单计价/孙波主编．—2版．—北京：中国建材工业出版社，2015.1
（手把手教你学工程量清单计价系列）
ISBN 978-7-5160-1092-1

Ⅰ.①手… Ⅱ.①孙… Ⅲ.①建筑装饰—工程造价 Ⅳ.①TU723.3

中国版本图书馆CIP数据核字（2014）第310592号

手把手教你学装饰装修工程工程量清单计价（第2版）
孙 波 主编

出版发行：中国建材工业出版社
地　　址：北京市海淀区三里河路1号
邮　　编：100044
经　　销：全国各地新华书店
印　　刷：北京紫瑞利印刷有限公司
开　　本：787mm×1092mm　1/16
印　　张：18.5
字　　数：498千字
版　　次：2015年1月第2版
印　　次：2015年1月第1次
定　　价：50.00元

本社网址： www.jccbs.com.cn　**微信公众号：** zgjcgycbs
本书如出现印装质量问题，由我社营销部负责调换。电话：（010）88386906
对本书内容有任何疑问及建议，请与本书责编联系。邮箱： dayi51@sina.com

内 容 提 要

本书根据《建设工程工程量清单计价规范》（GB 50500—2013）和《房屋建筑与装饰工程工程量计算规范》（GB 50854—2013）为依据，以“手把手”为编写理念，由浅入深、有针对性地介绍了装饰装修工程工程量清单计价的基础理论和方式方法。全书主要内容包括概论，装饰装修工程工程量清单与计价，装饰装修工程图识读，楼地面工程工程量清单计价，墙、柱面装饰与隔断、幕墙工程工程量清单计价，天棚工程工程量清单计价，门窗工程工程量清单计价，油漆、涂料、裱糊工程工程量清单计价，其他装饰工程工程量清单计价，措施项目，装饰装修工程工程量清单计价编制实例等。

本书内容丰富实用，可供装饰装修工程造价编制与管理人员使用，也可供高等院校相关专业师生学习时参考。

手把手教你学装饰装修工程

工程量清单计价

编　写　组

主　编：孙　波
副主编：梁　允　何晓卫
编　委：郤建荣　蒋梦云　吕美桃　方　芳
徐晓珍　葛彩霞　李桂英　徐梅芳
王漓鹂　李建钊　李良因　马　静
孙邦丽　董凤环　王　委

Preface

第2版前言

Preface

工程量清单计价是建设工程招标投标中，按照国家统一的工程量清单计价规范及相关工程国家计量规范，由招标人提供工程数量，投标人自主报价，经评审低价中标的工程造价计价模式。采用工程量清单计价有利于发挥企业自主报价的能力，同时也有利于规范业主在工程招标中计价行为，有效改变招标单位在招标中盲目压价的行为，从而真正体现公开、公平、公正的原则，反映市场经济规律。本系列丛书第1版自出版发行以来，对指导广大建设工程造价人员理解清单计价规范的相关内容，掌握工程量清单计价的方法发挥了重要的作用。

随着我国工程建设市场的快速发展，工程计价的相关法律法规也发生了较多的变化，为规范建设市场计价行为，维护建设市场秩序，促进建设市场有序竞争，控制建设项目投资，合理利用资源，从而进一步适应建设市场发展的需要，住房和城乡建设部标准定额司组织有关单位对《建设工程工程量清单计价规范》(GB 50500—2008)进行了修订，并于2012年12月25日正式颁布了《建设工程工程量清单计价规范》(GB 50500—2013)及《房屋建筑与装饰工程工程量计算规范》(GB 50854—2013)、《通用安装工程工程量计算规范》(GB 50856—2013)等9本工程量计算规范。

2013版清单计价规范是在全面总结2003版清单计价规范实施十年来的经验的基础上，针对存在的问题，以原建设部发布的工程基础定额、消耗量定额、预算定额以及各省、自治区、直辖市或行业建设主管部门发布的工程计价定额为参考，以工程计价相关国家或行业的技术标准、规范、规程为依据，对2008版清单计价规范进行全面修订而成。2013版清单计价规范进一步确立了工程计价标准体系的形成，为下一步工程计价标准的制订打下了坚实的基础。较之以前的版本，2013版清单计价规范扩大了计价计量规范的适用范围，深化了工程造价运行机制的改革，强化了工程计价计量的强制性规定，注重了与施工合同的衔接，明确了工程计价风险分担的范围，完善了招标控制价制度，规范了不同合同形式的计量与价款支付，统一了合同价款调整的分类内容，确立了施工全过程计价控制与工程结算的原则，提供了合同价款争议解决的方法，增加了工程造价鉴定的专门规定，细化了措施项目计价的规定，增强了规范的可操作性和保持了规范的先进性。

为使广大建设工程造价工作者能更好地理解2013版清单计价规范和相关专业工程国

家计量规范的内容，更好地掌握建标〔2013〕44号文件的精神，使丛书能够符合当前建设工程造价编制与管理的实际情况，保证丛书内容的先进性与实用性，我们在保持丛书编写体例及编写风格的基础上对丛书进行了全面修订。

（1）此次修订严格按照《建设工程工程量清单计价规范》（GB 50500—2013）及《房屋建筑与装饰工程工程量计算规范》（GB 50854—2013）、《通用安装工程工程量计算规范》（GB 50856—2013）等9本工程量计算规范的内容，及建标〔2013〕44号文件进行，修订后的图书将能更好地满足当前工程量清单计价编制与管理工作需要，对宣传贯彻2013版清单计价规范，使广大读者进一步了解工程量清单计价提供很好的帮助。

（2）修订时进一步强化了“手把手”的编写理念，集理论与编制技能于一体，对部分内容进一步进行了丰富与完善，对知识体系进行除旧布新，使图书的可读性得到了增强，便于读者更形象、直观地掌握工程量清单计价编制的方法与技巧。

（3）根据《建设工程工程量清单计价规范》（GB 50500—2013）对工程量清单与工程量清单计价表格的样式进行了修订。为强化图书的实用性，本次修订时还依据相关工程量计算规范，对已发生了变动的工程量清单项目，重新组织相关内容进行了介绍，并对照新版规范修改了其计量单位、工程量计算规则、工作内容等。

本书修订过程中参阅了大量工程量清单计价编制与管理方面的书籍与资料，并得到了有关单位与专家学者的大力支持与指导，在此表示衷心的感谢。书中错误与不当之处，敬请广大读者批评指正。

Preface

第1版前言

Preface

当前，我国建设市场的快速发展，招标投标制、合同制的逐步推行，要求我们参照国际惯例、规范和做法来计算工程承发包价格，以适应社会主义市场经济和国际市场的需要。工程量清单计价是目前国际上通行的做法，在国内的世界银行等国内外金融机构、政府机构贷款项目在招标投标中也大多采用工程量清单计价的办法。

工程量清单计价是由具有建设项目管理能力的业主或受其委托具有相应资质的中介机构，依据住房和城乡建设部于2008年7月颁布实施的《建设工程工程量清单计价规范》(GB 50500—2008)、招标文件要求和设计施工图纸等，编制出拟建工程的分部分项工程项目、措施项目、其他项目的名称和相应数量的明细清单，公开提供给各投标人。投标人按照招标文件所提供的工程量清单、施工现场的实际情况及拟定的施工方案、施工组织设计，按企业定额或建设行政主管部门发布的消耗量定额以及市场价格，结合市场竞争情况，充分考虑风险，自主报价，通过市场竞争形成价格的计价方式。工程量清单计价是改革和完善工程价格管理体制的一个重要组成部分，其真正实现了建设市场上竞争定价的公正、公平，它的实施推动了我国工程造价管理改革的深入和体制的创新，开创了我国造价管理工作的新格局，形成了以市场竞争产生价格的新机制。

《手把手教你学工程量清单计价系列》是以《建设工程工程量清单计价规范》(GB 50500—2008)为编写依据，在对读者实际需要进行充分调研的基础上，按照工程量清单计价的特点，有针对性地编写的一套易学易懂、学以致用的丛书。

本套丛书共包括以下分册：

《手把手教你学建筑工程工程量清单计价》

《手把手教你学水暖工程工程量清单计价》

《手把手教你学电气工程工程量清单计价》

《手把手教你学市政工程工程量清单计价》

《手把手教你学装饰装修工程工程量清单计价》

《手把手教你学通风空调工程工程量清单计价》

《手把手教你学园林绿化工程工程量清单计价》

《手把手教你学水利水电工程工程量清单计价》

与市面上同类图书相比，《手把手教你学工程量清单计价系列》丛书具有以下特点：

（1）实用性突出。省略了工程造价理论知识的表述，直接以各工程具体应用为叙述对象，详细阐述了各工程量清单计价的实用知识，具有较高的实用价值，方便读者在工作中随时查阅学习。

（2）针对性明显。丛书以《建设工程工程量清单计价规范》（GB 50500—2008）的清单项目设置及工程量计算规则为编写依据，对各清单项目按照规则所要求的“项目名称”“项目特征”“计量单位”“工程量计算规则”“工程内容”进行了有针对性的阐述，方便读者理解计价规范，掌握清单计价的实际运用方法。

（3）编写体例新颖。丛书从清单项目设置及工程量计算规则、项目特征描述、工程内容介绍、工程量计算实例等多方面对工程量清单计价知识进行了解析，结构清晰，条理分明，具有较强的可操作性。

（4）内容简明易学。丛书紧扣“手把手”的编写理念，把握住工程量清单计价中最基础却又不易掌握的知识，以通俗的语言，实用的示例，为读者答疑解惑，使读者可以轻松、迅速掌握清单计价的实用方法。

丛书在编写过程中，参考或引用了有关部门、单位和个人的资料，参阅了国内同行多部著作，得到了相关部门及工程咨询单位的大力支持与帮助，在此一并表示衷心的感谢。丛书在编写过程中，虽经推敲核证，但限于编者的专业水平和实践经验，仍难免有疏漏或不妥之处，恳请广大读者指正。

编者

Contents 目 录 Contents

第一章 概论 …… (1)

第一节 装饰装修工程概述 …… (1)

一、装饰装修工程的概念 …… (1)

二、装饰装修工程的作用 …… (1)

三、装饰装修工程的分类 …… (1)

四、装饰装修工程项目的划分 …… (2)

第二节 装饰装修工程的等级与标准 …… (3)

一、建筑等级划分 …… (3)

二、建筑装饰等级 …… (3)

三、建筑装饰标准 …… (4)

第二章 装饰装修工程工程量清单与计价 …… (5)

第一节 工程量清单计价规范 …… (5)

一、工程量清单计价规范的简介 …… (5)

二、工程量清单计价规范编制目的与依据 …… (6)

第二节 装饰装修工程工程量清单 …… (6)

一、工程量清单的概念 …… (6)

二、工程量清单编制 …… (6)

第三节 工程造价的构成 …… (13)

一、建筑安装工程费用项目组成(按费用构成要素划分) …… (13)

二、建筑安装工程费用项目组成(按工程造价形成划分) …… (16)

第四节 工程量清单计价基本表格 …… (18)

一、计价表格名称及适用范围 …… (18)

二、工程计价表格的形式及填写要求 …… (20)

第三章 装饰装修工程图识读 …… (53)

第一节 识图基础知识 …… (53)

一、图纸幅面 …… (53)

二、标题栏 …… (54)

三、图纸编排顺序 …… (56)

四、图线与比例 …… (56)
五、字体 …… (58)
六、符号 …… (59)
七、定位轴线 …… (63)
八、尺寸标准 …… (64)
第二节 装饰装修工程常用图例 …… (70)
一、常用建筑装饰材料图例 …… (70)
二、常用家具图例 …… (73)
三、常用电器图例 …… (74)
四、常用厨具图例 …… (75)
五、常用洁具图例 …… (76)
六、常用景观配饰图 …… (77)
七、常用灯光照明图例 …… (78)
八、常用设备图例 …… (79)
九、常用开关、插座图 …… (79)
第三节 装饰装修工程施工图识读 …… (80)
一、装饰装修平面图识读 …… (80)
二、装饰装修立面图识读 …… (83)
三、装饰装修剖面图识读 …… (86)
四、装饰装修详图识读 …… (89)

第四章 楼地面工程工程量清单计价 …… (95)

第一节 整体面层及找平层 …… (95)
一、工程量清单项目设置及工程量计算规则 …… (95)
二、项目名称释义 …… (96)
三、项目特征描述 …… (98)
四、工程量计算 …… (104)
第二节 块料面层 …… (105)
一、工程量清单项目设置及工程量计算规则 …… (105)
二、项目名称释义 …… (105)
三、项目特征描述 …… (107)
四、工程量计算 …… (111)
第三节 橡塑面层 …… (112)
一、工程量清单项目设置及工程量计算规则 …… (112)
二、项目名称释义 …… (112)
三、项目特征描述 …… (113)

四、工程量计算 …………………………………………………………………………… (113)
第四节　其他材料面层 …………………………………………………………………… (114)
一、工程量清单项目设置及工程量计算规则 ……………………………………… (114)
二、项目名称释义 ………………………………………………………………………… (115)
三、项目特征描述 ………………………………………………………………………… (117)
四、工程量计算 …………………………………………………………………………… (118)
第五节　踢脚线 …………………………………………………………………………… (119)
一、工程量清单项目设置及工程量计算规则 ……………………………………… (119)
二、项目名称释义 ………………………………………………………………………… (120)
三、项目特征描述 ………………………………………………………………………… (121)
四、工程量计算 …………………………………………………………………………… (122)
第六节　楼梯面层 ………………………………………………………………………… (123)
一、工程量清单项目设置及工程量计算规则 ……………………………………… (123)
二、项目名称释义 ………………………………………………………………………… (124)
三、项目特征描述 ………………………………………………………………………… (125)
四、工程量计算 …………………………………………………………………………… (126)
第七节　台阶装饰 ………………………………………………………………………… (127)
一、工程量清单项目设置及工程量计算规则 ……………………………………… (127)
二、项目名称释义 ………………………………………………………………………… (127)
三、项目特征描述 ………………………………………………………………………… (128)
四、工程量计算 …………………………………………………………………………… (128)
第八节　零星装饰项目 …………………………………………………………………… (129)
一、工程量清单项目设置及工程量计算规则 ……………………………………… (129)
二、项目特征描述 ………………………………………………………………………… (129)
三、工程量计算 …………………………………………………………………………… (130)

第五章　墙、柱面装饰与隔断、幕墙工程工程量清单计价 ………………………… (131)

第一节　墙面抹灰 ………………………………………………………………………… (131)
一、工程量清单项目设置及工程量计算规则 ……………………………………… (131)
二、项目名称释义 ………………………………………………………………………… (132)
三、项目特征描述 ………………………………………………………………………… (133)
四、工程量计算 …………………………………………………………………………… (134)
第二节　柱(梁)面抹灰 ………………………………………………………………… (135)
一、工程量清单项目设置及工程量计算规则 ……………………………………… (135)
二、项目名称释义 ………………………………………………………………………… (135)
三、项目特征描述 ………………………………………………………………………… (135)

四、工程量计算 …… (136)
第三节 零星抹灰 …… (136)
一、工程量清单项目设置及工程量计算规则 …… (136)
二、项目名称释义 …… (136)
三、项目特征描述 …… (137)
四、工程量计算 …… (138)
第四节 墙面块料面层 …… (138)
一、工程量清单项目设置及工程量计算规则 …… (138)
二、项目名称释义 …… (139)
三、项目特征描述 …… (139)
四、工程量计算 …… (141)
第五节 柱(梁)面镶贴块料 …… (142)
一、工程量清单项目设置及工称量计算规则 …… (142)
二、项目名称释义 …… (143)
三、项目特征描述 …… (143)
四、工程量计算 …… (143)
第六节 镶贴零星块料 …… (143)
一、工程量清单项目设置及工程量计算规则 …… (143)
二、项目名称释义 …… (144)
三、项目特征描述 …… (144)
四、工程量计算 …… (144)
第七节 墙饰面 …… (145)
一、工程量清单项目设置及工程量计算规则 …… (145)
二、项目名称释义 …… (145)
三、项目特征描述 …… (148)
四、工程量计算 …… (148)
第八节 柱(梁)饰面 …… (149)
一、工程量清单项目设置及工程量计算规则 …… (149)
二、项目名称释义 …… (149)
三、项目特征描述 …… (149)
四、工程量计算 …… (150)
第九节 幕墙工程 …… (150)
一、工程量清单项目设置及工程量计算规则 …… (150)
二、项目名称释义 …… (150)
三、项目特征描述 …… (154)
四、工程量计算 …… (154)

第十节 隔断 …… (155)
一、工程量清单项目设置及工程量计算规则 …… (155)
二、项目名称释义 …… (156)
三、项目特征描述 …… (156)
四、工程量计算 …… (157)

第六章 天棚工程工程量清单计价 …… (158)

第一节 天棚抹灰 …… (158)
一、工程量清单项目设置及工程量计算规则 …… (158)
二、项目名称释义 …… (158)
三、项目特征描述 …… (158)
四、工程量计算 …… (160)
第二节 天棚吊顶 …… (160)
一、工程量清单项目设置及工程量计算规则 …… (160)
二、项目名称释义 …… (161)
三、项目特征描述 …… (165)
四、工程量计算 …… (166)
第三节 采光天棚 …… (167)
一、工程量清单项目设置及工程量计算规则 …… (167)
二、项目名称释义 …… (167)
三、项目特征描述 …… (168)
四、工程量计算 …… (168)
第四节 天棚其他装饰 …… (168)
一、工程量清单项目设置及工程量计算规则 …… (168)
二、项目名称释义 …… (168)
三、项目特征描述 …… (169)
四、工程量计算 …… (169)

第七章 门窗工程工程量清单计价 …… (170)

第一节 木门 …… (170)
一、工程量清单项目设置及工程量计算规则 …… (170)
二、项目名称释义 …… (170)
三、项目特征描述 …… (171)
四、工程量计算 …… (173)
第二节 金属门 …… (173)
一、工程量清单项目设置及工程量计算规则 …… (173)

二、项目名称释义 …… (174)
三、项目特征描述 …… (174)
四、工程量计算 …… (175)
第三节　金属卷帘(闸)门 …… (175)
一、工程量清单项目设置及工程量计算规则 …… (175)
二、项目名称释义 …… (176)
三、项目特征描述 …… (176)
四、工程量计算 …… (176)
第四节　厂库房大门、特种门 …… (177)
一、工程量清单项目设置及工程量计算规则 …… (177)
二、项目名称释义 …… (178)
三、项目特征描述 …… (178)
四、工程量计算 …… (179)
第五节　其他门 …… (179)
一、工程量清单项目设置及工程量计算规则 …… (179)
二、项目名称释义 …… (180)
三、项目特征描述 …… (181)
第六节　木窗 …… (183)
一、工程量清单项目设置及工程量计算规则 …… (183)
二、项目名称释义 …… (183)
三、项目特征描述 …… (184)
四、工程量计算 …… (184)
第七节　金属窗 …… (185)
一、工程量清单项目设置及工程量计算规则 …… (185)
二、项目名称释义 …… (186)
三、项目特征描述 …… (188)
四、工程量计算 …… (189)
第八节　门窗套 …… (189)
一、工程量清单项目设置及工程量计算规则 …… (189)
二、项目名称释义 …… (190)
三、项目特征描述 …… (191)
四、工程量计算 …… (192)
第九节　窗台板 …… (193)
一、工程量清单项目设置及工程量计算规则 …… (193)
二、项目名称释义 …… (193)
三、项目特征描述 …… (194)

四、工程量计算 …… (194)
第十节 窗帘、窗帘盒、轨 …… (195)
一、工程量清单项目设置及工程量计算规则 …… (195)
二、项目名称释义 …… (195)
三、项目特征描述 …… (196)

第八章 油漆、涂料、裱糊工程工程量清单计价 …… (198)

第一节 门油漆 …… (198)
一、工程量清单项目设置及工程量计算规则 …… (198)
二、项目名称释义 …… (198)
三、项目特征描述 …… (198)
四、工程量计算 …… (199)
第二节 窗油漆 …… (199)
一、工程量清单项目设置及工程量计算规则 …… (199)
二、项目名称释义 …… (199)
三、项目特征描述 …… (200)
四、工程量计算 …… (200)
第三节 木扶手与其他板条、线条油漆 …… (200)
一、工程量清单项目设置及工程量计算规则 …… (200)
二、项目特征描述 …… (200)
三、工程量计算 …… (203)
第四节 木材面油漆 …… (204)
一、工程量清单项目设置及工程量计算规则 …… (204)
二、项目特征描述 …… (205)
三、工程量计算 …… (208)
第五节 金属面油漆 …… (208)
一、工程量清单项目设置及工程量计算规则 …… (208)
二、项目名称释义 …… (209)
三、项目特征描述 …… (210)
四、工程量计算 …… (210)
第六节 抹面灰油漆 …… (211)
一、工程量清单项目设置及工程量计算规则 …… (211)
二、项目名称释义 …… (211)
三、项目特征描述 …… (212)
四、工程量计算 …… (212)
第七节 喷刷涂料 …… (212)

一、工程量清单项目设置及工程量计算规则 …… (212)
二、项目名称释义 …… (213)
三、项目特征描述 …… (214)
四、工程量计算 …… (215)
第八节　裱糊 …… (215)
一、工程量清单项目设置及工程量计算规则 …… (215)
二、项目名称释义 …… (216)
三、项目特征描述 …… (216)
四、工程量计算 …… (216)
第九章　其他装饰工程工程量清单计价 …… (217)
第一节　柜类、货架 …… (217)
一、工程量清单项目设置及工程量计算规则 …… (217)
二、项目名称释义 …… (218)
三、项目特征描述 …… (220)
四、工程量计算 …… (223)
第二节　压条、装饰线 …… (223)
一、工程量清单项目设置及工程量计算规则 …… (223)
二、项目名称释义 …… (224)
三、项目特征描述 …… (225)
四、工程量计算 …… (229)
第三节　扶手、栏杆、栏板装饰 …… (229)
一、工程量清单项目设置及工程量计算规则 …… (229)
二、项目名称释义 …… (230)
三、项目特种描述 …… (231)
四、工程量计算 …… (232)
第四节　暖气罩 …… (233)
一、工程量清单项目设置及工程量计算规则 …… (233)
二、项目名称释义 …… (233)
三、项目特征描述 …… (234)
四、工程量计算 …… (235)
第五节　浴厕配件 …… (236)
一、工程量清单项目设置及工程量计算规则 …… (236)
二、项目名称释义 …… (237)
三、项目特征描述 …… (238)
四、工程量计算 …… (238)

第六节　雨篷、旗杆 …… (238)
一、工程量清单项目设置及工程量计算规则 …… (238)
二、项目编码与项目名称释义 …… (239)
三、项目特征描述 …… (240)
四、工程量计算 …… (240)
第七节　招牌、灯箱 …… (240)
一、工程量清单项目设置及工程量计算规则 …… (240)
二、项目名称释义 …… (241)
三、项目特征描述 …… (241)
四、工程量计算 …… (242)
第八节　美术字 …… (242)
一、工程量清单项目设置及工程量计算规则 …… (242)
二、项目名称释义 …… (242)
三、项目特征描述 …… (243)
四、工程量计算 …… (243)

第十章　措施项目 …… (244)

第一节　脚手架工程 …… (244)
一、工程量清单项目设置及工程量计算规则 …… (244)
二、项目名称释义 …… (245)
三、项目特征描述 …… (245)
第二节　混凝土模板及支架(撑) …… (245)
一、工程量清单项目设置及工程量计算规则 …… (245)
二、项目名称释义 …… (247)
三、项目特征描述 …… (248)
第三节　垂直运输 …… (248)
一、工程量清单项目设置及工程量计算规则 …… (248)
二、项目名称释义 …… (249)
三、项目特征描述 …… (249)
四、工程量计算 …… (249)
第四节　超高施工增加 …… (249)
一、工程量清单项目设置及工程量计算规则 …… (249)
二、项目名称释义 …… (250)
三、项目特征描述 …… (250)
四、工程量计算 …… (250)
第五节　大型机械设备进出场及安拆 …… (250)

一、工程量清单项目设置及工程量计算规则 …… (250)
二、项目名称释义 …… (251)
三、项目特征描述 …… (251)
第六节 施工排水、降水 …… (251)
一、工程量清单项目设置及工程量计算规则 …… (251)
二、项目名称释义 …… (251)
三、项目特征描述 …… (251)
第七节 安全文明施工及其他措施项目 …… (252)
第十一章 装饰装修工程工程量清单计价编制实例 …… (254)
一、××住宅楼装饰装修招标工程量清单 …… (254)
二、××住宅楼装饰装修投标报价 …… (264)
参考文献 …… (277)

第一章

概　论

第一节　装饰装修工程概述

一、装饰装修工程的概念

建筑装饰装修工程是建筑工程的重要组成部分。它是在建筑主体结构工程完成之后，为保护建筑物主体结构、完善建筑物的使用功能和美化建筑物，采用装饰装修材料或饰物，对建筑物的内外表面及空间进行的各种处理过程，以满足人们对建筑产品的物质要求和精神需要的一种艺术创作活动。

在建筑学中，建筑装饰和装修一般是不易明显区分的。通常，建筑装修是指不影响房屋结构的承重部分，为保证建筑房屋使用的基本功能所做的工程。“装修”一词与基层处理、龙骨设置等工程内容更为符合；建筑装饰则反映面层处理，是为了美化建筑物，体现个性化视觉效果及增加居住使用舒适感所做的工程。

二、装饰装修工程的作用

一般而言，装饰装修工程主要有以下作用：

(1)延长建筑物的使用寿命。通过对建筑物的装饰，可以使建筑物主体结构不受风雨和其他有害气体的直接侵蚀和影响，延长建筑物的使用寿命。

(2)保证建筑物的使用功能。这是指满足某些建筑物在灯光、卫生、隔声等方面的要求而进行的各种装饰装修。

(3)强化建筑物的空间布局。对一些公共娱乐设施、商场、写字楼、宾馆、饭店等建筑物的内部进行合理的装饰，可以满足使用上的各种要求。

(4)强化建筑物的意境和气氛。通过建筑装饰装修，对室内外的环境再创造，从而达到精神享受的目的。

三、装饰装修工程的分类

1. 按装饰装修部位划分

按装饰装修部位的不同，装饰装修工程可分为内部装饰(室内装饰)、外部装饰(室外装饰)与环境装饰三类。

(1)内部装饰。内部装饰是指对建筑物室内所进行的建筑装饰，其具有保护墙体及楼地面、改善室内使用条件及美化内部空间的作用。通常包括：

1)楼地面；

2)墙柱面、墙裙、踢脚线；

3)天棚；

4)室内门窗，包括门窗套、贴脸、窗帘盒、窗帘及窗台等；

5)楼梯及栏杆(板)；

6)室内装饰设施，包括给排水与卫生设备、电气与照明设备、暖通设备、用具、家具以及其他装饰设施。

(2)外部装饰。外部装饰也称为室外建筑装饰，其具有保护房屋主体结构、保温隔热、隔声、防潮及增加建筑物美观的作用。通常包括：

1)外墙面、柱面、外墙裙(勒脚)、腰线；

2)屋面、檐口、檐廊；

3)阳台、雨篷、遮阳篷、遮阳板；

4)外墙门窗，包括防盗门、防火门、外墙门窗套、花窗、老虎窗等；

5)台阶、散水、落水管、花池(或花台)；

6)其他室外装饰，如楼牌、招牌、装饰条、雕塑等外露部分的装饰。

(3)环境装饰。环境装饰包括围墙、院落大门、灯饰、假山、喷泉、水榭、雕塑小品、院内(或小区)绿化以及各种供人们休闲小憩的凳椅、亭阁等装饰物，其有利于居住环境、城市环境和社会环境的协调统一。

2. 按装修时间划分

按装修时间划分，装饰装修工程可分为前期装饰与后期装饰两大类。

(1)前期装饰。前期装饰也称前装饰，是指建筑物的工程结构施工完成后，按照建筑设计装饰施工图所进行的室内外装饰施工，如内墙面抹灰、喷刷涂料、贴墙纸、外墙面水刷石、贴面砖等。

(2)后期装饰。后期装饰是指原房屋的一般装饰已完工或尚未完工的情况下，依据用户的某种使用要求，对建筑物中构筑物的局部或全部所进行的内外装饰工程。

四、装饰装修工程项目的划分

由于装饰装修工程项目的工程内容不一致，对象不同，所以装饰装修工程项目的划分十分复杂，一般情况下有如下几种划分方法。

1. 一般性的项目划分

(1)楼地面。块料面层、木地板、地毯、现浇彩色艺术水磨石、踢脚线和台阶等。

(2)墙面。玻璃幕墙、块料面层、木墙面、复合材料面层、布料、墙纸、喷涂等。

(3)吊顶。木龙骨、轻钢龙骨、铝合金龙骨架、面层封板装饰(石膏板、矿棉板、吸声板、多层夹板、铝合金扣板、挂板、格栅、不锈钢板、玻璃镜面)等。

(4)门。高级木门、铝合金门、无框玻璃门、自动感应玻璃门、转门、卷帘门、自动防火卷帘门等。

(5)窗。木花式窗、铝合金窗、玻璃柜窗等。

(6)隔断。木隔断、轻钢龙骨石膏板、铝合金、玻璃隔断等。

(7)零星装饰。暖气罩、窗帘盒、窗帘轨、窗台板、筒子板、门窗贴脸、回风口、挂镜线等。

(8)卫生间和厨房。天棚、墙面、地面、卫生洁具、排气扇及其配套的镜、台、盒、棍、帘等。

(9)灯具装饰。吊灯、吸顶灯、筒灯、射灯、壁灯、台灯、床头灯、地灯及各种插座、开关等。

(10)消防。喷淋、烟感、报警等。

(11)空调。风机、管道、设备等。

(12)音响。扬声器、线路、设备等。

(13)家具。柜、橱、台、桌、椅、凳、茶几、沙发、床、架、窗帘等。

(14)其他。艺术雕塑、庭院美化等。

2.《全国统一建筑装饰工程预算定额》项目划分

(1)楼地面工程。

(2)墙柱面工程。

(3)天棚工程。

(4)门窗工程。

(5)油漆、涂料工程。

(6)其他工程。

共6类935个子目。

3.《建设工程工程量清单计价规范》装饰装修工程项目划分

(1)楼地面工程。

(2)墙、柱面工程。

(3)天棚工程。

(4)门窗工程。

(5)油漆、涂料、裱糊工程。

(6)其他工程。

共6类215个子目。

第二节　装饰装修工程的等级与标准

一、建筑等级划分

房屋建筑等级,通常按建筑物的使用性质和耐久性等划分为一级、二级、三级和四级,见表1-1。

表1-1　建筑等级

建筑等级	建筑物性质	耐久性
一级	有代表性、纪念性、历史性建筑物,如国家大会堂、博物馆、纪念馆建筑	100年以上
二级	重要公共建筑物,如国宾馆、国际航空港、城市火车站、大型体育馆、大剧院、图书馆建筑	50年以上
三级	较重要的公共建筑和高级住宅,如外交公寓、高级住宅,高级商业服务建筑、医疗建筑、高等院校建筑	40～50年
四级	普通建筑物,如居住建筑物,交通、文化建筑等	15～40年

二、建筑装饰等级

建筑装饰等级与建筑等级相关,建筑等级越高,则建筑装饰等级越高。建筑装饰等级的划分是按照建筑等级并结合我国国情,按不同类型的建筑物来确定的,见表1-2。

表 1-2　建筑装饰等级的划分

建筑装饰等级	建筑物类型
高级装饰	大型博览建筑，大型剧院，纪念性建筑，大型邮电、交通建筑，大型贸易建筑，大型体育馆，高级宾馆，高级住宅
中级装饰	广播通信建筑，医疗建筑，商业建筑，普通博览建筑，邮电、交通、体育建筑，旅馆建筑，高教建筑，科研建筑
普通装饰	居住建筑，生活服务性建筑，普通行政办公楼，中、小学校建筑

三、建筑装饰标准

根据不同建筑装饰等级建筑物的各个部位使用的材料和做法，按照不同类型的建筑物区分装饰标准，见表1-3和表1-4。

表 1-3　高级装饰建筑的内、外装饰标准

装饰部位	内装饰材料及做法	外装饰材料及做法
墙　面	大理石、各种面砖、塑料墙纸（布），织物墙面、木墙裙、喷涂高级涂料	天然石材（花岗石）、饰面砖、装饰混凝土、高级涂料、玻璃幕墙
楼地面	彩色水磨石、天然石料（如大理石）或人造石板、木地板、塑料地板、地毯	—
天　棚	铝合金装饰板、塑料装饰板、装饰吸声板、塑料墙纸（布）、玻璃天棚、喷涂高级涂料	外廊、雨篷底部，参照内装饰
门　窗	铝合金门窗、一级木材门窗、高级五金配件、窗帘盒、窗台板、喷涂高级油漆	各种颜色玻璃铝合金门窗、钢窗、遮阳板、卷帘门窗、光电感应门
设　施	各种花饰、灯具、空调、自动扶梯、高档卫生设备	—

表 1-4　中级装饰建筑的内、外装饰标准

装饰部位	内装饰材料及做法	外装饰材料及做法
墙　面	装饰抹灰、内墙涂料	各种面砖、外墙涂料、局部天然石材
楼地面	彩色水磨石、大理石、地毯、各种塑料地板	—
天　棚	胶合板、钙塑板、吸声板、各种涂料	外廊、雨篷底部，参照内装饰
门　窗	窗帘盒	普通钢、木门窗、主要入口铝合金门

第二章

装饰装修工程工程量清单与计价

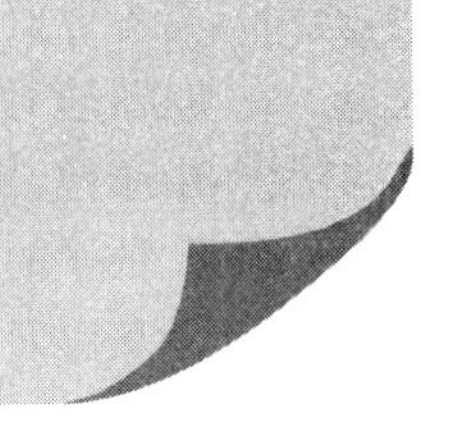

第一节　工程量清单计价规范

一、工程量清单计价规范的简介

2012年12月25日，住房和城乡建设部发布了《建设工程工程量清单计价规范》(GB 50500—2013)(以下简称“13计价规范”)和《房屋建筑与装饰工程工程量计算规范》(GB 50854—2013)、《仿古建筑工程工程量计算规范》(GB 50855—2013)、《通用安装工程工程量计算规范》(GB 50856—2013)、《市政工程工程量计算规范》(GB 50857—2013)、《园林绿化工程工程量计算规范》(GB 50858—2013)、《矿山工程工程量计算规范》(GB 50859—2013)、《构筑物工程工程量计算规范》(GB 50860—2013)、《城市轨道交通工程工程量计算规范》(GB 50861—2013)、《爆破工程工程量计算规范》(GB 50862—2013)等9本计量规范(以下简称“13工程计量规范”)，全部10本规范于2013年7月1日起实施。

“13计价规范”共设置16章54节329条，各章名称为：总则、术语、一般规定、工程量清单编制、招标控制价、投标报价、合同价款约定、工程计量、合同价款调整、合同价款期中支付、竣工结算与支付、合同解除的价款结算与支付、合同价款争议的解决、工程造价鉴定、工程计价资料与档案和工程计价表格。相比《建筑工程工程量清单计价规范》(GB 50500—2008)(以下简称“08计价规范”)而言，分别增加了11章37节192条。

“13计价规范”适用于建设工程发承包及实施阶段的招标工程量清单、招标控制价、投标报价的编制，工程合同价款的约定，竣工结算的办理以及施工过程中的工程计量、合同价款支付、施工索赔与现场签证、合同价款调整和合同价款争议的解决等计价活动。相对于“08计价规范”，“13计价规范”将“建设工程工程量清单计价活动”修改为“建设工程发承包及实施阶段的计价活动”，从而对清单计价规范的适用范围进一步进行了明确，表明了不分何种计价方式，建设工程发承包及实施阶段的计价活动必须执行“13计价规范”。之所以规定“建设工程发承包及实施阶段的计价活动”，主要是因为工程建设具有周期长、金额大、不确定因素多的特点，从而决定了建设工程计价具有分阶段计价的特点，建设工程决策阶段、设计阶段的计价要求与发承包及实施阶段人计价要求是有区别的，这就避免了因理解上的歧义而发生纠纷。

“13计价规范”规定：“建设工程发承包及实施阶段的工程造价应由分部分项工程费、措施项目费、其他项目费、规费和税金组成。”这说明了不论采用什么计价方式，建设工程发承包及实施阶段的工程造价均由这五部分组成，这五部分也称之为建筑安装工程费。

根据原人事部、原建设部《关于印发(造价工程师执业制度暂行规定)的通知》(人发[1996]77号)、《注册造价工程师管理办法》(建设部第150号令)以及《全国建设工程造价员管理办法》(中价协[2011]021号)的有关规定，“13计价规范”规定：“招标工程量清单、招标控制价、投标报价、

工程计量、合同价款调整、合同价款结算与支付以及工程造价鉴定等工程造价文件的编制与核对,应由具有专业资格的工程造价人员承担。承担工程造价文件的编制与核对的工程造价人员及其所在单位,应对工程造价文件的质量负责。”

另外,由于建设工程造价计价活动不仅要客观反映工程建设的投资,更应体现工程建设交易活动的公正、公平的原则,因此,“13计价规范”规定,工程建设双方,包括受其委托的工程造价咨询方,在建设工程发承包及实施阶段从事计价活动均应遵循客观、公正、公平的原则。

二、工程量清单计价规范编制目的与依据

1. 工程量清单计价规范编制目的

(1)为了更加广泛深入地推行工程量清单计价,规范建设工程发承包双方的计量、计价行为制定好准则。

(2)为了与当前国家相关法律、法规和政策性的变化规定相适应,使其能够正确的贯彻执行。

(3)为了适应新技术、新工艺、新材料日益发展的需要,促使规范的内容不断更新完善。

(4)总结实践经验,进一步建立健全我国统一的建设工程计价、计量规范标准体系。

2. 工程量清单计价规范编制依据

“13计价规范”与“13工程计量规范”,是以“08计价规范”为基础,以原建设部发布的工程基础定额、消耗量定额、预算定额以及各省、自治区、直辖市或行业建设主管部门发布的工程计价定额为参考,以工程计价相关的国家或行业的技术标准、规范、规程为依据,收集近年来的新施工技术、工艺和新材料的项目资料,经过整理,在全国广泛征求意见后编制而成。

第二节　装饰装修工程工程量清单

一、工程量清单的概念

工程量清单是载明建设工程分部工程项目、措施项目和其他项目的名称和相应数量以及规费和税金项目等内容的明细清单。其中由招标人根据国家标准、招标文件、设计文件,以及施工现场实际情况编制的成为招标工程量清单,而作为招标文件组成部分已标明价格并经承包人确认的称为已标价工程量清单。招标工程量清单应由具有编制能力的招标人或受其委托,具有相应资质的工程造价咨询人或招标代理人。编制采用工程量清单方式招标,招标工程量清单必须作为招标文件的组成部分,其准确性和完整性由招标人负责。招标工程量清单应以单位(项)工程为单位编制,由分部分项工程量清单、措施项目清单、其他项目清单、规费项目、税金项目清单组成。

二、工程量清单编制

1. 工程量清单编制的依据

招标工程量清单是工程量清单计价的基础,应作为编制招标控制价、投标报价、计算或调整工程量、索赔等的依据之一,编制招标工程量清单应根据以下依据进行编制:

(1)《房屋建筑与装饰工程工程量计算规范》(GB 50854—2013)(以下简称《计算规范》)和“13计价规范”。

(2)国家或省级、行业建设主管部门颁发的计价定额和办法。

(3)建设工程设计文件及相关资料。

(4)与建设工程有关的标准、规范、技术资料。

(5)拟定的招标文件。

(6)施工现场情况、地勘水文资料、工程特点及常规施工方案。

(7)其他相关资料。

2. 分部分项工程项目清单

(1)分部分项工程量清单应包括项目编码、项目名称、项目特征、计量单位和工程量。这是构成分部分项工程量清单的5个要件,在分部分项工程量清单的组成中缺一不可。

(2)分部分项工程量清单应根据《计算规范》中附录规定的项目编码、项目名称、项目特征、计量单位和工程量计算规则进行编制。

(3)分部分项工程量清单项目编码栏应根据相关国家工程量计算规范项目编码栏内规定的9位数字另加3位顺序码共12位阿拉伯数字填写。各位数字的含义为:一、二位为专业工程代码,房屋建筑与装饰工程为01,仿古建筑为02,通用安装工程为03,市政工程为04,园林绿化工程为05,矿山工程为06,构筑物工程为07,城市轨道交通工程为08,爆破工程为09;三、四位为专业工程附录分类顺序码;五、六位为分部工程顺序码;七、八、九位为分项工程项目名称顺序码;十至十二位为清单项目名称顺序码。

在编制工程量清单时应注意对项目编码的设置不得有重码,特别是当同一标段(或合同段)的一份工程量清单中含有多个单项或单位工程且工程量清单是以单项或单位工程为编制对象时,应注意项目编码中的十至十二位的设置不得重码。例如,一个标段(或合同段)的工程量清单中含有三个单项或单位工程,每一单项或单位工程中都有项目特征相同的现浇混凝土矩形梁,在工程量清单中又需反映三个不同单项或单位工程的现浇混凝土矩形梁工程量时,此时工程量清单应以单项或单位工程为编制对象,第一个单项或单位工程的柱、梁面装饰抹灰的项目编码为011202002001,第二个单项或单位工程的柱、梁面装饰抹灰的项目编码为011202002002,第三个单项或单位工程的柱、梁面装饰抹灰的项目编码为011202002003,并分别列出各单项或单位工程柱、梁面装饰抹灰的工程量。

(4)分部分项工程量清单项目名称栏应按相关工程国家工程量计算规范的规定,根据拟建工程实际填写。在实际填写过程中,"项目名称"有两种填写方法:一是完全保持相关工程国家工程量计算规范的项目名称不变;二是根据工程实际在工程量计算规范项目名称下另行确定详细名称。

(5)分部分项工程量清单项目特征栏应按相关工程国家工程量计算规范的规定,根据拟建工程实际进行描述。在对分部分项工程项目清单的项目特征描述时,可按下列要点进行:

1)必须描述的内容:

①涉及正确计量的内容必须描述。如对于门窗若采用"樘"计量,则1樘门或窗有多大,直接关系到门窗的价格,对门窗洞口或框外围尺寸进行描述是十分必要的。

②涉及结构要求的内容必须描述。如混凝土构件的混凝土的强度等级,因混凝土强度等级不同,其价格也不同,必须描述。

③涉及材质要求的内容必须描述。如油漆的品种,是调和漆还是硝基清漆等;管材的材质,是钢管还是塑料管等;还需要对管材的规格、型号进行描述。

④涉及安装方式的内容必须描述。如管道工程中的管道的连接方式就必须描述。

2)可不描述的内容:

①对计量计价没有实质影响的内容可以不描述。如对现浇混凝土柱的高度、断面大小等的特征规定可以不描述,因为混凝土构件是按“m^3”计量,对此的描述实质意义不大。

②应由投标人根据施工方案确定的可以不描述。

③应由投标人根据当地材料和施工要求确定的可以不描述。如对混凝土构件中的混凝土拌合料使用的石子种类及粒径、砂的种类的特征规定可以不描述。因为混凝土拌合料使用砾石还是碎石,使用粗砂还是中砂、细砂或特细砂,除构件本身有特殊要求需要指定外,主要取决于工程所在地砂、石子材料的供应情况。至于石子的粒径大小主要取决于钢筋配筋的密度。

④应由施工措施解决的可以不描述。如对现浇混凝土板、梁的标高的特征规定可以不描述。因为同样的板或梁,都可以将其归并在同一个清单项目中,但由于标高的不同,将会导致因楼层的变化对同一项目提出多个清单项目,不同的楼层其工效是不一样的,但这样的差异可以由投标人在报价中考虑,或在施工措施中去解决。

3)可不详细描述的内容:

①无法准确描述的可不详细描述。如土壤类别,由于我国幅员辽阔,南北东西差异较大,特别是对于南方来说,在同一地点,由于表层土与表层土以下的土壤,其类别是不相同的,要求清单编制人准确判定某类土壤的所占比例是困难的,在这种情况下,可考虑将土壤类别描述为合格,注明由投标人根据地勘资料自行确定土壤类别,决定报价。

②施工图纸、标准图集标注明确的,可不再详细描述。对这些项目可采取详见××图集或××图号的方式,对不能满足项目特征描述要求的部分,仍应用文字描述。由于施工图纸、标准图集是发承包双方都应遵守的技术文件,这样描述可以有效减少在施工过程中对项目理解的不一致。

③有一些项目可不详细描述,但清单编制人在项目特征描述中应注明由投标人自定。如土方工程中的“取土运距”、“弃土运距”等。首先要求清单编制人决定在多远取土或取、弃土运往多远是困难的;其次,由投标人根据在建工程施工情况统筹安排,自主决定取、弃土方的运距可以充分体现竞争的要求。

④如清单项目的项目特征与现行定额中某些项目的规定是一致的,也可采用见×定额项目的方式进行描述。

4)项目特征的描述方式。描述清单项目特征的方式大致可分为“问答式”和“简化式”两种。其中“问答式”是指清单编写人按照工程计价软件上提供的规范,在要求描述的项目特征上采用答题的方式进行描述,如描述砖基础清单项目特征时,可采用“1. 砖品种、规格、强度等级:页岩标准砖 MU15,240mm×115mm×53mm;2. 砂浆强度等级:M10 水泥砂浆;3. 防潮层种类及厚度:20mm 厚 1∶2 水泥砂浆(防水粉 5%)。”“简化式”是对需要描述的项目特征内容根据当地的用语习惯,采用口语化的方式直接表述,省略了规范上的描述要求,如同样在描述砖基础清单项目特征时,可采用“M10 水泥砂浆、MU15 页岩标准砖砌条形基础,20mm 厚 1∶2 水泥砂浆(防水粉 5%)防潮层。”

(6)分部分项工程量清单的计量单位应按相关工程国家工程量计算规范规定的计量单位填写。有些项目工程量计算规范中有两个或两个以上计量单位,应根据拟建工程项目的实际,选择最适宜表现该项目特征并方便计量的单位。如泥浆护壁成孔灌注桩项目,工程量计算规范以m^3、m 和根三个计量单位表示,此时就应根据工程项目的特点,选择其中一个即可。

(7)“工程量”应按相关工程国家工程量计算规范规定的工程量计算规则计算填写。

工程量的有效位数应遵守下列规定:

1)以“t”为单位,应保留小数点后三位小数,第四位小数四舍五入;

2)以“m”、“m^2”、“m^3”、“kg”为单位,应保留小数点后两位小数,第三位小数四舍五入;

3)以“个”、“件”“根”“组”“系统”为单位,应取整数。

(8)分部分项工程量清单编制应注意以下问题:

1)不能随意设置项目名称,清单项目名称一定要按《计算规范》附录的规定设置。

2)正确对项目进行描述,一定要将完成该项目的全部内容完整地体现在清单上,不能有遗漏,以便投标人报价。

3. 措施项目清单

措施项目清单是指为完成工程项目施工,发生于该工程施工准备和施工过程中的技术、生活、安全、环境保护等方面的项目。《计算规范》中有关措施项目的规定和具体条文比较少。投标人可根据施工组织设计中采取的措施增加项目。

措施项目清单的设置,首先要参考拟建工程的施工组织设计,以确定安全文明施工、材料的二次搬运等项目。其次参阅施工技术方案,以确定夜间施工增加费、大型机械进出场及安拆费、脚手架工程费等项目。参阅相关的工程施工规范及工程验收规范,可以确定施工技术方案没有表达的,但是为了实现施工规范及工程验收规范要求而必须发生的技术措施。

(1)措施项目清单应根据拟建工程的实际情况列项。

(2)措施项目中可以计算工程量的项目清单宜采用分部分项工程量清单的方式编制,列出项目编码、项目名称、项目特征、计量单位和工程量计算规则;不能计算工程量的项目清单,以“项”为计量单位。

(3)《计算规范》将实体性项目划分为分部分项工程量清单,非实体性项目划分为措施项目。所谓非实体性项目,一般来说,其费用的发生和金额的大小与使用时间、施工方法或者两个以上工序相关,与实际完成的实体工程量的多少关系不大,典型的是大中型施工机械、文明施工和安全防护、临时设施等。但有的非实体性项目,则是可以计算工程量的项目,建筑工程典型的是混凝土浇筑的模板工程,用分部分项工程量清单的方式采用综合单价,更有利于措施费的确定和调整,更有利于合同管理。

4. 其他项目清单

其他项目清单是指分部分项工程量清单、措施项目清单所包含的内容以外,因招标人的特殊要求而发生的与拟建工程有关的其他费用项目和相应数量的清单。工程建设标准的高低、工程的复杂程度、工程的工期长短、工程的组成内容、发包人对工程管理要求等都直接影响其他项目清单的具体内容。其他项目清单包括暂列金额、暂估价(包括材料暂估单价、工程设备暂估单价、专业工程暂估价)、计日工、总承包服务费。

1)暂列金额。暂列金额是招标人在工程量清单中暂定并包括在合同价款中的一笔款项。清单计价规范中明确规定暂列金额用于施工合同签订时尚未确定或者不可预见的所需材料、设备、服务的采购,施工中可能发生的工程变更、合同约定调整因素出现时的工程价款调整以及发生的索赔、现场签证确认等的费用。

不管采用何种合同形式,工程造价理想的标准是一份合同的价格就是其最终的竣工结算价格,或者至少两者应尽可能接近。我国规定对政府投资工程实行概算管理,经项目审批部门批复的设计概算是工程投资控制的刚性指标,即使商业性开发项目也有成本的预先控制问题,否则,无法相对准确预测投资的收益和科学合理地进行投资控制。但工程建设自身的特性决定了工程的设计需要根据工程进展不断地进行优化和调整,业主需求可能会随工程建设进展出现变化,工程建设过程还会存在一些不能预见、不能确定的因素。消化这些因素必然会影响合同价格的调

整,暂列金额正是为这类不可避免的价格调整而设立,以便达到合理确定和有效控制工程造价的目标。

另外,暂列金额列入合同价格不等于就属于承包人所有了,即使是总价包干合同,也不等于列入合同价格的所有金额就属于承包人,是否属于承包人应得金额取决于具体的合同约定,只有按照合同约定程序实际发生后,才能成为承包人的应得金额,纳入合同结算价款中。扣除实际发生金额后的暂列金额余额仍属于发包人所有。设立暂列金额并不能保证合同结算价格就不会再出现超过合同价格的情况,是否超出合同价格完全取决于工程量清单编制人暂列金额预测的准确性,以及工程建设过程是否出现了其他事先未预测到的事件。

例:某工程量清单中给出的暂列金额及拟用项目,见表2-1。投标人只需要直接将工程量清单中所列的暂列金额纳入投标总价,并且不需要在工程量清单中所列的暂列金额以外再考虑任何其他费用。

表2-1　暂列金额明细表

工程名称:××工程　　标段:　　第　页　共　页

序号	项目名称	计量单位	暂定金额/元	备注
1	图纸中已经标明可能位置,但未最终确定是否需要的主入口处的钢结构雨篷工程的安装工作	项	500000.00	此部分的设计图纸有待进一步完善
2	其他	项	60000.00	
合计			560000.00	

2)暂估价。暂估价是指招标阶段直至签订合同协议时,招标人在招标文件中提供的用于支付必然发生但暂时不能确定价格的材料以及专业工程的金额。暂估价包括材料暂估单价、工程设备暂估单价和专业工程暂估价。暂估价类似于FIDIC合同条款中的Prime Cost Items,在招标阶段预见肯定要发生,只是因为标准不明确或者需要由专业承包人完成,暂时无法确定价格。暂估价数量和拟用项目应当结合工程量清单中的“暂估价表”予以补充说明。

为方便合同管理,需要纳入分部分项工程项目清单综合单价中的暂估价应只是材料费、工程设备费,以方便投标人组价。

专业工程的暂估价一般应是综合暂估价,应当包括除规费和税金以外的管理费、利润等取费。总承包招标时,专业工程设计深度往往是不够的,一般需要交由专业设计人设计,国际上,出于提高可建造性考虑,一般由专业承包人负责设计,以发挥其专业技能和专业施工经验的优势。这类专业工程交由专业分包人完成是国际工程的良好实践,目前在我国工程建设领域也已经比较普遍。公开透明地合理确定这类暂估价的实际开支金额的最佳途径,就是通过施工总承包人与工程建设项目招标人共同组织的招标。

例:某工程材料和专业工程暂估价项目及其暂估价清单见表2-2和表2-3。

表 2-2　　材料(工程设备)暂估单价及调整表

工程名称:××工程　　标段:　　第　页　共　页

序号	材料(工程设备)名称、规格、型号	计量单位	数量		暂估/元		确认/元		差额/元		备注
			暂估	确认	单价	合价	单价	合价	单价	合价	
1	硬木门	m^2	23.5		856.00	20116.00					含门框、门扇,用于本工程的门安装工程项目
2	低压开关柜(GD190380/220V)	台	2		38000.00	76000.00					用于低压开关柜安装项目
合计						96116.00					

表 2-3　　专业工程暂估价及结算价表

工程名称:××工程　　标段:　　第　页　共　页

序号	工程名称	工程内容	暂估金额/元	结算金额/元	差额/元	备注
1	消防工程	合同图纸中标明的以及工程规范和技术说明中规定的各系统,包括但不限于消火栓系统、消防游泳池供水系统、水喷淋系统、火灾自动报警系统及消防联动系统中的设备、管道、阀门、线缆等的供应、安装和调试工作	760000.00			
合计			760000.00			

3)计日工。计日工是为解决现场发生的零星工作的计价而设立的,其为额外工作和变更的计价提供了一个方便快捷的途径。计日工适用的所谓零星工作一般是指合同约定之外的或者因变更而产生的、工程量清单中没有相应项目的额外工作,尤其是那些时间不允许事先商定价格的额外工作。计日工以完成零星工作所消耗的人工工时、材料数量、机械台班进行计量,并按照计日工表中填报的适用项目的单价进行计价支付。

国际上常见的标准合同条款中,大多数都设立了计日工(Daywork)计价机制。但在我国以往的工程量清单计价实践中,由于计日工项目的单价水平一般要高于工程量清单项目的单价水平,因而经常被忽略。从理论上讲,由于计日工往往是用于一些突发性的额外工作,缺少计划性,承包人在调动施工生产资源方面难免不影响已经计划好的工作,生产资源的使用效率也有一定的降低,客观上造成超出常规的额外投入。另外,其他项目清单中计日工往往是一个暂定的数量,其无法纳入有效的竞争。所以,合理的计日工单价水平一定是要高于工程量清单的价格水平

的。为获得合理的计日工单价,发包人在其他项目清单中对计日工一定要给出暂定数量,并需要根据经验尽可能估算一个较接近实际的数量。

4)总承包服务费。总承包服务费是为了解决招标人在法律、法规允许的条件下进行专业工程发包,以及自行供应材料、设备,并需要总承包人对发包的专业工程提供协调和配合服务,对供应的材料、设备提供收、发和保管服务以及进行施工现场管理时发生,并向总承包人支付的费用。招标人应预计该项费用并按投标人的投标报价向投标人支付该项费用。

(2)为保证工程施工建设的顺利实施,投标人在编制招标工程量清单时应对施工过程中可能出现的各种不确定因素对工程造价的影响进行估算,列出一笔暂列金额。暂列金额可根据工程的复杂程度、设计深度、工程环境条件(包括地质、水文、气候条件等)进行估算,一般可按分部分项工程费的10%～15%作为参考。

(3)暂估价中的材料、工程设备暂估单价应根据工程造价信息或参照市场价格估算,列出明细表;专业工程暂估价应分不同专业,按有关计价规定估算,列出明细表。

(4)计日工应列出项目名称、计量单位和暂估数量。

(5)总承包服务费应列出服务项目及其内容等。

(6)出现上述第(1)条中未列的项目,应根据工程实际情况补充。如办理竣工结算时就需将索赔及现场鉴证列入其他项目中。

5. 规费项目清单

规费是根据省级政府或省级有关权力部门规定必须缴纳的,应计入建筑安装工程造价的费用。根据住房和城乡建设部、财政部“关于印发《建筑安装工程费用项目组成》的通知”(建标[2013]44号)的规定,规费主要包括社会保险费、住房公积金、工程排污费,其中社会保险费包括养老保险费、医疗保险费、失业保险费、工伤保险费和生育保险费;税金主要包括营业税、城市维护建设税、教育费附加和地方教育附加。规费作为政府和有关权力部门规定必须缴纳的费用,政府和有关权力部门可根据形势发展的需要,对规费项目进行调整,因此,清单编制人对《建筑安装工程费用项目组成》中未包括的规费项目,在编制规费项目清单时应根据省级政府或省级有关权力部门的规定列项。

规费项目清单应按照下列内容列项:

(1)社会保险费:包括养老保险费、失业保险费、医疗保险费、工伤保险费、生育保险费。

(2)住房公积金。

(3)工程排污费。

相对于“08计价规范”,“13计价规范”对规费项目清单进行了以下调整:

(1)根据《中华人民共和国社会保险法》的规定,将“08计价规范”使用的“社会保障费”更名为“社会保险费”,将“工伤保险费、生育保险费”列入社会保险费。

(2)根据十一届全国人大常委会第20次会议将《中华人民共和国建筑法》第四十八条由“建筑施工企业必须为从事危险作业的职工办理意外伤害保险,支付保险费”修改为“建筑施工企业应当依法为职工参加工伤保险缴纳工伤保险费。鼓励企业为从事危险作业的职工办理意外伤害保险,支付保险费”。由于建筑法将意外伤害保险由强制改为鼓励,因此,“13计价规范”中规费项目增加了工伤保险费,删除了意外伤害保险,将其列入企业管理费中列支。

(3)根据《财政部、国家发展改革委关于公布取消和停止征收100项行政事业性收费项目的通知》(财综[2008]78号)的规定,工程定额测定费从2009年1月1日起取消,停止征收。因此,“13计价规范”中规费项目取消了工程定额测定费。

6. 税金

根据住房和城乡建设部、财政部“关于印发《建筑安装工程费用项目组成》的通知”(建标[2013]44 号)的规定,目前我国税法规定应计入建筑安装工程造价的税种包括营业税、城市建设维护税、教育费附加和地方教育附加。如国家税法发生变化,税务部门依据职权增加了税种,应对税金项目清单进行补充。

税金项目清单应按下列内容列项:

(1)营业税。

(2)城市维护建设税。

(3)教育费附加。

(4)地方教育附加。

根据《财政部关于统一地方教育政策有关内容的通知》(财综[2011]98 号)的有关规定,“13 计价规范”相对于“08 计价规范”,在税金项目增列了地方教育附加项目。

第三节　工程造价的构成

一、建筑安装工程费用项目组成(按费用构成要素划分)

建筑安装工程费按照费用构成要素划分:由人工费、材料(包含工程设备,下同)费、施工机具使用费、企业管理费、利润、规费和税金组成。其中人工费、材料费、施工机具使用费、企业管理费和利润包含在分部分项工程费、措施项目费、其他项目费,如图 2-1 所示。

1. 人工费

人工费是指按工资总额构成规定,支付给从事建筑安装工程施工的生产工人和附属生产单位工人的各项费用。内容包括:

(1)计时工资或计件工资。指按计时工资标准和工作时间或对已做工作按计件单价支付给个人的劳动报酬。

(2)奖金。指对超额劳动和增收节支支付给个人的劳动报酬。如节约奖、劳动竞赛奖等。

(3)津贴补贴。指为了补偿职工特殊或额外的劳动消耗和因其他特殊原因支付给个人的津贴,以及为了保证职工工资水平不受物价影响支付给个人的物价补贴。如流动施工津贴、特殊地区施工津贴、高温(寒)作业临时津贴、高空津贴等。

(4)加班加点工资。指按规定支付的在法定节假日工作的加班工资和在法定日工作时间外延时工作的加点工资。

(5)特殊情况下支付的工资。指根据国家法律、法规和政策规定,因病、工伤、产假、计划生育假、婚丧假、事假、探亲假、定期休假、停工学习、执行国家或社会义务等原因按计时工资标准或计时工资标准的一定比例支付的工资。

2. 材料费

材料费是指施工过程中耗费的原材料、辅助材料、构配件、零件、半成品或成品、工程设备的费用。内容包括:

(1)材料原价。指材料、工程设备的出厂价格或商家供应价格。

(2)运杂费。指材料、工程设备自来源地运至工地仓库或指定堆放地点所发生的全部费用。

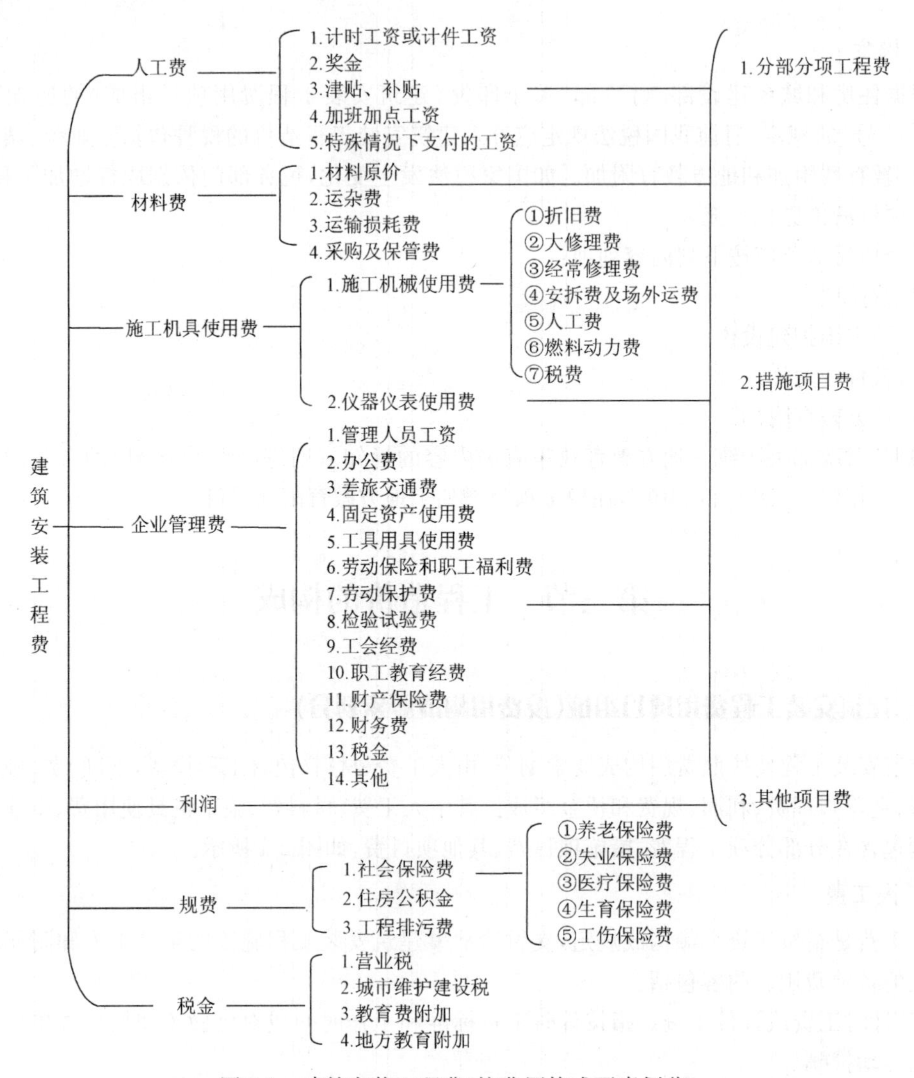

图 2-1 建筑安装工程费(按费用构成要素划分)

(3)运输损耗费。指材料在运输装卸过程中不可避免的损耗。

(4)采购及保管费。指为组织采购、供应和保管材料、工程设备的过程中所需要的各项费用。包括采购费、仓储费、工地保管费、仓储损耗。

工程设备是指构成或计划构成永久工程一部分的机电设备、金属结构设备、仪器装置及其他类似的设备和装置。

3. 施工机具使用费

施工机具使用费是指施工作业所发生的施工机械、仪器仪表使用费或其租赁费。

(1)施工机械使用费。施工机械使用费以施工机械台班耗用量乘以施工机械台班单价表示,施工机械台班单价应由下列七项费用组成:

1)折旧费。指施工机械在规定的使用年限内,陆续收回其原值的费用。

2)大修理费。指施工机械按规定的大修理间隔台班进行必要的大修理,以恢复其正常功能所需的费用。

3)经常修理费。指施工机械除大修理以外的各级保养和临时故障排除所需的费用。包括为保障机械正常运转所需替换设备与随机配备工具附具的摊销和维护费用,机械运转中日常保养所需润滑与擦拭的材料费用及机械停滞期间的维护和保养费用等。

4)安拆费及场外运费。安拆费是指施工机械(大型机械除外)在现场进行安装与拆卸所需的人工、材料、机械和试运转费用以及机械辅助设施的折旧、搭设、拆除等费用;场外运费是指施工机械整体或分体自停放地点运至施工现场或由一施工地点运至另一施工地点的运输、装卸、辅助材料及架线等费用。

5)人工费。指机上司机(司炉)和其他操作人员的人工费。

6)燃料动力费。指施工机械在运转作业中所消耗的各种燃料及水、电等。

7)税费。指施工机械按照国家规定应缴纳的车船使用税、保险费及年检费等。

(2)仪器仪表使用费。仪器仪表使用费是指工程施工所需使用的仪器仪表的摊销及维修费用。

4. 企业管理费

企业管理费是指建筑安装企业组织施工生产和经营管理所需的费用。内容包括:

(1)管理人员工资。指按规定支付给管理人员的计时工资、奖金、津贴补贴、加班加点工资及特殊情况下支付的工资等。

(2)办公费。指企业管理办公用的文具、纸张、账表、印刷、邮电、书报、办公软件、现场监控、会议、水电、烧水和集体取暖降温(包括现场临时宿舍取暖降温)等费用。

(3)差旅交通费。指职工因公出差、调动工作的差旅费、住勤补助费,市内交通费和误餐补助费,职工探亲路费,劳动力招募费,职工退休、退职一次性路费,工伤人员就医路费,工地转移费以及管理部门使用的交通工具的油料、燃料等费用。

(4)固定资产使用费。指管理和试验部门及附属生产单位使用的属于固定资产的房屋、设备、仪器等的折旧、大修、维修或租赁费。

(5)工具用具使用费。指企业施工生产和管理使用的不属于固定资产的工具、器具、家具、交通工具和检验、试验、测绘、消防用具等的购置、维修和摊销费。

(6)劳动保险和职工福利费。指由企业支付的职工退职金、按规定支付给离休干部的经费,集体福利费、夏季防暑降温、冬季取暖补贴、上下班交通补贴等。

(7)劳动保护费。企业按规定发放的劳动保护用品的支出。如工作服、手套、防暑降温饮料以及在有碍身体健康的环境中施工的保健费用等。

(8)检验试验费。指施工企业按照有关标准规定,对建筑以及材料、构件和建筑安装物进行一般鉴定、检查所发生的费用,包括自设试验室进行试验所耗用的材料等费用。不包括新结构、新材料的试验费,对构件做破坏性试验及其他特殊要求检验试验的费用和建设单位委托检测机构进行检测的费用,对此类检测发生的费用,由建设单位在工程建设其他费用中列支。但对施工企业提供的具有合格证明的材料进行检测不合格的,该检测费用由施工企业支付。

(9)工会经费。指企业按《工会法》规定的全部职工工资总额比例计提的工会经费。

(10)职工教育经费。指按职工工资总额的规定比例计提,企业为职工进行专业技术和职业技能培训,专业技术人员继续教育、职工职业技能鉴定、职业资格认定以及根据需要对职工进行各类文化教育所发生的费用。

(11)财产保险费。指施工管理用财产、车辆等的保险费用。

(12)财务费。指企业为施工生产筹集资金或提供预付款担保、履约担保、职工工资支付担保等所发生的各种费用。

(13)税金。指企业按规定缴纳的房产税、车船使用税、土地使用税、印花税等。

(14)其他。包括技术转让费、技术开发费、投标费、业务招待费、绿化费、广告费、公证费、法律顾问费、审计费、咨询费、保险费等。

5. 利润

利润是指施工企业完成所承包工程获得的盈利。

6. 规费

规费是指按国家法律、法规规定,由省级政府和省级有关权力部门规定必须缴纳或计取的费用。包括:

(1)社会保险费:

1)养老保险费。指企业按照规定标准为职工缴纳的基本养老保险费。

2)失业保险费。指企业按照规定标准为职工缴纳的失业保险费。

3)医疗保险费。指企业按照规定标准为职工缴纳的基本医疗保险费。

4)生育保险费。指企业按照规定标准为职工缴纳的生育保险费。

5)工伤保险费。指企业按照规定标准为职工缴纳的工伤保险费。

(2)住房公积金。指企业按规定标准为职工缴纳的住房公积金。

(3)工程排污费。指按规定缴纳的施工现场工程排污费。

其他应列而未列入的规费,按实际发生计取。

7. 税金

税金是指国家税法规定的应计入建筑安装工程造价内的营业税、城市维护建设税、教育费附加以及地方教育附加。

二、建筑安装工程费用项目组成(按工程造价形成划分)

建筑安装工程费按照工程造价形成划分,由分部分项工程费、措施项目费、其他项目费、规费、税金组成,分部分项工程费、措施项目费、其他项目费包含人工费、材料费、施工机具使用费、企业管理费和利润,如图2-2所示。

1. 分部分项工程费

分部分项工程费是指各专业工程的分部分项工程应予列支的各项费用。

(1)专业工程。指按现行国家计量规范划分的房屋建筑与装饰工程、仿古建筑工程、通用安装工程、市政工程、园林绿化工程、矿山工程、构筑物工程、城市轨道交通工程、爆破工程等各类工程。

(2)分部分项工程。指按现行国家计量规范对各专业工程划分的项目。如房屋建筑与装饰工程划分的土石方工程、地基处理与桩基工程、砌筑工程、钢筋及钢筋混凝土工程等。

各类专业工程的分部分项工程划分见现行国家或行业计量规范。

2. 措施项目费

措施项目费是指为完成建设工程施工,发生于该工程施工前和施工过程中的技术、生活、安全、环境保护等方面的费用。内容包括:

(1)安全文明施工费。

1)环境保护费。指施工现场为达到环保部门要求所需要的各项费用。

2)文明施工费。指施工现场文明施工所需要的各项费用。

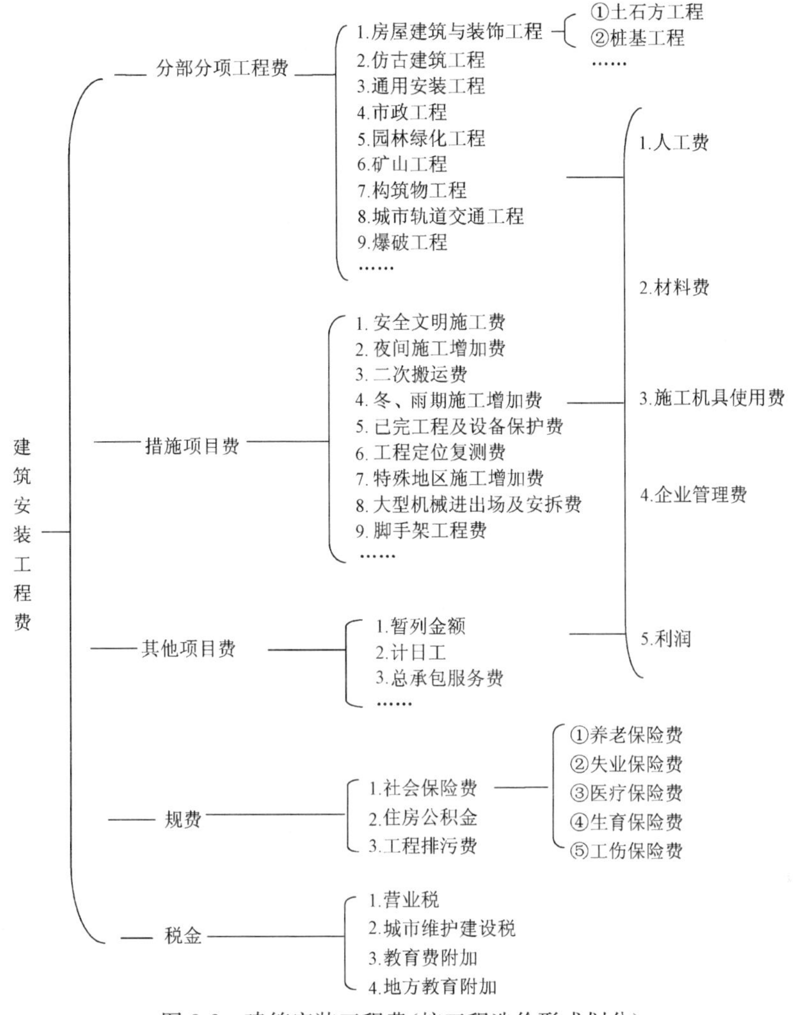

图 2-2　建筑安装工程费(按工程造价形成划分)

3)安全施工费。指施工现场安全施工所需要的各项费用。

4)临时设施费。指施工企业为进行建设工程施工所必须搭设的生活和生产用的临时建筑物、构筑物和其他临时设施费用。包括临时设施的搭设、维修、拆除、清理费或摊销费等。

(2)夜间施工增加费。指因夜间施工所发生的夜班补助费、夜间施工降效、夜间施工照明设备摊销及照明用电等费用。

(3)二次搬运费。指因施工场地条件限制而发生的材料、构配件、半成品等一次运输不能到达堆放地点,必须进行二次或多次搬运所发生的费用。

(4)冬、雨期施工增加费。指在冬期或雨期施工需增加的临时设施、防滑、排除雨雪,人工及施工机械效率降低等费用。

(5)已完工程及设备保护费。指竣工验收前,对已完工程及设备采取的必要保护措施所发生的费用。

(6)工程定位复测费。指工程施工过程中进行全部施工测量放线和复测工作的费用。

(7)特殊地区施工增加费。指工程在沙漠或其边缘地区、高海拔、高寒、原始森林等特殊地区施工增加的费用。

(8)大型机械设备进出场及安拆费。指机械整体或分体自停放场地运至施工现场或由一个施工地点运至另一个施工地点,所发生的机械进出场运输及转移费用及机械在施工现场进行安装、拆卸所需的人工费、材料费、机械费、试运转费和安装所需的辅助设施的费用。

(9)脚手架工程费。指施工需要的各种脚手架搭、拆、运输费用以及脚手架购置费的摊销(或租赁)费用。

措施项目及其包含的内容详见各类专业工程的现行国家或行业计量规范。

3. 其他项目费

(1)暂列金额。指建设单位在工程量清单中暂定并包括在工程合同价款中的一笔款项。用于施工合同签订时尚未确定或者不可预见的所需材料、工程设备、服务的采购,施工中可能发生的工程变更、合同约定调整因素出现时的工程价款调整以及发生的索赔、现场签证确认等的费用。

(2)计日工。指在施工过程中,施工企业完成建设单位提出的施工图纸以外的零星项目或工作所需的费用。

(3)总承包服务费。指总承包人为配合、协调建设单位进行的专业工程发包,对建设单位自行采购的材料、工程设备等进行保管以及施工现场管理、竣工资料汇总整理等服务所需的费用。

4. 规费

定义同本节"一、6. 规费"。

5. 税金

定义同本节"一、7. 税金"。

第四节 工程量清单计价基本表格

一、计价表格名称及适用范围

"13计价规范"中规定的工程计价表格的种类及其使用范围见表2-4。

表2-4 工程计价表格的种类及其使用范围

表格编号	表格种类	表格名称	表格使用范围				
			工程量清单	招标控制价	投标报价	竣工结算	工程造价鉴定
封-1	工程计价文件封面	招标工程量清单封面	●				
封-2		招标控制价封面		●			
封-3		投标总价封面			●		
封-4		竣工结算书封面				●	
封-5		工程造价鉴定意见书封面					●
扉-1	工程计价文件扉页	招标工程量清单扉页	●				
扉-2		招标控制价扉页		●			
扉-3		投标总价扉页			●		
扉-4		竣工结算总价扉页				●	
扉-5		工程造价鉴定意见书扉页					●

续一

表格编号	表格种类	表格名称	表格使用范围				
			工程量清单	招标控制价	投标报价	竣工结算	工程造价鉴定
表-01	工程计价总说明	总说明	●	●	●	●	●
表-02	工程计价汇总表	建设项目招标控制价/投标报价汇总表		●	●		
表-03		单项工程招标控制价/投标报价汇总表		●	●		
表-04		单位工程招标控制价/投标报价汇总表		●	●		
表-05		建设项目竣工结算汇总表				●	●
表-06		单项工程竣工结算汇总表				●	●
表-07		单位工程竣工结算汇总表				●	●
表-08	分部分项工程和措施项目计价表	分部分项工程和单价措施项目清单与计价表	●	●	●	●	●
表-09		综合单价分析表		●	●	●	●
表-10		综合单价调整表				●	●
表-11		总价措施项目清单与计价表	●	●	●	●	●
表-12	其他项目计价表	其他项目清单与计价汇总表	●	●	●	●	●
表-12-1		暂列金额明细表	●	●	●	●	●
表-12-2		材料(工程设备)暂估单价及调整表	●	●	●	●	●
表-12-3		专业工程暂估价及结算价表	●	●	●	●	●
表-12-4		计日工表	●	●	●	●	●
表-12-5		总承包服务费计价表	●	●	●	●	●
表-12-6		索赔与现场签证计价汇总表				●	●
表-12-7		费用索赔申请(核准)表				●	●
表-12-8		现场签证表				●	●
表-13	规费、税金项目计价表		●	●	●	●	●
表-14	工程计量申请(核准)表					●	●
表-15	合同价款支付申请(核准)表	预付款支付申请(核准)表				●	●
表-16		总价项目进度款支付分解表			●	●	●
表-17		进度款支付申请(核准)表				●	●
表-18		竣工结算款支付申请(核准)表				●	●
表-19		最终结清支付申请(核准)表				●	●

续二

表格编号	表格种类	表格名称	表格使用范围				
			工程量清单	招标控制价	投标报价	竣工结算	工程造价鉴定
表-20	主要材料、工程设备一览表	发包人提供材料和工程设备一览表	●	●	●	●	●
表-21		承包人提供主要材料和工程设备一览表(适用于造价信息差额调整法)	●	●	●	●	●
表-22		承包人提供主要材料和工程设备一览表(适用于价格指数差额调整法)	●	●	●	●	●

二、工程计价表格的形式及填写要求

(一)工程计价文件封面

1. 招标工程量清单封面(封-1)

______________工程

招标工程量清单

招　标　人：______________________
(单位盖章)

造价咨询人：______________________
(单位盖章)

年　月　日

封-1

《招标工程量清单封面》(封-1)填写要点：

招标工程量清单封面应填写招标工程项目的具体名称，招标人应盖单位公章，如委托工程造价咨询人编制，还应加盖工程造价咨询人所在单位公章。

2. 招标控制价封面(封-2)

____________工程

招标控制价

招　标　人：____________

（单位盖章）

造价咨询人：____________

（单位盖章）

年　月　日

封-2

《招标控制价封面》(封-2)填写要点：

招标控制价封面应填写招标工程项目的具体名称，招标人应盖单位公章，如委托工程造价咨询人编制，还应加盖工程造价咨询人所在单位公章。

3. 投标总价封面(封-3)

________________工程

投 标 总 价

投 标 人：________________________

(单位盖章)

年 月 日

《投标总价封面》(封-3)填写要点：

投标总价封面应填写投标工程项目的具体名称，投标人应盖单位公章。

4. 竣工结算书封面(封-4)

________________工程

竣工结算书

发　包　人：________________

(单位盖章)

承　包　人：________________

(单位盖章)

造价咨询人：________________

(单位盖章)

年　月　日

封-4

《竣工结算书封面》(封-4)填写要点:

竣工结算书封面应填写竣工工程的具体名称,发承包双方应盖单位公章,如委托工程造价咨询人办理的,还应加盖工程造价咨询人所在单位公章。

5. 工程造价鉴定意见书封面(封-5)

____________________工程

编号:××[2×××]××号

工程造价鉴定意见书

造价咨询人:________________________

(单位盖章)

年　月　日

封-5

《工程造价鉴定意见书封面》(封-5)填写要点：

工程造价鉴定意见书封面应填写鉴定工程项目的具体名称，填写意见书文号，工程造价咨询人盖所在单位公章。

(二)工程计价文件扉页

1. 招标工程量清单扉页(扉-1)

______________________工程

招标工程量清单

招　标　人：______________
(单位盖章)

造价咨询人：______________
(单位资质专用章)

法定代表人
或其授权人：______________
(签字或盖章)

法定代表人
或其授权人：______________
(签字或盖章)

编　制　人：______________
(造价人员签字盖专用章)

复　核　人：______________
(造价工程师签字盖专用章)

编制时间：　年　月　日

复核时间：　年　月　日

扉-1

《招标工程量清单扉页》(扉-1)填写要点：

(1)本封面由招标人或招标人委托的工程造价咨询人编制招标工程量清单时填写。

(2)招标人自行编制工程量清单的，编制人员必须是在招标人单位注册的造价人员，由招标人盖单位公章，法定代表人或其授权人签字或盖章；当编制人是注册造价工程师时，由其签字盖执业专用章；当编制人是造价员时，由其在编制人栏签字盖专用章，并应由注册造价工程师复核，在复核人栏签字盖执业专用章。

(3)招标人委托工程造价咨询人编制工程量清单的，编制人员必须是在工程造价咨询人单位注册的造价人员。由工程造价咨询人盖单位资质专用章，法定代表人或其授权人签字或盖章；当编制人是注册造价工程师时，由其签字盖执业专用章；当编制人是造价员时，由其在编制人栏签字盖专用章，并应由注册造价工程师复核，在复核人栏签字盖执业专用章。

2. 招标控制价扉页(扉-2)

<table>
<tr><td colspan="2" align="center">__________________工程</td></tr>
<tr><td colspan="2" align="center">招标控制价</td></tr>
<tr><td colspan="2">招标控制价(小写)：__________________
(大写)：__________________</td></tr>
<tr><td>招　标　人：__________
(单位盖章)</td><td>造价咨询人：__________
(单位资质专用章)</td></tr>
<tr><td>法定代表人
或其授权人：__________
(签字或盖章)</td><td>法定代表人
或其授权人：__________
(签字或盖章)</td></tr>
<tr><td>编　制　人：__________
(造价人员签字盖专用章)</td><td>复　核　人：__________
(造价工程师签字盖专用章)</td></tr>
<tr><td>编制时间：　年　月　日</td><td>复核时间：　年　月　日</td></tr>
</table>

扉-2

《招标控制价扉页》(扉-2)填写要点：

(1)本封面由招标人或招标人委托的工程造价咨询人编制招标控制价时填写。

(2)招标人自行编制招标控制价的，编制人员必须是在招标人单位注册的造价人员，由招标人盖单位公章，法定代表人或其授权人签字或盖章；当编制人是注册造价工程师时，由其签字盖执业专用章；当编制人是造价员时，由其在编制人栏签字盖专用章，并应由注册造价工程师复核，在复核人栏签字盖执业专用章。

(3)招标人委托工程造价咨询人编制招标控制价的，编制人员必须是在工程造价咨询人单位注册的造价人员。由工程造价咨询人盖单位资质专用章，法定代表人或其授权人签字或盖章；当编制人是注册造价工程师时，由其签字盖执业专用章；当编制人是造价员时，由其在编制人栏签字盖专用章，并应由注册造价工程师复核，在复核人栏签字盖执业专用章。

3. 投标总价扉页(扉-3)

投标总价

招　标　人：______________________________

工程名称：______________________________

投标总价(小写)：______________________________

　　　　(大写)：______________________________

投　标　人：______________________________

(单位盖章)

法定代表人

或其授权人：______________________________

(签字或盖章)

编　制　人：______________________________

(造价人员签字盖专用章)

时　　　间：　　　年　　月　　日

扉-3

《投标总价扉页》(扉-3)填写要点：

(1)本扉页由投标人编制投标报价时填写。

(2)投标人编制投标报价时，编制人员必须是在投标人单位注册的造价人员。由投标人盖单位公章，法定代表人或其授权签字或盖章；编制的造价人员(造价工程师或造价员)签字盖执业专用章。

4. 竣工结算总价扉页(扉-4)

______________工程

竣工结算总价

签约合同价(小写)：______________ (大写)：______________

竣工结算价(小写)：______________ (大写)：______________

发 包 人：__________ 承 包 人：__________ 造价咨询人：__________

(单位盖章) (单位盖章) (单位资质专用章)

法定代表人 法定代表人 法定代表人

或其授权人：__________ 或其授权人：__________ 或其授权人：__________

(签字或盖章) (签字或盖章) (签字或盖章)

编 制 人：______________ 核 对 人：______________

(造价人员签字盖专用章) (造价工程师签字盖专用章)

编制时间： 年 月 日 核对时间： 年 月 日

扉-4

《竣工结算总价扉页》(扉-4)填写要点：

(1)承包人自行编制竣工结算总价，编制人员必须是承包人单位注册的造价人员。由承包人盖单位公章，法定代表人或其授权人签字或盖章；编制的造价人员(造价工程师或造价员)签字盖执业专用章。

(2)发包人自行核对竣工结算时，核对人员必须是在发包人单位注册的造价工程师。由发包人盖单位公章，法定代表人或其授权人签字或盖章，核对的造价工程师签字盖执业专用章。

(3)发包人委托工程造价咨询人核对竣工结算时，核对人员必须是在工程造价咨询人单位注册的造价工程师。由发包人盖单位公章，法定代表人或其授权人签字或盖章；工程造价咨询人盖单位资质专用章，法定代表人或其授权人签字或盖章，核对的造价工程师签字盖执业专用章。

(4)除非出现发包人拒绝或不答复承包人竣工结算书的特殊情况，竣工结算办理完毕后，竣工结算总价封面发承包双方的签字、盖章应当齐全。

5. 工程造价鉴定意见书扉页(扉-5)

____________________工程

工程造价鉴定意见书

鉴定结论：

造价咨询人：____

(盖单位章及资质专用章)

法定代表人：____

(签字或盖章)

造价工程师：____

(签字盖专用章)

年 月 日

扉-5

《工程造价鉴定意见书扉页》(扉-5)填写要点：

工程造价鉴定意见书扉页应填写工程造价鉴定项目的具体名称，工程造价咨询人应盖单位资质专用章，法定代表人或其授权人签字或盖章，造价工程师签字盖执业专用章。

(三)工程计价总说明(表-01)

总说明

工程名称： 第 页 共 页

表-01

《总说明》(表-01)填写要点：

本表适用于工程计价的各个阶段。对工程计价的不同阶段，《总说明》(表-01)中说明的内容是有差别的，要求也有所不同。

(1)工程量清单编制阶段。工程量清单中总说明应包括的内容有：①工程概况：如建设地址、建设规模、工程特征、交通状况、环保要求等；②工程招标和专业工程发包范围；③工程量清单编制依据；④工程质量、材料、施工等的特殊要求；⑤其他需要说明的问题。

(2)招标控制价编制阶段。招标控制价中总说明应包括的内容有：①采用的计价依据；②采用的施工组织设计；③采用的材料价格来源；④综合单价中风险因素、风险范围(幅度)；⑤其他等。

(3)投标报价编制阶段。投标报价总说明应包括的内容有：①采用的计价依据；②采用的施工组织设计；③综合单价中包含的风险因素，风险范围(幅度)；④措施项目的依据；⑤其他有关内容的说明等。

(4)竣工结算编制阶段。竣工结算中总说明应包括的内容有：①工程概况；②编制依据；③工程变更；④工程价款调整；⑤索赔；⑥其他等。

(5)工程造价鉴定阶段。工程造价鉴定书总说明应包括的内容有：①鉴定项目委托人名称、委托鉴定的内容；②委托鉴定的证据材料；③鉴定的依据及使用的专业技术手段；④对鉴定过程的说明；⑤明确的鉴定结论；⑥其他需说明的事宜等。

(四)工程计价汇总表

1. 建设项目招标控制价/投标报价汇总表(表-02)

建设项目招标控制价/投标报价汇总表

工程名称：　　　　　　　　　　　　　　　　　　　　第　页　共　页

序号	单项工程名称	金额/元	其中:/元		
			暂估价	安全文明施工费	规费
合计					

注:本表适用于建设项目招标控制价或投标报价的汇总。

表-02

《建设项目招标控制价/投标报价汇总表》(表-02)填写要点：

(1)由于编制招标控制价和投标价包含的内容相同,只是对价格的处理不同,因此,招标控制价和投标报价汇总表使用同一表格。实践中,对招标控制价或投标报价可分别印制本表格。

(2)使用本表格编制投标报价时,汇总表中的投标总价与投标中标函中投标报价金额应当一致。如不一致时以投标中标函中填写的大写金额为准。

2. 单项工程招标控制价/投标报价汇总表(表-03)

单项工程招标控制价/投标报价汇总表

工程名称：　　　　　　　　　　　　　　　　　　　　第　页　共　页

序号	单项工程名称	金额/元	其中:/元		
			暂估	安全文明施工费	规费
合　计					

注:本表适用于单项工程招标控制价或投标报价的汇总。暂估价包括分部分项工程中的暂估价和专业工程暂估价。

表-03

3. 单位工程招标控制价/投标报价汇总表(表-04)

单位工程招标控制价/投标报价汇总表

工程名称: 标段: 第 页 共 页

序号	汇总内容	金额/元	其中:暂估价/元
1	分部分项工程		
1.1			
1.2			
1.3			
1.4			
1.5			
2	措施项目		
2.1	其中:安全文明施工费		
3	其他项目		
3.1	其中:暂列金额		
3.2	其中:专业工程暂估价		
3.3	其中:计日工		
3.4	其中:总承包服务费		
4	规费		
5	税金		
招标控制价合计=1+2+3+4+5			

注:本表适用于单位工程招标控制价或投标报价的汇总,如无单位工程划分,单项工程也使用本表汇总。

表-04

4. 建设项目竣工结算汇总表(表-05)

建设项目竣工结算汇总表

工程名称: 第 页 共 页

序号	单项工程名称	金额/元	其中:/元	
			安全文明施工费	规费
合 计				

表 0-5

5. 单项工程竣工结算汇总表(表-06)

单项工程竣工结算汇总表

工程名称： 第 页 共 页

<table>
<tr><th rowspan="2">序号</th><th rowspan="2">单项工程名称</th><th rowspan="2">金额/元</th><th colspan="2">其中:/元</th></tr>
<tr><th>安全文明施工费</th><th>规费</th></tr>
<tr><td></td><td></td><td></td><td></td><td></td></tr>
<tr><td colspan="2">合　　计</td><td></td><td></td><td></td></tr>
</table>

表-06

6. 单位工程竣工结算汇总表(表-07)

单位工程竣工结算汇总表

工程名称： 标段： 第 页 共 页

序号	汇总内容	金额/元
1	分部分项工程	
1.1		
1.2		
1.3		
1.4		
1.5		
2	措施项目	
2.1	其中:安全文明施工费	
3	其他项目	
3.1	其中:专业工程结算价	
3.2	其中:计日工	
3.3	其中:总承包服务费	
3.4	其中:索赔与现场鉴证	
4	规费	
5	税金	
竣工结算总价合计=1+2+3+4+5		

注:如无单位工程划分,单项工程也使用本表汇总。

表-07

(五)分部分项工程和措施项目计价表

1. 分部分项工程和单价措施项目清单与计价表(表-08)

分部分项工程和单价措施项目清单与计价表

工程名称： 标段： 第 页 共 页

序号	项目编码	项目名称	项目特征描述	计量单位	工程量	金额/元		
						综合单价	合价	其中
								暂估价
本页小计								
合　　计								

注：为计取规费等使用，可在表中增设其中："定额人工费"。

表-08

《分部分项工程和单价措施项目清单与计价表》(表-08)填写要点：

(1)本表依据"08计价规范"中《分部分项工程量清单与计价表》和《措施项目清单与计价表(二)》合并而来。单价措施项目和分部分项工程项目清单编制与计价均使用本表。

(2)本表不只是编制招标工程量清单的表式，也是编制招标控制价、投标价和竣工结算的最基本用表。

(3)编制工程量清单时使用本表，在"工程名称"栏应填写详细具体的工程称谓，对于房屋建筑而言，习惯上并无标段划分，可不填写"标段"栏，但相对于管道敷设、道路施工、则往往以标段划分，此时，应填写"标段"栏，其他各表涉及此类设置，道理相同。

(4)"项目编码"栏应根据相关国家工程量计算规范项目编码栏内规定的9位数字另加3位顺序码共12位阿拉伯数字填写。

在编制工程量清单时应注意对项目编码的设置不得有重码，特别是当同一标段(或合同段)的一份工程量清单中含有多个单项或单位工程且工程量清单是以单项或单位工程为编制对象时，应注意项目编码中的十至十二位的设置不得重码。

(5)"项目名称"栏应按相关工程国家工程量计算规范的规定，根据拟建工程实际填写。在实际填写过程中，"项目名称"有两种填写方法：一是完全保持相关工程国家工程量计算规范的项目名称不变；二是根据工程实际在工程量计算规范项目名称下另行确定详细名称。

(6)"项目特征"栏应按相关工程国家工程量计算规范的规定，根据拟建工程实际进行描述。

(7)"计量单位"应按相关工程国家工程量计算规范规定的计量单位填写。有些项目工程量计算规范中有两个或两个以上计量单位，应根据拟建工程项目的实际，选择最适宜表现该项目特征并方便计量的单位。如泥浆护壁成孔灌注桩项目，工程量计算规范以m^3、m和根三个计量单位表示，此时就应根据工程项目的特点，选择其中一个即可。

(8)"工程量"应按相关工程国家工程量计算规范规定的工程量计算规则计算填写。

(9)由于各省、自治区、直辖市以及行业建设主管部门对规费计取基础的不同设置，为了计取规费等的使用，使用本表时可在表中增设其中："定额人工费"。

(10)编制招标控制价时，使用本表“综合单价”、“合计”以及“其中：暂估价”按“13计价规范”的规定填写。

(11)编制投标报价时，投标人对表中的“项目编码”、“项目名称”、“项目特征”、“计量单位”、“工程量”均不应做改动。“综合单价”、“合价”自主决定填写，对其中的“暂估价”栏，投标人应将招标文件中提供了暂估材料单价的暂估价计入综合单价，并应计算出暂估单价的材料在“综合单价”及其“合价”中的具体数额，因此，为更详细反应暂估价情况，也可在表中增设一栏“综合单价”其中的“暂估价”。

(12)编制竣工结算时，使用本表可取消“暂估价”。

2. 综合单价分析表(表-09)

综合单价分析表

工程名称：　　　　　　　　　　　　　　标段：　　　　　　　　　　　　　　第　页　共　页

<table>
<tr><td colspan="2">项目编码</td><td colspan="2"></td><td colspan="2">项目名称</td><td colspan="2"></td><td colspan="2">计量单位</td><td>工程量</td><td></td></tr>
<tr><td colspan="12">清单综合单价组成明细</td></tr>
<tr><td rowspan="2">定额编号</td><td rowspan="2">定额项目名称</td><td rowspan="2">定额单位</td><td rowspan="2">数量</td><td colspan="4">单　价</td><td colspan="4">合价</td></tr>
<tr><td>人工费</td><td>材料费</td><td>机械费</td><td>管理费和利润</td><td>人工费</td><td>材料费</td><td>机械费</td><td>管理费和利润</td></tr>
<tr><td></td><td></td><td></td><td></td><td></td><td></td><td></td><td></td><td></td><td></td><td></td><td></td></tr>
<tr><td></td><td></td><td></td><td></td><td></td><td></td><td></td><td></td><td></td><td></td><td></td><td></td></tr>
<tr><td></td><td></td><td></td><td></td><td></td><td></td><td></td><td></td><td></td><td></td><td></td><td></td></tr>
<tr><td colspan="2">人工单价</td><td colspan="6">小　计</td><td></td><td></td><td></td><td></td></tr>
<tr><td colspan="2">元/工日</td><td colspan="6">未计价材料费</td><td colspan="4"></td></tr>
<tr><td colspan="8">清单项目综合单价</td><td colspan="4"></td></tr>
<tr><td rowspan="5">材料费明细</td><td colspan="5">主要材料名称、规格、型号</td><td>单位</td><td>数量</td><td>单价/元</td><td>合价/元</td><td>暂估单价/元</td><td>暂估合价/元</td></tr>
<tr><td colspan="5"></td><td></td><td></td><td></td><td></td><td></td><td></td></tr>
<tr><td colspan="5"></td><td></td><td></td><td></td><td></td><td></td><td></td></tr>
<tr><td colspan="7">其他材料费</td><td>—</td><td></td><td>—</td><td></td></tr>
<tr><td colspan="7">材料费小计</td><td>—</td><td></td><td>—</td><td></td></tr>
</table>

注：1. 如不使用省级或行业建设主管部门发布的计价依据，可不填定额项目、编号等。
2. 招标文件提供了暂估单价的材料，按暂估的单价填入表内“暂估单价”栏及“暂估合价”栏。

表-09

《综合单价分析表》(表-09)填写要点：

(1)工程量清单单价分析表是评标委员会评审和判别综合单价组成和价格完整性、合理性的主要基础，对因工程变更、工程量偏差等原因调整综合单价也是必不可少的基础价格数据来源。采用经评审的最低投标价法评标时，本表的重要性更为突出。

(2)本表集中反映了构成每一个清单项目综合单价的各个价格要素的价格及主要的“工、料、机”消耗量。投标人在投标报价时，需要对每一个清单项目进行组价，为了使组价工作具有可追溯性(回复评标质疑时尤其需要)，需要表明每一个数据的来源。

(3)本表一般随投标文件一同提交,作为竞标价的工程量清单的组成部分。以便中标后,作为合同文件的附属文件。投标人须知中需要就分析表提交的方式做出规定,该规定需要考虑是否有必要对分析表的合同地位给予定义。

(4)编制综合单价分析表时,对辅助性材料不必细列,可归并到其他材料费中以金额表示。

(5)编制招标控制价,使用本表应填写使用的省级或行业建设主管部门发布的计价定额名称。

(6)编制投标报价,使用本表可填写使用的企业定额名称,也可填写省级或行业建设主管部门发布的计价定额,如不使用则不填写。

(7)编制工程结算时,应在已标价工程量清单中的综合单价分析表中将确定的调整过后人工单价、材料单价等进行置换,形成调整后的综合单价。

3. 综合单价调整表(表-10)

综合单价调整表

工程名称： 标段： 第 页 共 页

序号	项目编码	项目名称	已标价清单综合单价/元					调整后综合单价/元				
			综合单价	其中				综合单价	其中			
				人工费	材料费	机械费	管理费和利润		人工费	材料费	机械费	管理费和利润
造价工程师(签章)：			发包人代表(签章)： 日期：					造价人员(签章)：			承包人代表(签章)： 日期：	

注:综合单价调整应附调整依据。

表-10

《综合单价调整表》(表-10)填写要点:

综合单价调整表适用于各种合同约定调整因素出现时调整综合单价,各种调整依据应附于表后。填写时应注意,项目编码和项目名称必须与已标价工程量清单操持一致,不得发生错漏,以免发生争议。

4. 总价措施项目清单与计价表(表-11)

总价措施项目清单与计价表

工程名称：　　　　　　　　　　　　　　　　标段：　　　　　　　　　　　　　　第　页　共　页

序号	项目编码	项目名称	计算基础	费率(%)	金额/元	调整费率(%)	调整后金额/元	备注
		安全文明施工费						
		夜间施工增加费						
		二次搬运费						
		冬雨季施工增加费						
		已完工程及设备保护费						
合计								

编制人(造价人员)：　　　　　　　　　　　　　　复核人(造价工程师)：

注：1. "计算基础"中安全文明施工费可为"定额基价"、"定额人工费"或"定额人工费＋定额机械费"，其他项目可为"定额人工费"或"定额人工费＋定额机械费"。

2. 按施工方案计算的措施费，若无"计算基础"和"费率"的数值，也可只填"金额"数值，但应在备注栏说明施工方案出处或计算方法。

表-11

《总价措施项目清单与计价表》(表-11)填写要点：

(1)编制招标工程量清单时，表中的项目可根据工程实际情况进行增减。

(2)编制招标控制价时，计费基础、费率应按省级或行业建设主管部门的规定计取。

(3)编制投标报价时，除"安全文明施工费"必须按"13计价规范"的强制性规定，按省级、行业建设主管部门的规定计取外，其他措施项目均可根据投标施工组织设计自主报价。

(六)其他项目计价表

1. 其他项目清单与计价汇总表(表-12)

其他项目清单与计价汇总表

工程名称: 标段: 第 页 共 页

序号	项目名称	金额/元	结算金额/元	备 注
1	暂列金额			明细详见表-12-1
2	暂估价			
2.1	材料(工程设备)暂估价/结算价	—		明细详见表-12-2
2.2	专业工程暂估价/结算价			明细详见表-12-3
3	计日工			明细详见表-12-4
4	总承包服务费			明细详见表-12-5
5	索赔与现场签证	—		明细详见表-12-6
合计				—

注:材料(工程设备)暂估单价计入清单项目综合单价,此处不汇总。

表-12

《其他项目清单与计价汇总表》(表-12)填写要点:

(1)编制招标工程量清单,应汇总"暂列金额"和"专业工程暂估价",以提供给投标人报价。

(2)编制招标控制价,应按有关计价规定估算"计日工"和"总承包服务费"。如招标工程量清单中未列"暂列金额",应按有关规定编列。

(3)编制投标报价,应按招标文件工程量清单提供的"暂列金额"和"专业工程暂估价"填写金额，不得变动。“计日工”、“总承包服务费”自主确定报价。

(4)编制或核对竣工结算，“专业工程暂估价”按实际分包结算价填写，“计日工”、“总承包服务费”按双方认可的费用填写，如发生“索赔”或“现场签证”费用，按双方认可的金额计入本表。

2. 暂列金额明细表(表-12-1)

暂列金额明细表

工程名称：　　　　标段：　　　　第　页共　页

序　号	项　目　名　称	计量单位	暂定金额/元	备　　注
1				
2				
3				
4				
5				
6				
7				
8				
9				
10				
11				
合　计				—

注：此表由招标人填写，如不能详列，也可只列暂定金额总额，投标人应将上述暂列金额计入投标总价中。

表-12-1

《暂列金额明细表》(表-12-1)填写要点：

暂列金额在实际履约过程中可能发生，也可能不发生。本表要求招标人能将暂列金额与拟用项目列出明细，但如确实不能详列也可只列暂定金额总额，投标人应将上述暂列金额计入投标总价中。

3. 材料(工程设备)暂估单价及调整表(表-12-2)

材料(工程设备)暂估单价及调整表

工程名称： 标段： 第 页 共 页

序号	材料(工程设备)名称、规格、型号	计量单位	数量		暂估/元		确认/元		差额/元		备注
			暂估	确认	单价	合价	单价	合价	单价	合价	
合计											

注：此表由招标人填写"暂估单价"，并在备注栏说明暂估单价的材料、工程设备拟用在哪些清单项目上，投标人应将上述材料、工程设备暂估单价计入工程量清单综合单价报价中。

表-12-2

《材料(工程设备)暂估单价及调整表》(表-12-2)填写要点：

暂估价是在招标阶段预见肯定要发生，只是因为标准不明确或者需要由专业承包人完成，暂时无法确定材料、工程设备的具体价格而采用的一种临时性计价方式。暂估价的材料、工程设备数量应在表内填写，拟用项目应在本表备注栏给予补充说明。

"13计价规范"要求招标人针对每一类暂估价给出相应的拟用项目，即按照材料、工程设备的名称分别给出，这样的材料、工程设备暂估价能够纳入到清单项目的综合单价中。

4. 专业工程暂估价及结算价表(表-12-3)

专业工程暂估价及结算价表

工程名称： 标段： 第 页 共 页

序号	工程名称	工程内容	暂估金额/元	结算金额/元	差额±/元	备注
合计						

注：此表"暂估金额"由招标人填写，招标人应将"暂估金额"计入投标总价中。结算时按合同约定结算金额填写。

表-12-3

《专业工程暂估价及结算价表》(表-12-3)填写要点：

专业工程暂估价应在表内填写工程名称、工程内容、暂估金额、投标人应将上述金额计入投标总价中。专业工程暂估价项目及其表中列明的专业工程暂估价，是指分包人实施专业工程的含税金后的完整价，除了合同约定的发包人应承担的总包管理、协调、配合和服务责任所对应的总承包服务费以外，承包人为履行其总包管理、配合、协调和服务所需产生的费用应该包括在投标报价中。

5. 计日工表(表-12-4)

计日工表

工程名称：　　　　　　　　　　　　标段：　　　　　　　　　　　　第　页　共　页

编号	项目名称	单位	暂定数量	实际数量	综合单价/元	合价/元	
						暂定	实际
一	人工						
1							
2							
3							
4							
人工小计							
二	材料						
1							
2							
3							
4							
5							
材料小计							
三	施工机械						
1							
2							
3							
4							
施工机械小计							
四、企业管理费和利润							
总计							

注：此表项目名称、暂定数量由招标人填写，编制招标控制价时，单价由招标人按有关规定确定；投标时，单价由投标人自主确定，按暂定数量计算合价计入投标总价中；结算时，按发承包双方确定的实际数量计算合价。

表-12-4

《计日工表》(表-12-4)填写要点：

(1)编制工程量清单时，“项目名称”、“计量单位”、“暂估数量”由招标人填写。

(2)编制招标控制价时，人工、材料、机械台班单价由招标人按有关计价规定填写并计算合价。

(3)编制投标报价时,人工、材料、机械台班单价由投标人自主确定,按已给暂估数量计算合价计入投标总价中。

6. 总承包服务费计价表(表-12-5)

总承包服务费计价表

工程名称: 标段: 第 页 共 页

序号	项目名称	项目价值/元	服务内容	计算基础	费率(%)	金额/元
1	发包人发包专业工程					
2	发包人提供材料					
	合计	—	—		—	

注:此表项目名称、服务内容由招标人填写,编制招标控制价时,费率及金额由招标人按有关计价规定确定;投标时,费率及金额由投标人自主报价,计入投标总价中。

表-12-5

《总承包服务费计价表》(表-12-5)填写要点:

(1)编制招标工程量清单时,招标人应将拟定进行专业分包的专业工程、自行采购的材料设备等决定清楚,填写项目名称、服务内容,以便投标人决定报价。

(2)编制招标控制价时,招标人按有关计价规定计价。

(3)编制投标报价时,由投标人根据工程量清单中的总承包服务内容,自主决定报价。

(4)办理竣工结算时,发承包双方应按承包人已标价工程量清单中的报价计算,如发承包双方确定调整的,按调整后的金额计算。

7. 索赔与现场签证计价汇总表(表-12-6)

索赔与现场签证计价汇总表

工程名称: 标段: 第 页 共 页

序号	签证及索赔项目名称	计量单位	数量	单价/元	合价/元	索赔及签证依据
—	本页小计	—	—	—		—
—	合计	—	—	—		—

注:签证及索赔依据是指经双方认可的签证单和索赔依据的编号。

表-12-6

《索赔与现场签证计价汇总表》(表-12-6)填写要点：

本表是对发承包双方签证认可的“费用索赔申请(核准)表”和“现场签证表”的汇总。

8. 费用索赔申请(核准)表(表-12-7)

费用索赔申请(核准)表

工程名称： 标段： 编号：

<table>
<tr><td colspan="2">致：____(发包人全称)
根据施工合同条款____条的约定，由于__________原因，我方要求索赔金额(大写)________元，(小写________元)，请予核准。
附：1. 费用索赔的详细理由和依据：
2. 索赔金额的计算：
3. 证明材料：

承包人(章)
造价人员________ 承包人代表________ 日　期________</td></tr>
<tr><td>复核意见：
根据施工合同条款____条的约定，你方提出的费用索赔申请经复核：
□不同意此项索赔，具体意见见附件。
□同意此项索赔，索赔金额的计算，由造价工程师复核。

监理工程师________
日　期________</td><td>复核意见：
根据施工合同条款____条的约定，你方提出的费用索赔申请经复核，索赔金额为(大写)____元，(小写)____元。

造价工程师________
日　期________</td></tr>
<tr><td colspan="2">审核意见：
□不同意此项索赔。
□同意此项索赔，与本期进度款同期支付。

发包人(章)
发包人代表________
日　期________</td></tr>
</table>

注：1. 在选择栏中的“□”内做标识“√”。

2. 本表一式四份，由承包人填报，发包人、监理人、造价咨询人、承包人各存一份。

表-12-7

《费用索赔申请(核准)表》(表-12-7)填写要点：

填写本表时，承包人代表应按合同条款的约定，阐述原因，附上索赔证据、费用计算报发包人，经监理工程师复核(按照发包人的授权不论是监理工程师或发包人现场代表均可)，经造价工

程师(此处造价工程师可以是发包人现场管理人员,也可以是发包人委托的工程造价咨询企业的人员)复核具体费用,经发包人审核后生效,该表以在选择栏中“□”内做标识“√”表示。

9. 现场签证表(表-12-8)

现场签证表

工程名称: 标段: 编号:

<table>
<tr><td>施工部位</td><td></td><td>日期</td><td></td></tr>
<tr><td colspan="4">致:______________________________(发包人全称)
根据________(指令人姓名) 年 月 日的口头指令或你方________(或监理人) 年 月 日的书面通知,我方要求完成此项工作应支付价款金额为(大写)_____元,(小写)_____元,请予核准。
附:1. 签证事由及原因:
2. 附图及计算式:

承包人(章)
造价人员_______ 承包人代表_______ 日 期_______</td></tr>
<tr><td colspan="2">复核意见:
你方提出的此项签证申请经复核:
□不同意此项签证,具体意见见附件。
□同意此项签证,签证金额的计算,由造价工程师复核。

监理工程师_______
日 期_______</td><td colspan="2">复核意见:
□此项签证按承包人中标的计日工单价计算,金额为(大写)____元,(小写)____元。
□此项签证因无计日工单价,金额为(大写)____元,(小写)____。

造价工程师_______
日 期_______</td></tr>
<tr><td colspan="4">审核意见:
□不同意此项签证。
□同意此项签证,价款与本期进度款同期支付。

发包人(章)
发包人代表_______
日 期_______</td></tr>
</table>

注:1. 在选择栏中的“□”内做标识“√”。

2. 本表一式四份,由承包人在收到发包人(监理人)的口头或书面通知后填写,发包人、监理人、造价咨询人、承包人各存一份。

表-12-8

《现场签证表》(表-12-8)填写要点:

本表是对“计日工”的具体化,考虑到招标时,招标人对计日工项目的预估难免会有遗漏,带来实际施工发生后,无相应的计日工单价时,现场签证只能包括单价一并处理,因此,在汇总时,有计日工单价的,可归并于计日工,如无计日工单价,归并于现场签证,以示区别。

（七）规费、税金项目计价表（表-13）

规费、税金项目计价表

工程名称： 标段： 第 页 共 页

序号	项目名称	计算基础	计算基数	计算费率(%)	金额/元
1	规费	定额人工费			
1.1	社会保险费	定额人工费			
(1)	养老保险费	定额人工费			
(2)	失业保险费	定额人工费			
(3)	医疗保险费	定额人工费			
(4)	工伤保险费	定额人工费			
(5)	生育保险费	定额人工费			
1.2	住房公积金	定额人工费			
1.3	工程排污费	按工程所在地环境保护部门收取标准，按实计入			
2	税金	分部分项工程费＋措施项目费＋其他项目费＋规费—按规定不计税的工程设备金额			
合计					

编制人（造价人员）： 复核人（造价工程师）：

表-13

《规费、税金项目计价表》（表-13）填写要点：

本表按住房和城乡建设部、财政部印发的《建筑安装工程费用项目组成》（建标[2013]44号）列举的规费项目列项，在施工实践中，有的规费项目，如工程排污费，并非每个工程所在地都要征收，实践中可作为按实计算的费用处理。

（八）工程计量申请（核准）表（表-14）

工程计量申请（核准）表

工程名称： 标段： 第 页 共 页

<table>
<tr><td>序号</td><td>项目编码</td><td>项目名称</td><td>计量单位</td><td>承包人申报数量</td><td>发包人核实数量</td><td>发承包人确认数量</td><td>备注</td></tr>
<tr><td></td><td></td><td></td><td></td><td></td><td></td><td></td><td></td></tr>
<tr><td></td><td></td><td></td><td></td><td></td><td></td><td></td><td></td></tr>
<tr><td></td><td></td><td></td><td></td><td></td><td></td><td></td><td></td></tr>
<tr><td colspan="2">承包人代表：

日期：</td><td colspan="2">监理工程师：

日期：</td><td colspan="2">造价工程师：

日期：</td><td colspan="2">发包人代表：

日期：</td></tr>
</table>

表-14

《工程计量申请（核准）表》（表-14）填写要点：

本表填写的“项目编码”、“项目名称”、“计量单位”应与已标价工程量清单中一致，承包人应在合同约定的计量周期结束时，将申报数量填写在申报数量栏，发包人核对后如与承包人填写的数量不一

致,则在核实数量栏填上核实数量,经发承包双方共同核对确认的计量结果填在确认数量栏。

(九)合同价款支付申请(核准)表

合同价款支付申请(核准)表是合同履行、价款支付的重要凭证。“13计价规范”对此类表格共设计了5种,包括专用于预付款支付的《预付款支付申请(核准)表》(表-15)、用于施工过程中无法计量的总价项目及总价合同进度款支付的《总价项目进度款支付分解表》(表-16)、专用于进度款支付的《进度款支付申请(核准)表》(表-17)、专用于竣工结算价款支付的《竣工结算款支付申请(核准)表》(表-18)和用于缺陷责任期到期,承包人履行了工程缺陷修复责任后,对其预留的质量保证金最终结算的《最终结清支付申请(核准)表》(表-19)。

合同价款支付申请(标准)表包括的5种表格,均由承包人代表在每个计量周期结束后发包人提出,由发包人授权的现场代表复核工程量,由发包人授权的造价工程师复核应付款项,经发包人批准实施。

1. 预付款支付申请(核准)表(表-15)

预付款支付申请(核准)表

工程名称: 标段: 编号:

致:____(发包人全称)

我方根据施工合同的约定,现申请支付工程预付款额为(大写)________(小写________),请予核准。

序号	名称	申请金额/元	复核金额/元	备注
1	已签约合同价款金额			
2	其中:安全文明施工费			
3	应支付的预付款			
4	应支付的安全文明施工费			
5	合计应支付的预付款			

承包人(章)

造价人员__________ 承包人代表__________ 日 期__________

复核意见:

□与合同约定不相符,修改意见见附件。

□与合同约定相符,具体金额由造价工程师复核。

监理工程师________

日 期________

复核意见:

□你方提出的支付申请复核,应支付预付款金额为(大写)____(小写____)。

造价工程师________

日 期________

审核意见:

□不同意。

□同意,支付时间为本表签发后的15天内。

发包人(章)

发包人代表________

日 期________

注:1. 在选择栏中的“□”内做标识“√”。

2. 本表一式四份,由承包人填报,发包人、监理人、造价咨询人、承包人各存一份。

表-15

2. 总价项目进度款支付分解表(表-16)

总价项目进度款支付分解表

工程名称： 标段： 单位:元

序号	项目名称	总价金额	首次支付	二次支付	三次支付	四次支付	五次支付	
	安全文明施工费							
	夜间施工增加费							
	二次搬运费							
	社会保险费							
	住房公积金							
合计								

编制人(造价人员)： 复核人(造价工程师)：

注:1. 本表应由承包人在投标报告时根据发包人在招标文明确的进度款支付周期与报价填写,签订合同时,发承包双方可就支付分解协商调整后作为合同附件。

2. 单价合同使用本表,“支付”栏时间应与单价项目进度款支付周期相同。

3. 总价合同使用本表,“支付”栏时间应与约定的工程计量周期相同。

表-16

3. 进度款支付申请(核准)表(表-17)

进度款支付申请(核准)表

工程名称： 标段： 编号：

致：________________________________(发包人全称)

我方于______至______期间已完成了______工作，根据施工合同的约定，现申请支付本周期的合同款额为(大写)______(小写______)，请予核准。

序号	名称	实际金额/元	申请金额/元	复核金额/元	备注
1	累计已完成的合同价款				
2	累计已实际支付的合同价款				
3	本周期合计完成的合同价款				
3.1	本周期已完成单价项目的金额				
3.2	本周期应支付的总价项目的金额				
3.3	本周期已完成的计日工价款				
3.4	本周期应支付的安全文明施工费				
3.5	本周期应增加的合同价款				
4	本周期合计应扣减的金额				
4.1	本周期应抵扣的预付款				
4.2	本周期应扣减的金额				
5	本周期应支付的合同价款				

附：上述3、4详见附件清单。

承包人(章)

造价人员________ 承包人代表________ 日 期________

复核意见：

□与实际施工情况不相符，修改意见见附件。

□与实际施工情况相符，具体金额由造价工程师复核。

监理工程师______

日 期______

复核意见：

你方提出的支付申请经复核，本周期已完成合同款额为(大写)___(小写___)，本周期应支付金额为大写___(小写___)。

造价工程师______

日 期______

审核意见：

□不同意。

□同意，支付时间为本表签发后的15天内。

发包人(章)

发包人代表______

日 期______

注：1. 在选择栏中的“□”内做标识“√”。

2. 本表一式四份，由承包人填报，发包人、监理人、造价咨询人、承包人各存一份。

表-17

4. 竣工结算款支付申请(核准)表(表-18)

竣工结算款支付申请(核准)表

工程名称：　　　　　　　　　　　　　　标段：　　　　　　　　　　　　　　编号：

致：____（发包人全称）

我方于________至________期间已完成合同约定的工作，工程已经完工，根据施工合同的约定，现申请支付竣工结算合同款额为(大写)________(小写________)，请予核准。

序号	名称	申请金额/元	复核金额/元	备注
1	竣工结算合同价款总额			
2	累计已实际支付的合同价款			
3	应预留的质量保证金			
4	应支付的竣工结算款金额			

承包人(章)

造价人员__________　　　承包人代表__________　　　日　　期__________

复核意见：

□与实际施工情况不相符，修改意见见附件。

□与实际施工情况相符，具体金额由造价工程师复核。

监理工程师________

日　　期________

复核意见：

你方提出的竣工结算款支付申请经复核，竣工结算款总额为大写____(小写____)，扣除前期支附以及质量保证金后应支付金额为(大写)____(小写____)。

造价工程师________

日　　期________

审核意见：

□不同意。

□同意，支付时间为本表签发后的15天内。

发包人(章)

发包人代表________

日　　期________

注：1. 在选择栏中的“□”内做标识“√”。

2. 本表一式四份，由承包人填报，发包人、监理人、造价咨询人、承包人各存一份。

表-18

5. 最终结清支付申请(核准)表(表-19)

最终结清支付申请(核准)表

工程名称：　　　　标段：　　　　编号：

致：________________________________(发包人全称)

我方于______至______期间已完成了缺陷修复工作，根据施工合同的约定，现申请支付最终结清合同款额为(大写)______(小写______)，请予核准。

序号	名称	申请金额/元	复核金额/元	备注
1	已预留的质量保证金			
2	应增加因发包人原因造成缺陷的修复金额			
3	应扣减承包人不修复缺陷、发包人组织修复的金额			
4	最终应支付的合同价款			

上述3、4详见附件清单。

承包人(章)

造价人员__________　承包人代表__________　日　期__________

复核意见：

□与实际施工情况不相符，修改意见见附件。

□与实际施工情况相符，具体金额由造价工程师复核。

监理工程师______

日　期______

复核意见：

你方提出的支付申请经复核，最终应支付金额为(大写)___(小写___)。

造价工程师______

日　期______

审核意见：

□不同意。

□同意，支付时间为本表签发后的15天内。

发包人(章)

发包人代表______

日　期______

注：1. 在选择栏中的“□”内做标识“√”。如监理人已退场，监理工程师栏可空缺。

2. 本表一式四份，由承包人填报，发包人、监理人、造价咨询人、承包人各存一份。

表-19

(十)主要材料、工程设备一览表

1. 发包人提供材料和工程设备一览表(表-20)

发包人提供材料和工程设备一览表

工程名称：　　　　　　　　　　　　标段：　　　　　　　　　　　　第　页　共　页

序号	材料(工程设备)名称、规格、型号	单位	数量	单价/元	交货方式	送达地点	备注

注：此表由招标人填写，供投标人在投标报价、确定总承包服务费时参考。

表-20

2. 承包人提供主要材料和工程设备一览表(适用于造价信息差额调整法)(表-21)

承包人提供主要材料和工程设备一览表

(适用于造价信息差额调整法)

工程名称：　　　　　　　　　　　　标段：　　　　　　　　　　　　第　页　共　页

序号	名称、规格、型号	单位	数量	风险系数(%)	基准单价/元	投标单价/元	发承包人确认单价/元	备注

注：1. 此表由招标人填写除“投标单价”栏的内容，投标人在投标时自主确定投标单价。

2. 招标人应优先采用工程造价管理机构发布的单价作为基准单价，未发布的，通过市场调查确定其基准单价。

表-21

3. 承包人提供主要材料和工程设备一览表(适用于价格指数差额调整法)(表-22)

承包人提供主要材料和工程设备一览表

(适用于价格指数差额调整法)

工程名称： 标段： 第 页 共 页

序号	名称、规格、型号	变值权重 B	基本价格指数 F_0	现行价格指数 F_t	备注
	定值权重 A		—	—	
合计		1	—	—	

注：1. “名称、规格、型号”、“基本价格指数”栏由招标人填写，基本价格指数应首先采用工程造价管理机构发布的价格指数，没有时，可采用发布的价格代替。如人工、机械费也采用本法调整，由招标人在名称“名称”栏填写。

2. “变值权重”栏由投标人根据该项人工、机械费和材料、工程设备价值在投标总报价中所占比例填写，1减去其比例为定值权重。

3. “现行价格指数”按约定付款证书相关周期最后一天的前42天的各项价格指数填写，该指数应首先采用工程造价管理机构发布的价格指数，没有时，可采用发布的价格代替。

表-22

第三章

装饰装修工程图识读

第一节 识图基础知识

一、图纸幅面

(1)图纸幅面及图框尺寸应符合表 3-1 的规定。

表 3-1 幅面及图框尺寸 mm

尺寸代号 \ 幅面代号	A0	A1	A2	A3	A4
$b \times l$	841×1189	594×841	420×594	297×420	210×297
c	10			5	
a	25				

注:表中 b 为幅面短边尺寸,l 为幅面长边尺寸,c 为图框线与幅面线间宽度,a 为图框线与装订边间宽度。

(2)需要微缩复制的图纸,其一个边上应附有一段准确米制尺度,四个边上均附有对中标志,米制尺度的总长应为 100mm,分格应为 10mm。对中标志应画在图纸内框各边长的中点处,线宽 0.35mm,并应伸入内框边,在框外为 5mm。对中标志的线段,于 l_1 和 b_1 范围取中。

(3)图纸的短边尺寸不应加长,A0～A3 幅面长边尺寸可加长,但应符合表 3-2 的规定。

表 3-2 图纸长边加长尺寸 mm

幅面代号	长边尺寸	长边加长后的尺寸
A0	1189	1486(A0+1/4l) 1635(A0+3/8l) 1783(A0+1/2l) 1932(A0+5/8l) 2080(A0+3/4l) 2230(A0+7/8l) 2378(A0+l)
A1	841	1051(A1+1/4l) 1261(A1+1/2l) 1471(A1+3/4l) 1682(A1+l) 1892(A1+5/4l) 2102(A1+3/2l)
A2	594	743(A2+1/4l) 891(A2+1/2l) 1041(A2+3/4l) 1189(A2+l) 1338(A2+5/4l) 1486(A2+3/2l) 1635(A2+7/4l) 1783(A2+2l) 1932(A2+9/4l) 2080(A2+5/2l)
A3	420	630(A3+1/2l) 841(A3+l) 1051(A3+3/2l) 1261(A3+2l) 1471(A3+5/2l) 1682(A3+3l) 1892(A3+7/2l)

注:有特殊需要的图纸,可采用 $b \times l$ 为 841mm×891mm 与 1189mm×1261mm 的幅面。

(4)图纸以短边作为垂直边应为横式，以短边作为水平边应为立式。A0～A3 图纸宜横式使用；必要时，也可立式使用。

(5)一个工程设计中，每个专业所使用的图纸，不宜多于两种幅面，不含目录及表格所采用的 A4 幅面。

二、标题栏

(1)图纸中应有标题栏、图框线、幅面线、装订边线和对中标志。图纸的标题栏及装订边的位置，应符合下列规定：

1)横式使用的图纸，应按图 3-1、图 3-2 的形式进行布置；

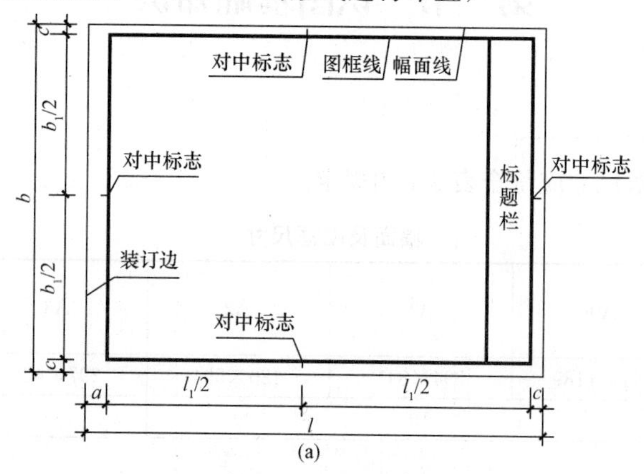

图 3-1 A0～A3 横式幅面(一)

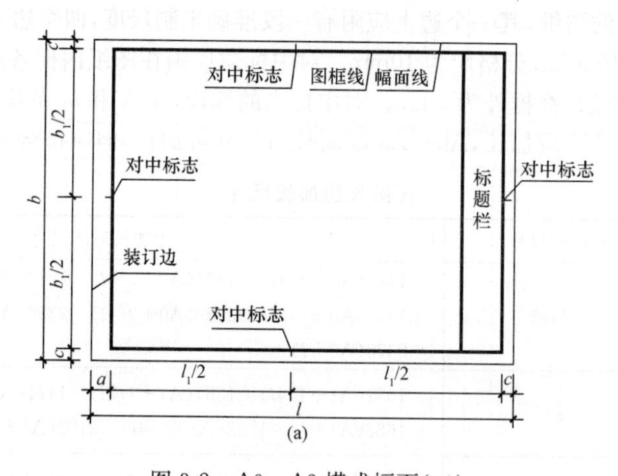

图 3-2 A0～A3 横式幅面(二)

2)立式使用的图纸，应按图 3-3、图 3-4 的形式进行布置。

(2)标题栏应符合图 3-5、图 3-6 的规定，根据工程的需要选择确定其尺寸、格式及分区。签字栏应包括实名列和签名列，并应符合下列规定：

1)涉外工程的标题栏内，各项主要内容的中文下方应附有译文，设计单位的上方或左方，应加“中华人民共和国”字样；

2)在计算机制图文件中当使用电子签名与认证时，应符合国家有关电子签名法的规定。

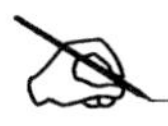

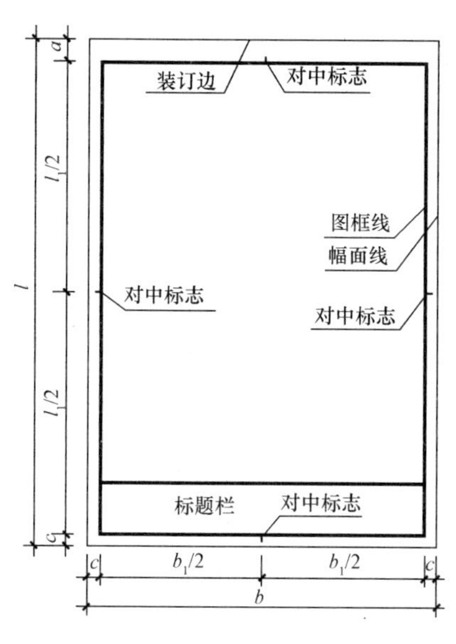

a
装订边
对中标志
$l_1/2$
图框线
幅面线
l
对中标志
对中标志
$l_1/2$
标题栏
对中标志
c
c
$b_1/2$
$b_1/2$
c
b

图 3-3　A0～A4 横式幅面(一)

a
装订边
对中标志
$l_1/2$
标题栏
l
对中标志
对中标志
$l_1/2$
图框线
幅面线
对中标志
c
c
$b_1/2$
$b_1/2$
c
b

图 3-4　A0～A4 横式幅面(二)

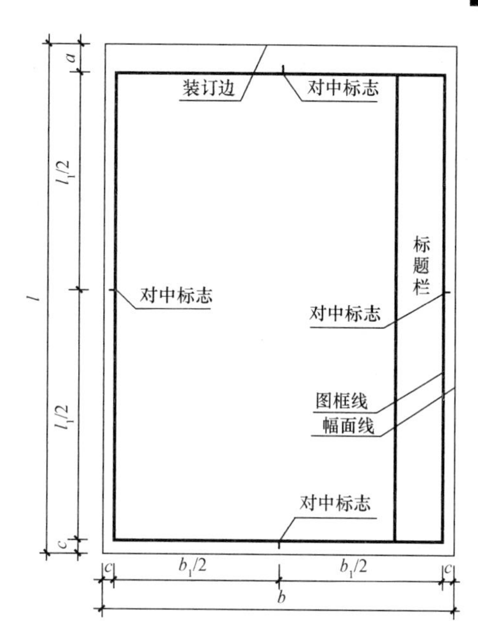

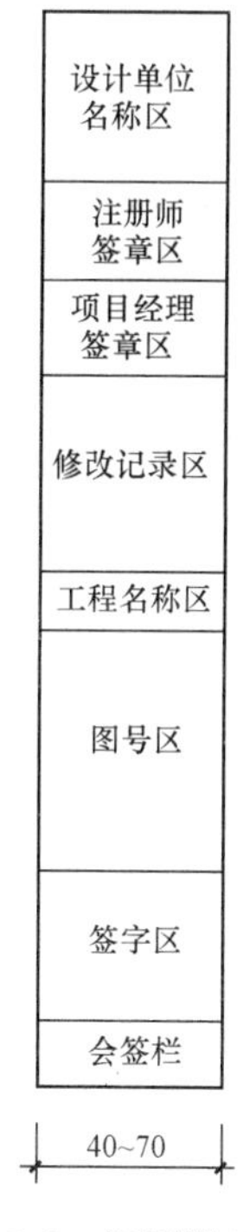

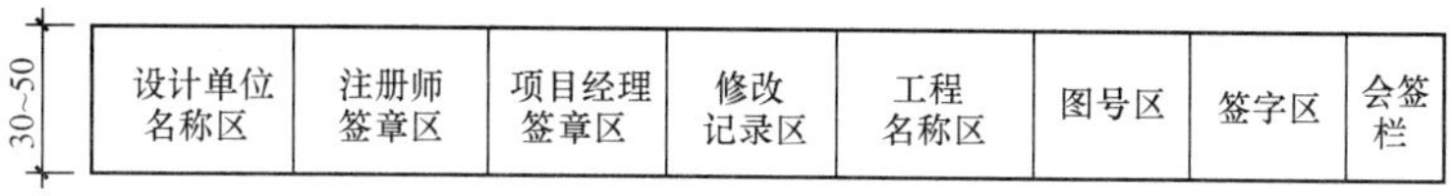

设计单位名称区
注册师签章区
项目经理签章区
修改记录区
工程名称区
图号区
签字区
会签栏
40~70

图 3-5　标题栏(一)

30~50
设计单位名称区
注册师签章区
项目经理签章区
修改记录区
工程名称区
图号区
签字区
会签栏

图 3-6　标题栏(二)

三、图纸编排顺序

(1)工程图纸应按专业顺序编排,应为图纸目录、总图、建筑图、结构图、给水排水图、暖通空调图、电气图等。

(2)各专业的图纸,应按图纸内容的主次关系、逻辑关系进行分类排序。

四、图线与比例

1. 图线

(1)图线的宽度 b,宜从 1.4、1.0、0.7、0.5、0.35、0.25、0.18、0.13(mm)线宽系列中选取。图线宽度不应小于0.1mm。每个图样,应根据复杂程度与比例大小,先选定基本线宽 b,再选用表 3-3 中相应的线宽组。

表 3-3　　　　线宽组　　　　mm

线宽比	线宽组			
b	1.4	1.0	0.7	0.5
$0.7b$	1.0	0.7	0.5	0.35
$0.5b$	0.7	0.5	0.35	0.25
$0.25b$	0.35	0.25	0.18	0.13

注:1. 需要缩微的图纸,不宜采用0.18mm及更细的线宽。

2. 同一张图纸内,各不同线宽中的细线,可统一采用较细的线宽组的细线。

(2)装饰装修工程制图应选用表 3-4 所示的图线。

表 3-4　　　　房屋建筑室内装饰装修制图常用线型

名称		线型	线宽	用途
实线	粗		b	1. 平、剖面图中被剖切的房屋建筑和装饰装修构造的主要轮廓线 2. 房屋建筑室内装饰装修立面图的外轮廓线 3. 房屋建筑室内装饰装构造详图、节点图中被剖切部分的主要轮廓线 4. 平、立、剖面图的剖切符号
	中粗		$0.7b$	1. 平、剖面图中被剖切的房屋建筑和装饰装修构造的次要轮廓线 2. 房屋建筑室内装饰装修详图中的外轮廓线
	中		$0.5b$	1. 房屋建筑室内装饰装修构造详图中的一般轮廓线 2. 小于 $0.7b$ 的图形线、家具线、尺寸线、尺寸界线、索引符号、标高符号、引出线、地面、墙面的高差分界线等
	细		$0.25b$	图形和图例的填充线

续表

名　称		线　型	线宽	用　途
虚线	中粗		0.7b	1. 表示被遮挡部分的轮廓线 2. 表示被索引图样的范围 3. 拟建、扩建房屋建筑室内装饰装修部分轮廓线
	中		0.5b	1. 表示平面中上部的投影轮廓线 2. 预想放置的房屋建筑或构件
	细		0.25b	表示内容与中虚线相同，行使小于 0.5b 的不可见轮廓线
单点长画线	中粗		0.7b	运动轨迹线
	细		0.25b	中心线、对称线、定位轴线
折断线	细	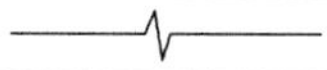	0.25b	不需要画全的断开界线
波浪线	细		0.25b	1. 不需要画全的断开界线 2. 构造层次的断开界线 3. 曲线形构件断开界线
点线	细		0.25b	制图需要的辅助线
样条曲线	细		0.25b	1. 不需要画全的断开界线 2. 制图需要的引出线
云线	中	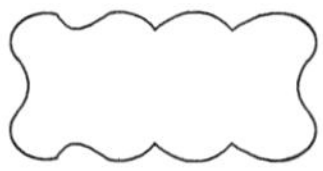	0.5b	1. 圈出被索引的图样范围 2. 标注材料的范围 3. 标注需要强调、变更或发动的区域

(3)同一张图纸内，相同比例的各图样，应选用相同的线宽组。

(4)图纸的图框和标题栏线可采用表 3-5 的线宽。

表 3-5　　图框和标题栏线的宽度　　mm

幅面代号	图框线	标题栏外框线	标题栏分格线
A0、A1	b	0.5b	0.25b
A2、A3、A4	b	0.7b	0.35b

(5)相互平行的图例线，其净间隙或线中间隙不宜小于 0.2mm。

(6)虚线、单点长画线或双点长画线的线段长度和间隔，宜各自相等。

(7)单点长画线或双点长画线，当在较小图形中绘制有困难时，可用实线代替。

(8)单点长画线或双点长画线的两端，不应是点。点画线与点画线交接点或点画线与其他图线交接时，应是线段交接。

(9)虚线与虚线交接或虚线与其他图线交接时，应是线段交接。虚线为实线的延长线时，不得与实线相接。

(10)图线不得与文字、数字或符号重叠、混淆，不可避免时，应首先保证文字的清晰。

2. 比例

(1)图样的比例，应为图形与实物相对应的线性尺寸之比。

(2)比例的符号应为“：”，比例应以阿拉伯数字表示。

(3)比例宜注写在图名的右侧,字的基准线应取平;比例的字高宜比图名的字高小一号或二号(图3-6)。

平面图 1:100　　⑥ 1:20

图3-6　比例的注写

(4)绘图所用的比例应根据图样的用途与被绘对象的复杂程度,从表3-6中选用,并应优先采用表中常用比例。

表3-6　绘图所用的比例

比例	部　　位	图纸内容
1∶200～1∶100	总平面、总顶面	总平面布置图、总顶棚平面布置图
1∶100～1∶50	局部平面、局部顶棚平面	局部平面布置图、局部顶棚平面布置图
1∶100～1∶50	不复杂的立面	立面图、剖面图
1∶50～1∶30	较复杂的立面	立面图、剖面图
1∶30～1∶10	复杂的立面	立面放大图、剖面图
1∶10～1∶1	平面及立面中需要详细表示的部位	详图
1∶10～1∶1	重点部位的构造	节点图

(5)一般情况下,一个图样应选用一种比例。根据专业制图需要,同一图样可选用两种比例。

(6)特殊情况下也可自选比例,这时除应注出绘图比例外,还应在适当位置绘制出相应的比例尺。

五、字体

(1)图纸上所需书写的文字、数字或符号等,均应笔画清晰、字体端正、排列整齐;标点符号应清楚正确。

(2)文字的字高应从表3-7中选用。字高大于10mm的文字宜采用True type字体,当需书写更大的字时,其高度应按$\sqrt{2}$的倍数递增。

表3-7　文字的字高　mm

字体种类	中文矢量字体	True type字体及非中文矢量字体
字高	3.5、5、7、10、14、20	3、4、6、8、10、14、20

(3)图样及说明中的汉字,宜采用长仿宋体或黑体,同一图纸字体种类不应超过两种。长仿宋体的高宽关系应符合表3-8的规定,黑体字的宽度与高度应相同。大标题、图册封面、地形图等的汉字,也可书写成其他字体,但应易于辨认。

表3-8　长仿宋字高宽关系　mm

字高	20	14	10	7	5	3.5
字宽	14	10	7	5	3.5	2.5

(4)汉字的简化字书写应符合国家有关汉字简化方案的规定。

(5)图样及说明中的拉丁字母、阿拉伯数字与罗马数字,宜采用单线简体或ROMAN字体。

拉丁字母、阿拉伯数字与罗马数字的书写规则，应符合表3-9的规定。

表3-9　拉丁字母、阿拉伯数字与罗马数字的书写规则

书写格式	字　体	窄字体
大写字母高度	h	h
小写字母高度(上下均无延伸)	$7/10h$	$10/14h$
小写字母伸出的头部或尾部	$3/10h$	$4/14h$
笔画宽度	$1/10h$	$1/14h$
字母间距	$2/10h$	$2/14h$
上下行基准线的最小间距	$15/10h$	$21/14h$
词间距	$6/10h$	$6/14h$

(6)拉丁字母、阿拉伯数字与罗马数字，当需写成斜体字时，其斜度应是从字的底线逆时针向上倾斜75°。斜体字的高度和宽度应与相应的直体字相等。

(7)拉丁字母、阿拉伯数字与罗马数字的字高，不应小于2.5mm。

(8)数量的数值注写，应采用正体阿拉伯数字。各种计量单位凡前面有量值的，均应采用国家颁布的单位符号注写。单位符号应采用正体字母。

(9)分数、百分数和比例数的注写，应采用阿拉伯数字和数学符号。

(10)当注写的数字小于1时，应写出各位的"0"，小数点应采用圆点，齐基准线书写。

(11)长仿宋汉字、拉丁字母、阿拉伯数字与罗马数字示例应符合现行国家标准《技术制图字体》(GB/T 14691)的有关规定。

六、符号

1. 剖切符号

(1)剖视的剖切符号应由剖切位置线及剖视方向线组成，均应以粗实线绘制。剖视的剖切符号应符合下列规定：

1)剖切位置线的长度宜为6～10mm；剖视方向线应垂直于剖切位置线，长度应短于剖切位置线，宜为4～6mm(图3-7)，也可采用国际统一和常用的剖视方法，如图3-8所示。绘制时，剖视剖切符号不应与其他图线相接触。

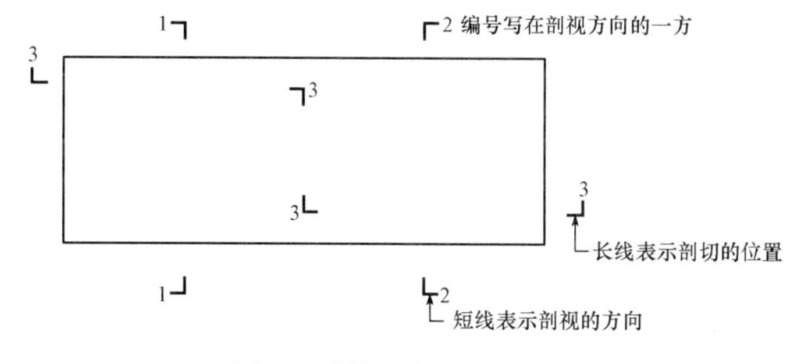

图3-7　剖视的剖切符号(一)

2)剖视剖切符号的编号宜采用粗阿拉伯数字,按剖切顺序由左至右、由下向上连续编排,并应注写在剖视方向线的端部。

3)需要转折的剖切位置线,应在转角的外侧加注与该符号相同的编号。

4)建(构)筑物剖面图的剖切符号应注在±0.000 标高的平面图或首层平面图上。

5)局部剖面图(不含首层)的剖切符号应注在包含剖切部位的最下面一层的平面图上。

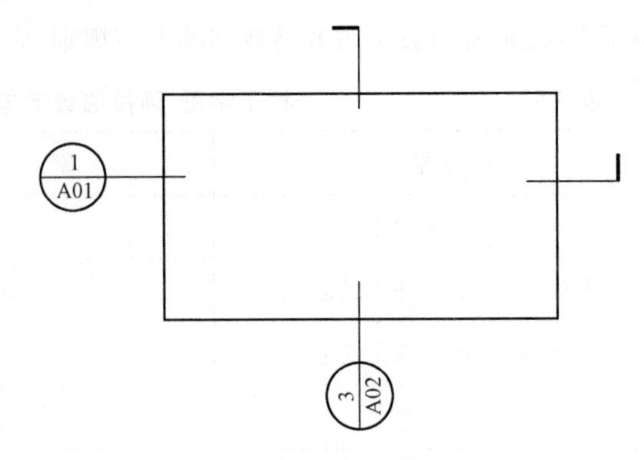

图 3-8 剖视的剖切符号(二)

(2)断面的剖切符号应符合下列规定:

1)断面的剖切符号应只用剖切位置线表示,并应以粗实线绘制,长度宜为 6～10mm;

2)断面剖切符号的编号宜采用阿拉伯数字,按顺序连续编排,并应注写在剖切位置线的一侧;编号所在的一侧应为该断面的剖视方向(图 3-9)。

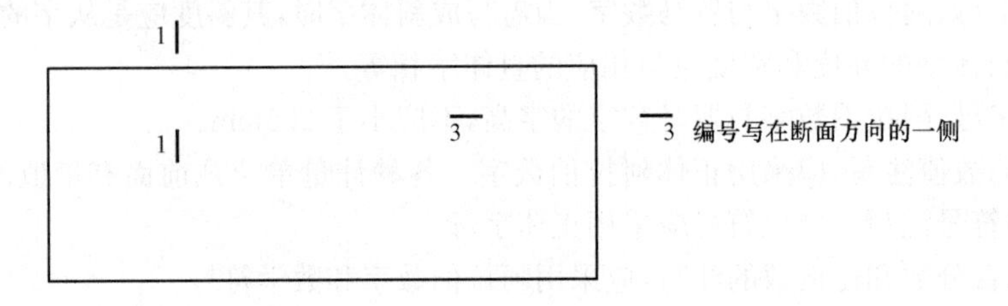

图 3-9 断面剖切符号

(3)剖面图或断面图,当与被剖切图样不在同一张图内,应在剖切位置线的另一侧注明其所在图纸的编号,也可以在图上集中说明。

2. 索引符号与详图符号

(1)图样中的某一局部或构件,如需另见详图,应以索引符号索引[图 3-10(a)]。索引符号是由直径为 8～10mm 的圆和水平直径组成,圆及水平直径应以细实线绘制。索引符号应按下列规定:

1)索引出的详图,如与被索引的详图同在一张图纸内,应在索引符号的上半圆中用阿拉伯数字注明该详图的编号,并在下半圆中间画一段水平细实线[图 3-10(b)]。

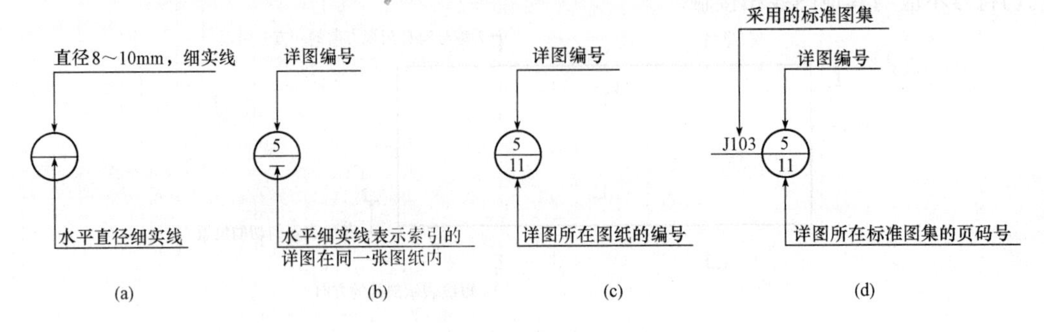

图 3-10 索引符号

2)索引出的详图,如与被索引的详图不在同一张图纸内,应在索引符号的上半圆中用阿拉伯数字注明该详图的编号,在索引符号的下半圆用阿拉伯数字注明该详图所在图纸的编号[图 3-10(c)]。数字较多时,可加文字标注。

3)索引出的详图,如采用标准图,应在索引符号水平直径的延长线上加注该标准图集的编号[图 3-10(d)]。需要标注比例时,文字在索引符号右侧或延长线下方,与符号下对齐。

(2)索引符号当用于索引剖视详图,应在被剖切的部位绘制剖切位置线,并以引出线引出索引符号,引出线所在的一侧应为剖视方向。索引符号的编写应符合规定(图 3-11)。

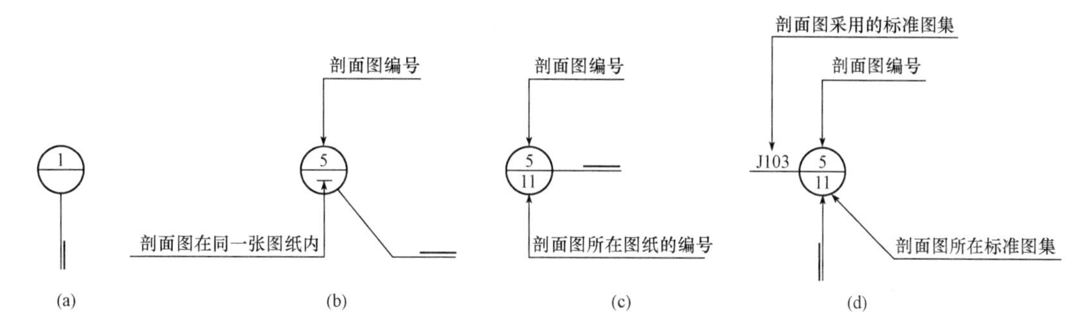

图 3-11 用于索引剖面详图的索引符号

(3)零件、钢筋、杆件、设备等的编号宜以直径为 5～6mm 的细实线圆表示,同一图样应保持一致,其编号应用阿拉伯数字按顺序编写(图 3-12)。消火栓、配电箱、管井等的索引符号,直径宜为 4～6mm。

(4)详图的位置和编号应以详图符号表示。详图符号的圆应以直径为 14mm 粗实线绘制。详图编号应符合下列规定:

1)详图与被索引的图样同在一张图纸内时,应在详图符号内用阿拉伯数字注明详图的编号(图 3-13)。

2)详图与被索引的图样不在同一张图纸内时,应用细实线在详图符号内画一水平直径,在上半圆中注明详图编号,在下半圆中注明被索引的图纸的编号(图 3-14)。

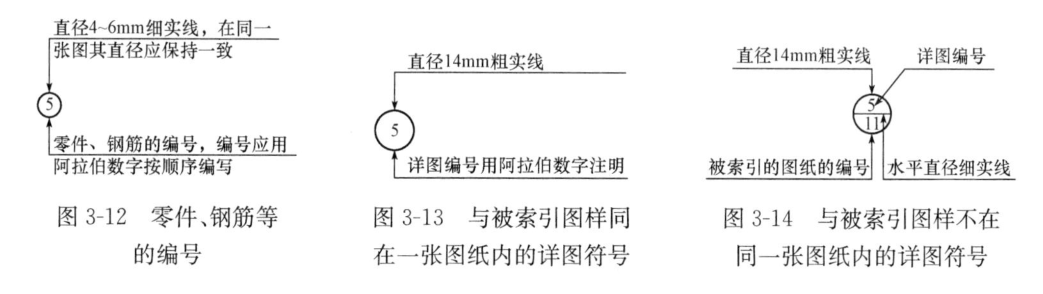

图 3-12 零件、钢筋等的编号

图 3-13 与被索引图样同在一张图纸内的详图符号

图 3-14 与被索引图样不在同一张图纸内的详图符号

3. 引出线

(1)引出线应以细实线绘制,宜采用水平方向的直线,与水平方向成 30°、45°、60°、90°的直线,或经上述角度再折为水平线。文字说明宜注写在水平线的上方[图 3-15(a)],也可注写在水平线的端部[图 3-37(b)]。索引详图的引出线,应与水平直径线相连接[图 3-15(c)]。

(2)同时引出的几个相同部分的引出线,宜互相平行[图 3-16(a)],也可画成集中于一点的放射线[图 3-16(b)]。

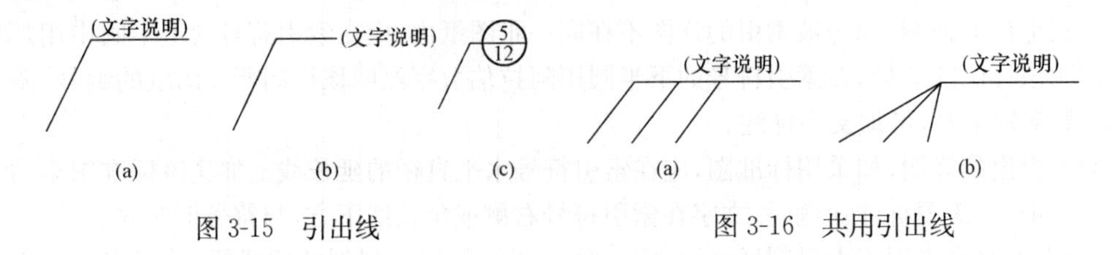

图 3-15　引出线　　　　图 3-16　共用引出线

(3)多层构造或多层管道共用引出线,应通过被引出的各层,并用圆点示意对应各层次。文字说明宜注写在水平线的上方,或注写在水平线的端部,说明的顺序应由上至下,并应与被说明的层次对应一致;如层次为横向排序,则由上至下的说明顺序应与由左至右的层次对应一致(图 3-17)。

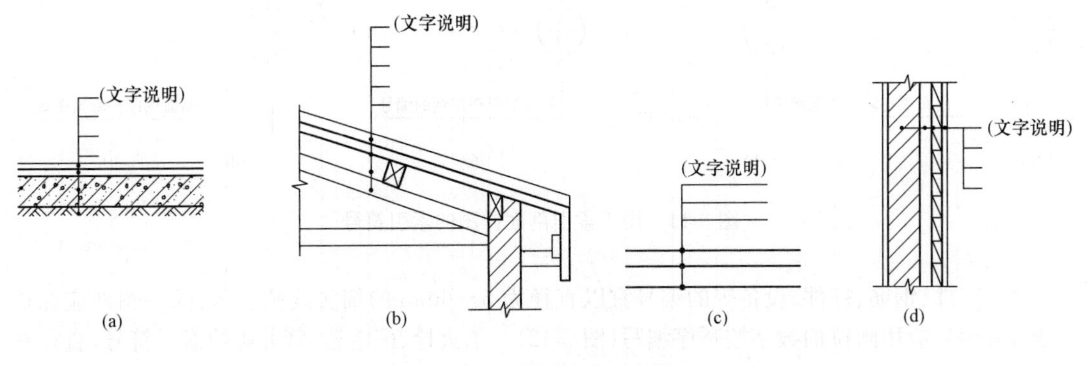

图 3-17　多层构造引出线

4. 其他符号

(1)对称符号由对称线和两端的两对平行线组成。对称线用细单点长画线绘制;平行线用细实线绘制,其长度宜为 6～10mm,每对的间距宜为 2～3mm;对称线垂直平分于两对平行线,两端超出平行线宜为 2～3mm(图 3-18)。

(2)连接符号应以折断线表示需连接的部位。两部位相距过远时,折断线两端靠图样一侧应标注大写拉丁字母表示连接编号。两个被连接的图样应用相同的字母编号(图 3-19)。

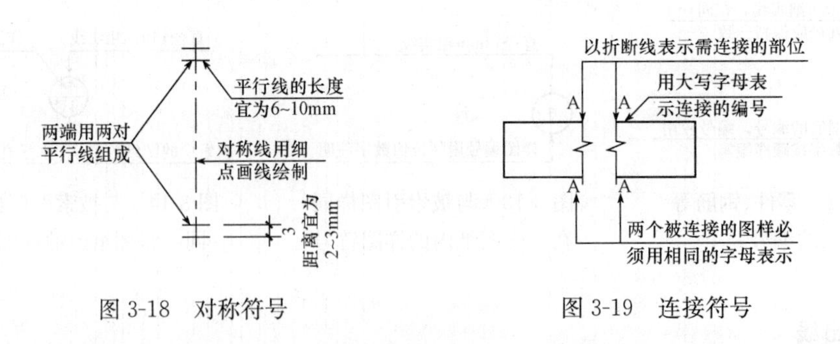

图 3-18　对称符号　　　　图 3-19　连接符号

(3)指北针的形状符合图 3-20 的规定,其圆的直径宜为 24mm,用细实线绘制;指针尾部的宽度宜为 3mm,指针头部应注"北"或"N"字。需用较大直径绘制指北针时,指针尾部的宽度宜为直径的 1/8。

(4)对图纸中局部变更部分宜采用云线,并宜注明修改版次(图 3-21)。

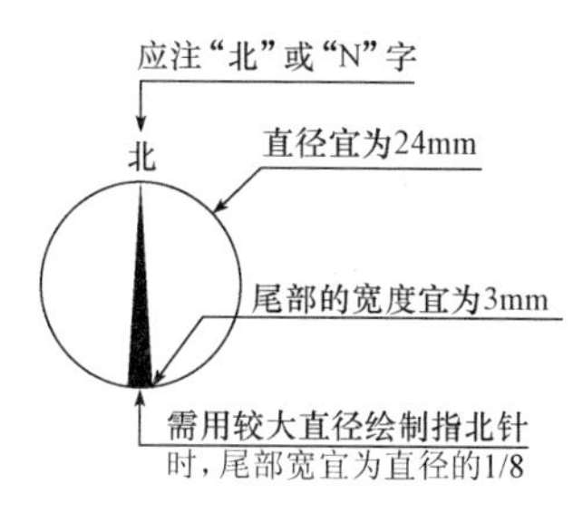

图 3-20 指北针

图 3-21 变更云线
（注：1 为修改次数。）

七、定位轴线

（1）定位轴线应用细单点长画线绘制。

（2）定位轴线应编号，编号应注写在轴线端部的圆内。圆应用细实线绘制，直径为 8～10mm。定位轴线圆的圆心应在定位轴线的延长线上或延长线的折线上。

（3）除较复杂需采用分区编号或圆形、折线形外，平面图上定位轴线的编号，宜标注在图样的下方或左侧。横向编号应用阿拉伯数字，从左至右顺序编写；竖向编号应用大写拉丁字母，从下至上顺序编写（图 3-22）。

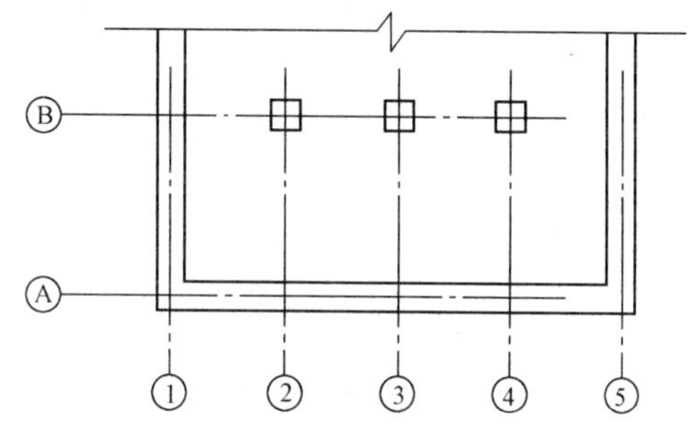

图 3-22 定位轴线的编号顺序

（4）拉丁字母作为轴线号时，应全部采用大写字母，不应用同一个字母的大小写来区分轴线号。拉丁字母的 I、O、Z 不得用做轴线编号。当字母数量不够使用，可增用双字母或单字母加数字注脚。

（5）组合较复杂的平面图中定位轴线也可采用分区编号（图 3-23）。编号的注写形式应为"分区号——该分区编号"。"分区号——该分区编号"采用阿拉伯数字或大写拉丁字母表示。

（6）附加定位轴线的编号，应以分数形式表示，并应符合下列规定：

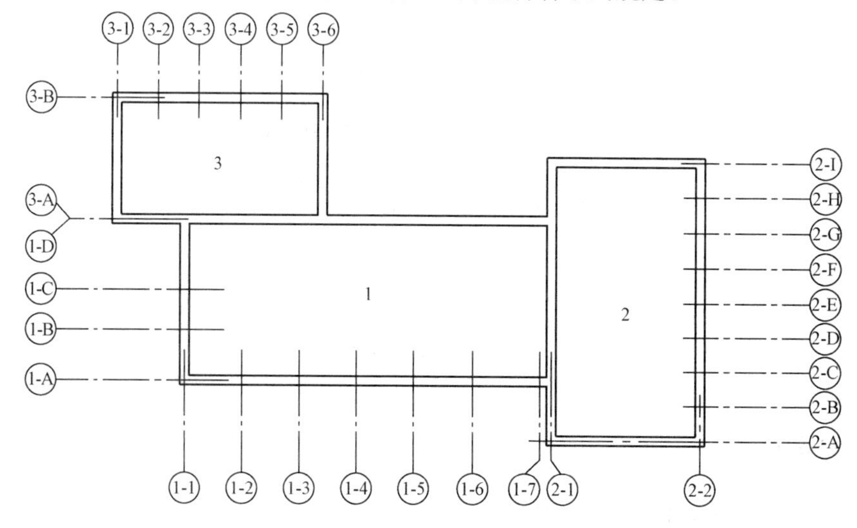

图 3-23 定位轴线的分区编号

1)两根轴线的附加轴线,应以分母表示前一轴线的编号,分子表示附加轴线的编号。编号宜用阿拉伯数字顺序编写;

2)1号轴线或A号轴线之前的附加轴线的分母应以01或0A表示。

(7)一个详图适用于几根轴线时,应同时注明各有关轴线的编号(图3-24)。

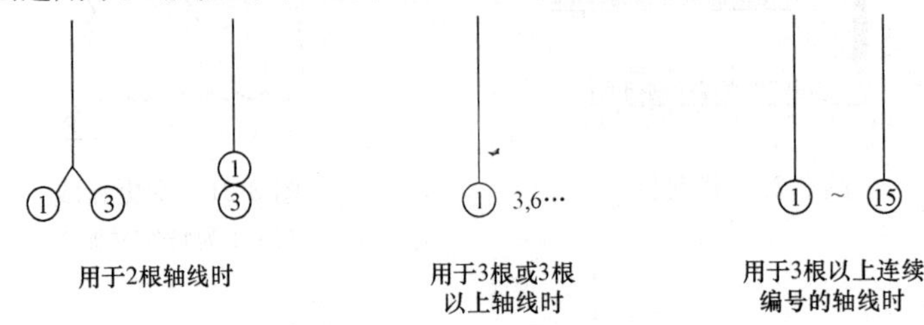

图3-24 详图的轴线编号

(8)通用详图中的定位轴线,应只画圆,不注写轴线编号。

(9)圆形与弧形平面图中的定位轴线,其径向轴线应以角度进行定位,其编号宜用阿拉伯数字表示,从左下角或-90°(若径向轴线很密,角度间隔很小)开始,按逆时针顺序编写;其环向轴线宜用大写阿拉伯字母表示,从外向内顺序编写(图3-25、图3-26)。

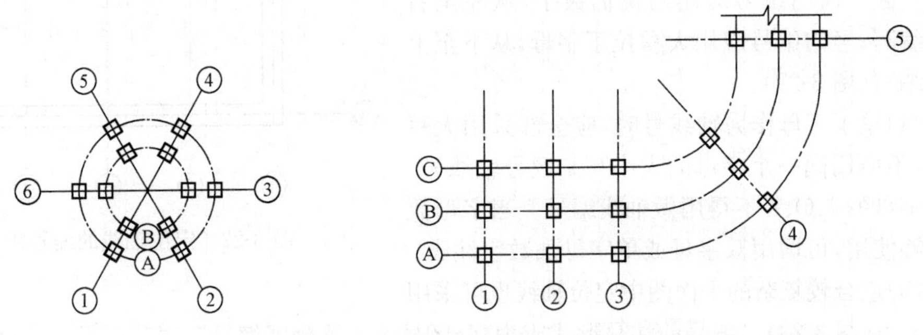

图3-25 圆形平面定位轴线的编号　　图3-26 弧形平面定位轴线的编号

(10)折线形平面图中定位轴线的编号可按图3-27的形式编写。

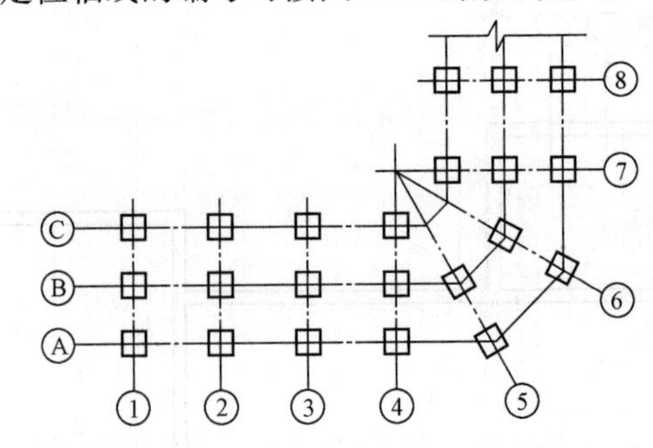

图3-27 折线型平面定位轴线的编号

八、尺寸标准

1. 尺寸界线、尺寸线及尺寸起止符号

(1)图样上的尺寸,应包括尺寸界线、尺寸线、尺寸起止符号和尺寸数字(图3-28)。

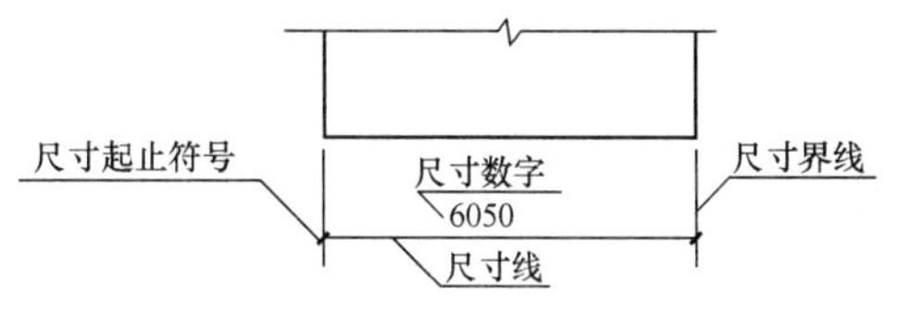

图 3-28 尺寸的组成

(2)尺寸界线应用细实线绘制，应与被注长度垂直，其一端应离开图样轮廓线不应小于 2mm，另一端宜超出尺寸线 2～3mm。图样轮廓线可用作尺寸界线(图 3-29)。

(3)尺寸线应用细实线绘制，应与被注长度平行。图样本身的任何图线均不得用作尺寸线。

(4)尺寸起止符号用中粗斜短线绘制，其倾斜方向应与尺寸界线成顺时针 45°角，长度宜为 2～3mm。半径、直径、角度与弧长的尺寸起止符号，宜用箭头表示(图 3-30)。

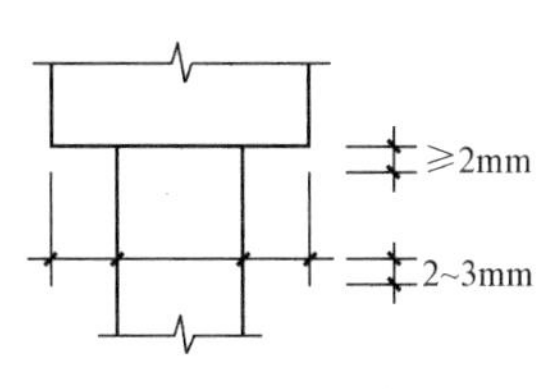

图 3-29 尺寸界线

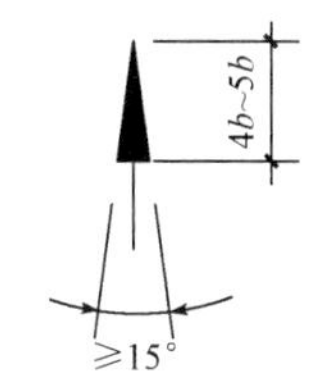

图 3-30 箭头尺寸起止符号

2. 尺寸数字

(1)图样上的尺寸，应以尺寸数字为准，不得从图上直接量取。

(2)图样上的尺寸单位，除标高及总平面以米为单位外，其他必须以毫米为单位。

(3)尺寸数字的方向，应按图 3-31(a)的规定注写。若尺寸数字在 30°斜线区内，也可按图 3-31(b)所示形式注写。

(4)尺寸数字应依据其方向注写在靠近尺寸线的上方中部。如没有足够的注写位置，最外边的尺寸数字可注写在尺寸界线的外侧，中间相邻的尺寸数字可上下错开注写，引出线端部用圆点表示标注尺寸的位置(图 3-32)。

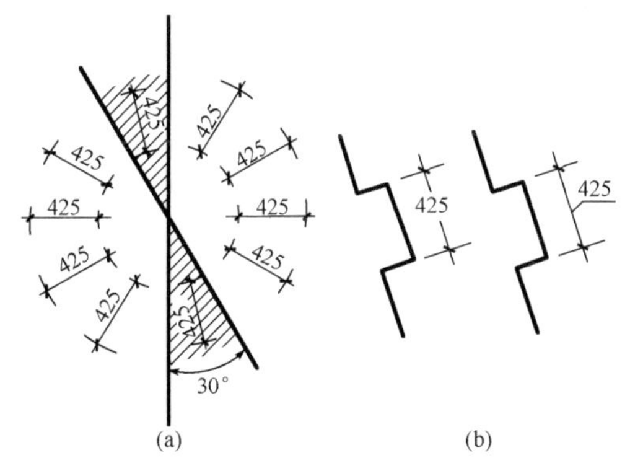

图 3-31 尺寸数字的注写方向

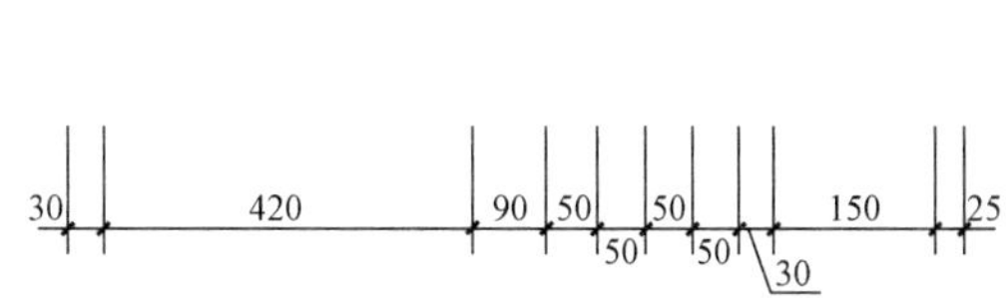

图 3-32 尺寸数字的注写位置

3. 尺寸的排列与布置

(1)尺寸宜标注在图样轮廓以外，不宜与图线、文字及符号等相交(图 3-33)。

(2)互相平行的尺寸线，应从被注写的图样轮廓线由近向远整齐排列，较小尺寸应离轮廓线较近，较大尺寸应离轮廓线较远(图 3-34)。

(3)图样轮廓线以外的尺寸界线，距图样最外轮廓之间的距离，不宜小于 10mm。平行排列

的尺寸线的间距，宜为 7～10mm，并应保持一致(图 3-34)。

(4)总尺寸的尺寸界线应靠近所指部位，中间的分尺寸的尺寸界线可稍短，但其长度应相等(图 3-34)。

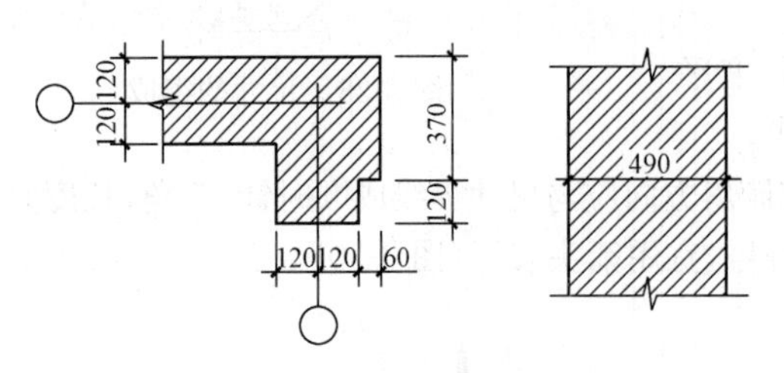

图 3-33 尺寸数字的注写

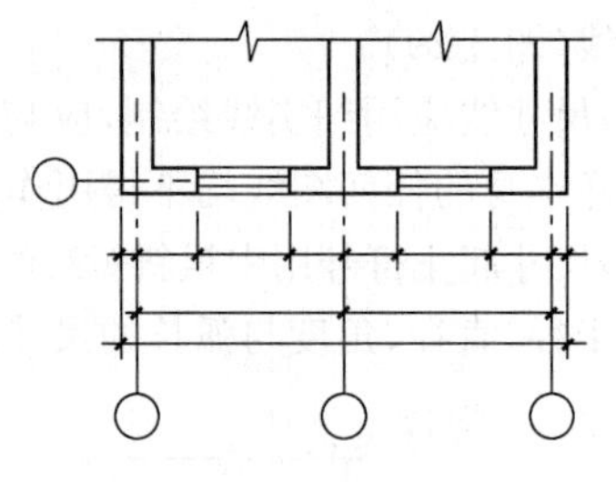

图 3-34 尺寸的排列

4. 半径、直径、球的尺寸标注

(1)半径的尺寸线应一端从圆心开始，另一端两箭头指向圆弧。半径数字前应加注半径符号“*R*”(图 3-35)。

(2)较小圆弧的半径，可按图 3-36 所示形式标注。

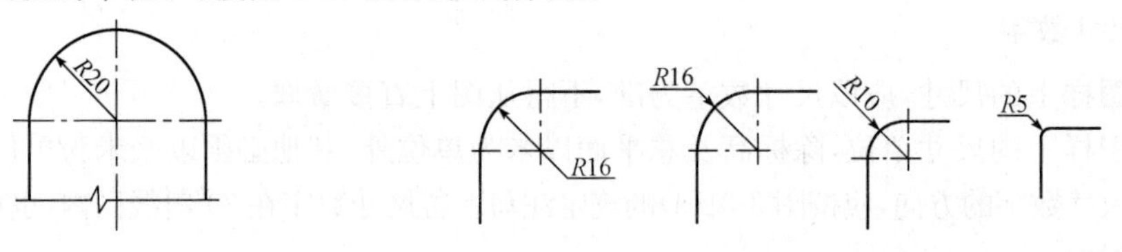

图 3-35 半径标注方法 图 3-36 小圆弧半径的标注方法

(3)较大圆弧的半径，可按图 3-37 所示形式标注。

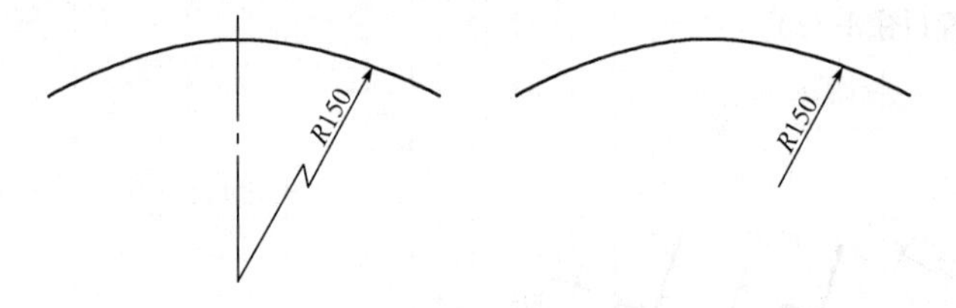

图 3-37 大圆弧半径的标注方法

(4)标注圆的直径尺寸时，直径数字前应加直径符号“ϕ”。在圆内标注的尺寸线应通过圆心，两端画箭头指至圆弧(图 3-38)。

(5)较小圆的直径尺寸，可标注在圆外(图 3-39)。

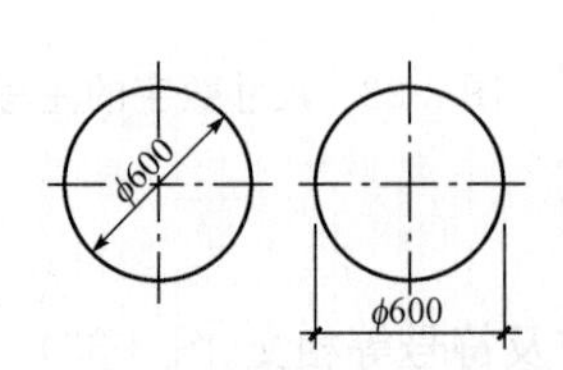

图 3-38 圆直径的标注方法

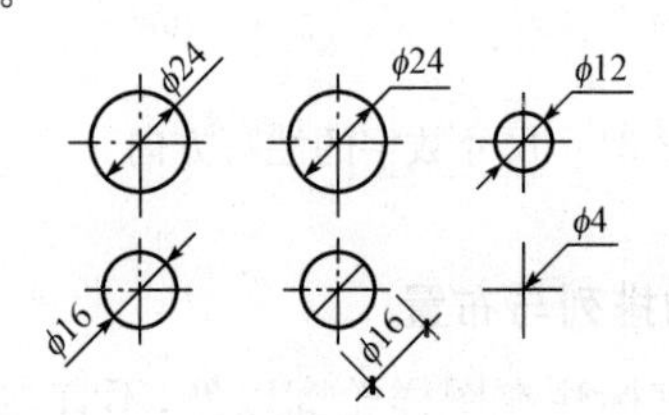

图 3-39 小圆直径的标注方法

(6)标注球的半径尺寸时，应在尺寸前加注符号“*SR*”。标注球的直径尺寸时，应在尺寸数字前加注符号“$S\phi$”。注写方法与圆弧半径和圆直径的尺寸标注方法相同。

5. 角度、弧度、弧长的标注

(1)角度的尺寸线应以圆弧表示。该圆弧的圆心应是该角的顶点,角的两条边为尺寸界线。起止符号应以箭头表示,如没有足够位置画箭头,可用圆点代替,角度数字应沿尺寸线方向注写(图 3-40)。

(2)标注圆弧的弧长时,尺寸线应以与该圆弧同心的圆弧线表示,尺寸界线应指向圆心,起止符号用箭头表示,弧长数字上方应加注圆弧符号“⌒”(图 3-41)。

(3)标注圆弧的弦长时,尺寸线应以平行于该弦的直线表示,尺寸界线应垂直于该弦,起止符号用中粗斜短线表示(图 3-42)。

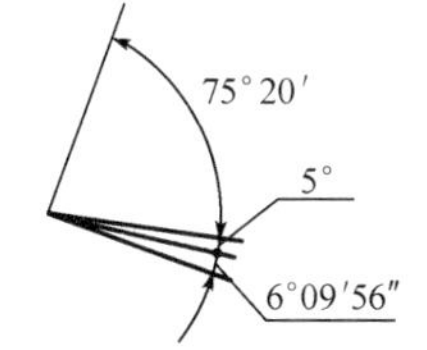

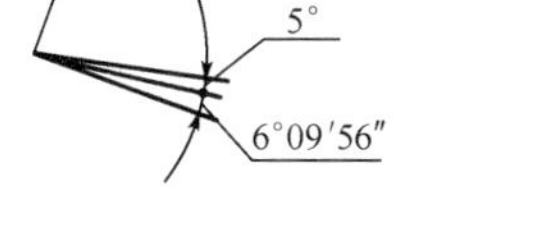

图 3-40　角度标注方法

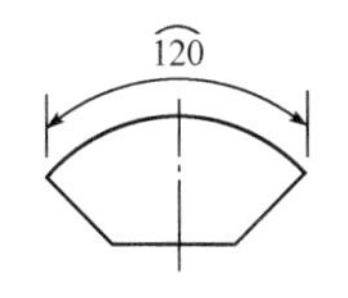

图 3-41　圆弧弧长标注方法

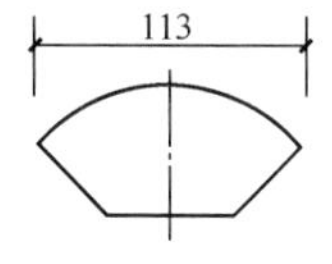

图 3-42　圆弧弦长标注方法

6. 薄板厚度、正方形、坡度、非圆曲线等尺寸标注

(1)在薄板板面标注板厚尺寸时,应在厚度数字前加厚度符号“t”(图 3-43)。

(2)标注正方形的尺寸,可用“边长×边长”的形式,也可在边长数字前加正方形符号“□”(图 3-44)。

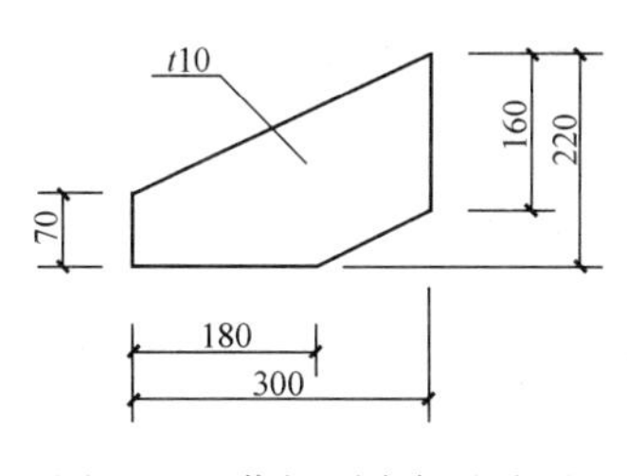

图 3-43　薄板厚度标注方法

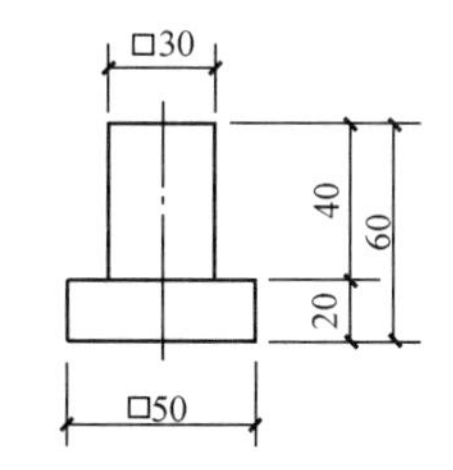

图 3-44　标注正方形尺寸

(3)标注坡度时,应加注坡度符号“←”[图 3-45(a)、(b)],该符号为单面箭头,箭头应指向下坡方向。坡度也可用直角三角形形式标注[图 3-45(c)]。

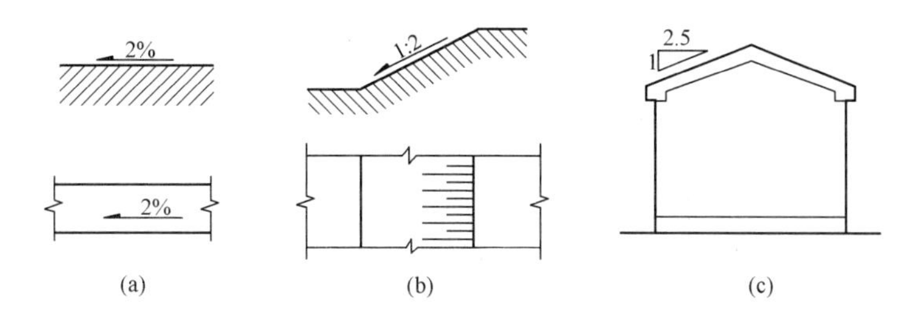

图 3-45　坡度标注方法

(4)外形为非圆曲线的构件,可用坐标形式标注尺寸(图 3-46)。

(5)复杂的图形,可用网格形式标注尺寸(图 3-47)。

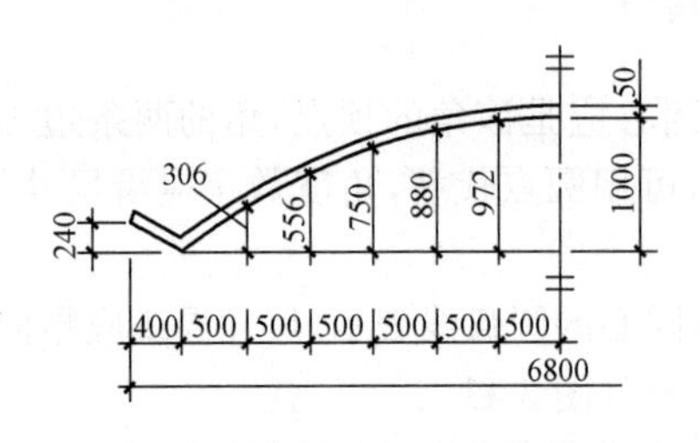

图 3-46 坐标法标注曲线尺寸

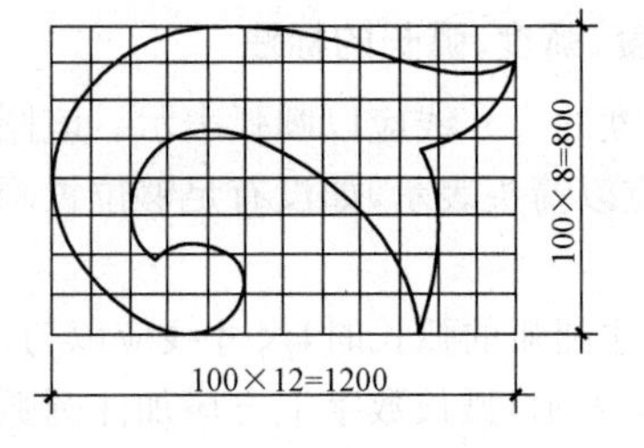

图 3-47 网格法标注曲线尺寸

7. 尺寸的简化标注

(1)杆件或管线的长度,在单线图(桁架简图、钢筋简图、管线简图)上,可直接将尺寸数字沿杆件或管线的一侧注写(图 3-48)。

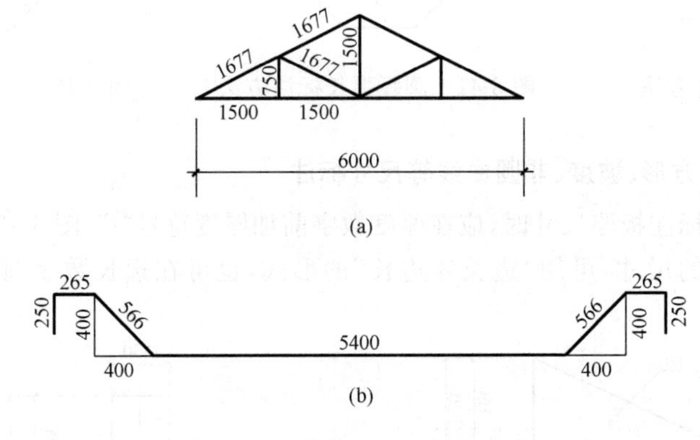

图 3-48 单线图尺寸标注方法

(2)连续排列的等长尺寸,可用“等长尺寸×个数=总长”[图 3-49(a)]或“等分×个数=总长”[图 3-49(b)]的形式标注。

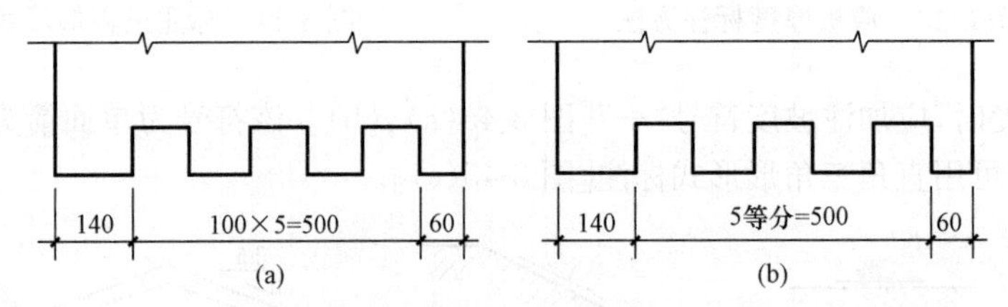

图 3-49 等长尺寸简化标注方法

(3)构配件内的构造因素(如孔、槽等)如相同,可仅标注其中一个要素的尺寸(图 3-50)。

(4)对称构配件采用对称省略画法时,该对称构配件的尺寸线应略超过对称符号,仅在尺寸线的一端画尺寸起止符号,尺寸数字应按整体全尺寸注写,其注写的位置宜与对称符号对齐(图 3-51)。

(5)两个构配件,如个别尺寸数字不同,可在同一图样中将其中一个构配件的不同尺寸数字注写在括号内,该构配件的名称也应注写在相应的括号内(图 3-52)。

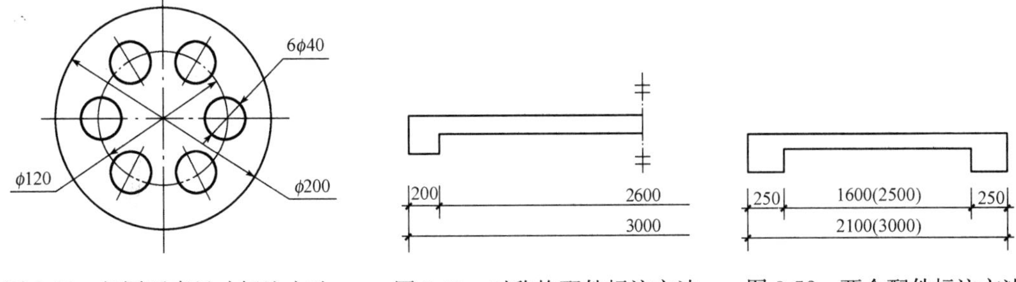

图 3-50 相同要素尺寸标注方法　　图 3-51 对称构配件标注方法　　图 3-52 两个配件标注方法

(6)数个构配件，如仅某些尺寸不同，这些有变化的尺寸数字，可用拉丁字母注写在同一图样中，另列表格写明其具体尺寸(图 3-53)。

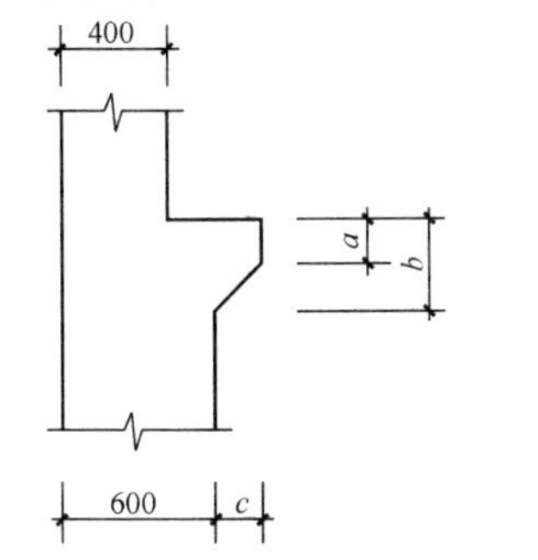

构件编号	*a*	*b*	*c*
Z-1	200	200	200
Z-2	250	450	200
Z-3	200	450	250

图 3-53 相似构配件尺寸表格式标注方法

8. 标高

(1)标高符号应以直角等腰三角形表示，按图 3-54(a)所示形式用细实线绘制，当标注位置不够，也可按图 3-54(b)所示形式绘制。标高符号的具体画法应符合图 3-54(c)、(d)的规定。

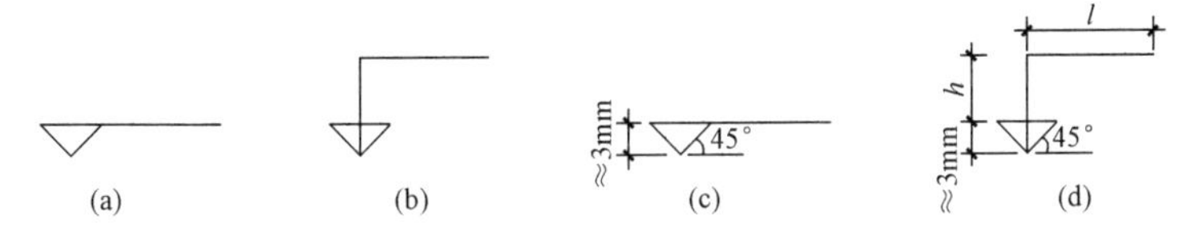

图 3-54 标高符号

l—取适当长度注写标高数字；*h*—根据需要取适当高度

(2)总平面图室外地坪标高符号，宜用涂黑的三角形表示，具体画法应符合图 3-55 的规定。

(3)标高符号的尖端应指至被注高度的位置。尖端宜向下，也可向上。标高数字应注写在标高符号的上侧或下侧(图 3-56)。

图 3-55 总平面图室外地坪标高符号　　图 3-56 标高的指向

(4)标高数字应以米为单位，注写到小数点以后第三位。在总平面图中，可注写到小数点以后第二位。

(5)零点标高应注写成±0.000,正数标高不注"+",负数标高应注"-",例如3.000、-0.600。

(6)在图样的同一位置需表示几个不同标高时,标高数字可按图3-57所示形式注写。

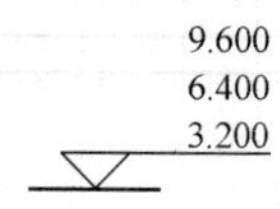

图3-57 同一位置注写多个标高数字

第二节 装饰装修工程常用图例

一、常用建筑装饰材料图例

常用建筑装饰材料应按表3-10所示图例画法绘制。

表3-10 常用房屋建筑装饰装修材料图例

序号	名称	图 例	备 注
1	夯实土壤		—
2	砂砾石、碎砖三合土		—
3	石材		注明厚度
4	毛石		必要时注明石料块面大小及品种
5	普通砖		包括实心砖、多孔砖、砌块等砌体。断面较窄不易绘出图例线时,可涂红,并在图纸备注中加注说明,画出该材料图例
6	轻质砌块砖		指非承重砖砌体
7	轻钢龙骨板材隔墙		注明材料品种
8	饰面砖		包括铺地砖、锦砖、陶瓷锦砖、人造大理石等

续一

序号	名称	图　例	备　注
9	混凝土	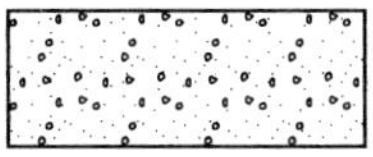	1. 本图例指能承重的混凝土及钢筋混凝土 2. 包括各种强度等级、骨料、添加剂的混凝土 3. 在剖面图上画出钢筋时，不画图例线 4. 断面图形小，不易画出图例线时，可涂黑
10	钢筋混凝土	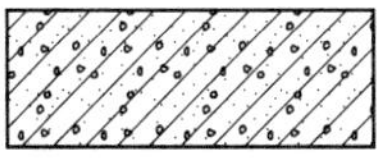	
11	多孔材料	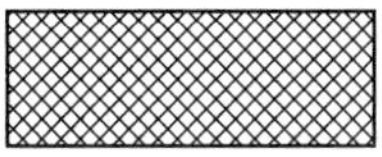	包括水泥珍珠岩、沥青珍珠岩、泡沫混凝土、非承重加气混凝土、软木、蛭石制品等
12	纤维材料	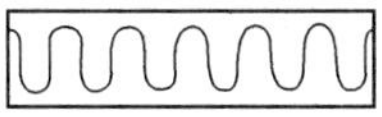	包括矿棉、岩棉、玻璃棉、麻丝、木丝板、纤维板等
13	泡沫塑料材料	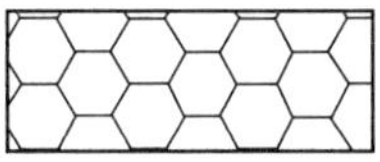	包括聚苯乙烯、聚乙烯、聚氨酯等多孔聚合物类材料
14	密度板	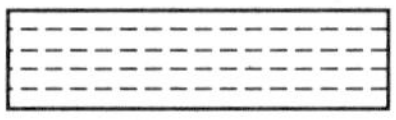	注明厚度
15	实木		表示垫木、木砖或木龙骨
		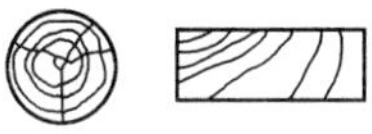	表示木材横断面
		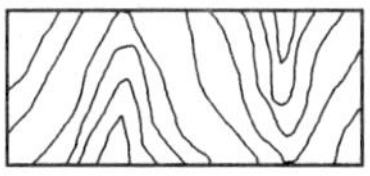	表示木材纵断面
16	胶合板	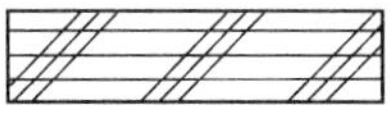	注明厚度或层数
17	多层板	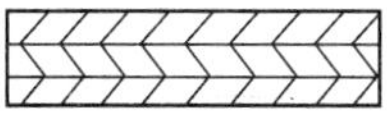	注明厚度或层数
18	木工板	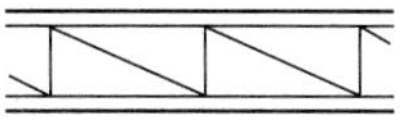	注明厚度
19	石膏板	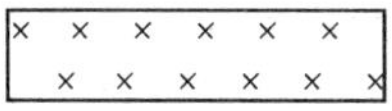	1. 注明厚度 2. 注明石膏板品种名称

续二

序号	名称	图例	备注
20	金属		1. 包括各种金属,注明材料名称 2. 图形小时,可涂黑
21	液体	(平面)	注明具体液体名称
22	玻璃砖		注明厚度
23	普通玻璃	(立面)	注明材质、厚度
24	磨耗玻璃	(立面)	1. 注明材质、厚度 2. 本图例采用较均匀的点
25	夹层(夹绢、夹纸)玻璃	(立面)	注明材质、厚度
26	镜面	(立面)	注明材质、厚度
27	橡胶		—
28	塑料		包括各种软、硬塑料及有机玻璃等

续三

序号	名称	图　例	备　注
29	地毯		注明种类
30	防水材料	(小尺度比例) (大尺度比例)	注明材质、厚度
31	粉刷		本图例采用较稀的点
32	窗帘	(立面)	箭头所示为开启方向

注：序号1、3、5、6、10、11、16、17、20、23、25、27、28图例中的斜线、短斜线、交叉斜线等均为45°。

二、常用家具图例

常用家具应按表3-11所示图例画法绘制。

表3-11　　常用家具图例

序号	名称		图　例	备　注
1	沙发	单人沙发		1. 立面样式根据设计自定 2. 其他家具图例根据设计自定
		双人沙发		
		三人沙发		
2	办公桌			

续表

序号	名称		图　例	备　注
3	椅	办公椅		1. 立面样式根据设计自定 2. 其他家具图例根据设计自定
		休闲椅		
		躺椅		
4	床	单人床		
		双人床		
5	橱柜	衣柜		
		低柜		
		高柜		

三、常用电器图例

常用电器图例应按表3-12所示图例画法绘制。

表3-12　常用电器图例

序号	名称	图　例	备　注
1	电视	TV	1. 立面样式根据设计自定 2. 其他电器图例根据设计自定
2	冰箱	REF	
3	空调	A C	

续表

序号	名称	图　　例	备　　注
4	洗衣机	W M	1. 立面样式根据设计自定 2. 其他电器图例根据设计自定
5	饮水机	WD	
6	电脑	PC	
7	电话	TEL	

四、常用厨具图例

常用厨具图例应按表 3-13 所示图例画法绘制。

表 3-13　　常用厨具图例

序号	名称		图　　例	备　　注
1	灶具	单头灶		1. 立面样式根据设计自定 2. 其他厨具图例根据设计自定
		双头灶		
		三头灶		
		四头灶		
		六头灶		
2	水槽	单盆		1. 立面样式根据设计自定 2. 其他厨具图例根据设计自定
		双盆		

五、常用洁具图例

常用洁具图例宜按表3-14所示图例画法绘制。

表3-14　　　　常用洁具图例

序号	名称		图　例	备　注
1	大便器	坐式		1. 立面样式根据设计自定 2. 其他厨具图例根据设计自定
		蹲式		
2	小便器			
3	台盆	立式		
		台式		
		挂式		
4	污水池			
5	浴缸	长方形		
		三角形		
		圆形		
6	沐浴房			

六、常用景观配饰图

常用景观配饰图例宜按表 3-15 所示图例画法绘制。

表 3-15 常用景观配饰图例

序号	名称		图例	备注
1	阔叶植物			1. 立面样式根据设计自定 2. 其他景观配饰图例根据设计自定
2	针叶植物			
3	落叶植物			
4	盆景类	树桩类		
		观花类		
		观叶类		
		山水类		
5	插花类			
6	吊挂类			
7	棕榈植物			
8	水生植物			
9	假山石			
10	草坪			

续表

序号	名称		图　例	备　注
11	铺地	卵石类		1. 立面样式根据设计自定 2. 其他景观配饰图例根据设计自定
		条石类		
		碎石类		

七、常用灯光照明图例

常用灯光照明图例应按表3-16所示图例画法绘制。

表3-16　常用灯光照明图例

序号	名称	图例	序号	名称	图例
1	艺术吊灯		8	暗藏灯带	
2	吸顶灯		9	壁灯	
3	筒灯		10	台灯	
4	射灯		11	落地灯	
5	轨道射灯		12	水下灯	
			13	踏步灯	
6	格栅射灯	(单头)			
		(双头)	14	荧光灯	
		(三头)	15	投光灯	
7	格栅荧光灯	(正方形)	16	泛光灯	
		(长方形)	17	聚光灯	

八、常用设备图例

常用设备图例应按表 3-17 所示图例画法绘制。

表 3-17　　常用设备图例

序号	名称	图例	序号	名称	图例
1	送风口	(条形)	6	安全出口	EXIT
		(方形)	7	防火卷帘	F
2	回风口	(条形)	8	消防自动喷淋头	
		(方形)	9	感温探测器	
3	侧送风、侧回风		10	感烟探测器	S
4	排气扇		11	室内消火栓	(单口)
5	风机盘管	(立式明装)			(双口)
		(卧式明装)	12	扬声器	

九、常用开关、插座图

常用开关、插座图例应按表 3-18、表 3-19 所示图例画法绘制。

表 3-18　　常用开关、插座立面图例

序号	名称	图例	序号	名称	图例
1	单相二级电源插座		9	单联开关	
2	单相三级电源插座		10	双联开关	
3	单相二、三级电源插座		11	三联开关	
4	电话、信息插座	(单孔)	12	四联开关	
		(双孔)			
5	电视插座	(单孔)	13	钥匙开关	
		(双孔)	14	请勿打扰开关	
6	地插座		15	可调节开关	
7	连接盒、接线盒				
8	音响出线盒	M	16	紧急呼叫按钮	

表3-19　　常用开关、插座平面图例

序号	名称	图例	序号	名称	图例
1	(电源)插座		12	网络插座	C
2	三个插座		13	有线电视插座	TV
3	带保护极的(电源)插座		14	单联单控开关	
4	单相二、三极电源插座		15	双联单控开关	
5	带单极开关的(电源)插座		16	三联单控开关	
6	带保护极的单极开关的(电源)插座		17	单极限时开关	t
7	信息插座	C	18	双极开关	
8	电接线箱	J	19	多位单极开关	
9	公用电话插座		20	双控单极开关	
10	直线电话插座		21	按钮	
11	传真机插座	F	22	配电箱	AP

第三节　装饰装修工程施工图识读

一、装饰装修平面图识读

装饰装修平面图包括原平面图、楼地面(地面)装饰图、平面装饰布置图、天花板(天棚)装饰图等。

1. 原平面图

原平面图主要表示建筑物本来面目,保存原有的主体结构资料。因为装饰是为了使原有建筑更实用和美观,在重新布局时避免不了要增设或是拆除某些隔墙,有时有门的变动等。而建筑原有主体结构的骨架是按原有建筑计算的，所以要留有原始记录，要征得有关设计部门的允许，或是共同研究看是否可以变动。因此，设计原始资料的保存很重要。

图 3-58 所示为某住宅楼套房原平面图。

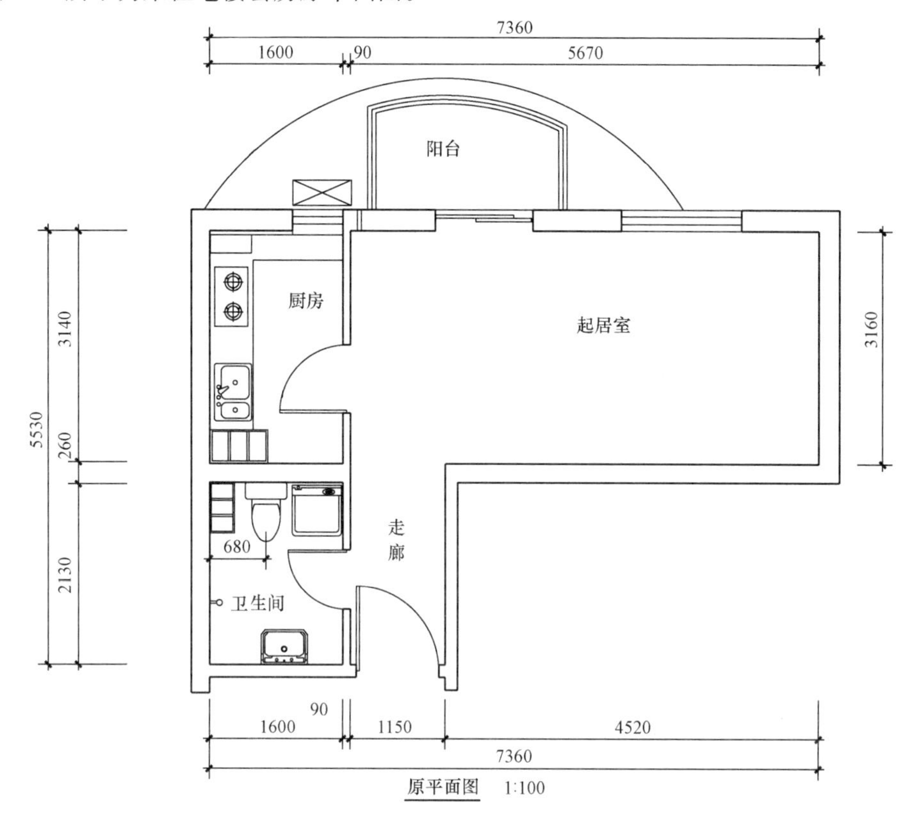

图 3-58 某住宅楼套房原平面图

2. 楼地面(地面)装饰图

楼地面(地面)装饰图的主要内容是表示楼地面(地面)的做法。

某住宅楼套房地平面装饰图如图 3-59 所示。从图中看出，在原有的起居室中增设了一道 100mm 厚的轻质隔墙，隔墙上设有一扇推拉门，由原来的一间起居室，变成了里外两间，它们的使用功能分别为客厅、卧室。地板为单层长条硬木地面楼板；阳台、厨房、卫生间均铺防滑地砖楼面(300mm×300mm)，具体做法索引的是标准图集88J 1-1工程做法，所在页分别为 E7、E20，图编号分别为楼 18A、楼 19，应结合原平面图和标准图集阅读。

3. 平面装饰布置图

平面装饰布置图，主要内容有各不同使用功能房间的布局，以及固定家具的设计和摆放，还有办公用具、设施设备的设计和摆放，有的还要做背景墙等。

图 3-60 所示为一个平面装饰布置图。这是一个两口之家的客户，丈夫好客，妻子需要安静，所以原来混合使用的起居室不适合女主人，故改为两间，一间客厅和一间卧室。经过设计师和户主的共同研究，房间由原来 17.92m^2 的起居室改为卧室为 9.164m^2、客厅为 8.44m^2 的两间使用功能分明的形式，并商定结合房间的使用为卧室制作固定家具，如整理框、电视桌等，为客厅制作装饰柜并精心配制沙发等。

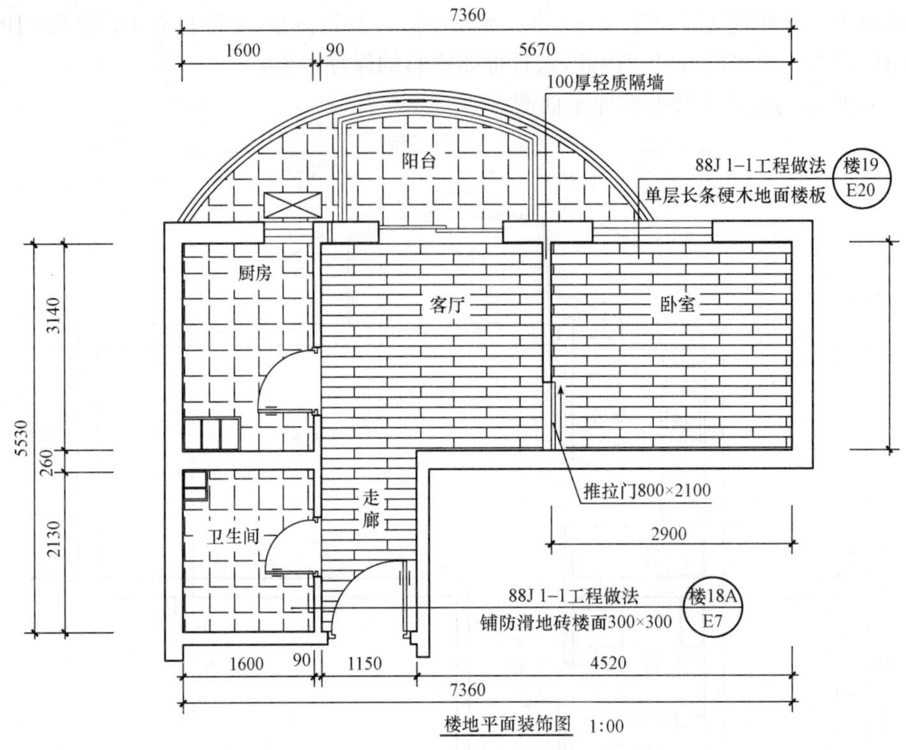

图 3-59 某住宅楼套房地平面装饰图

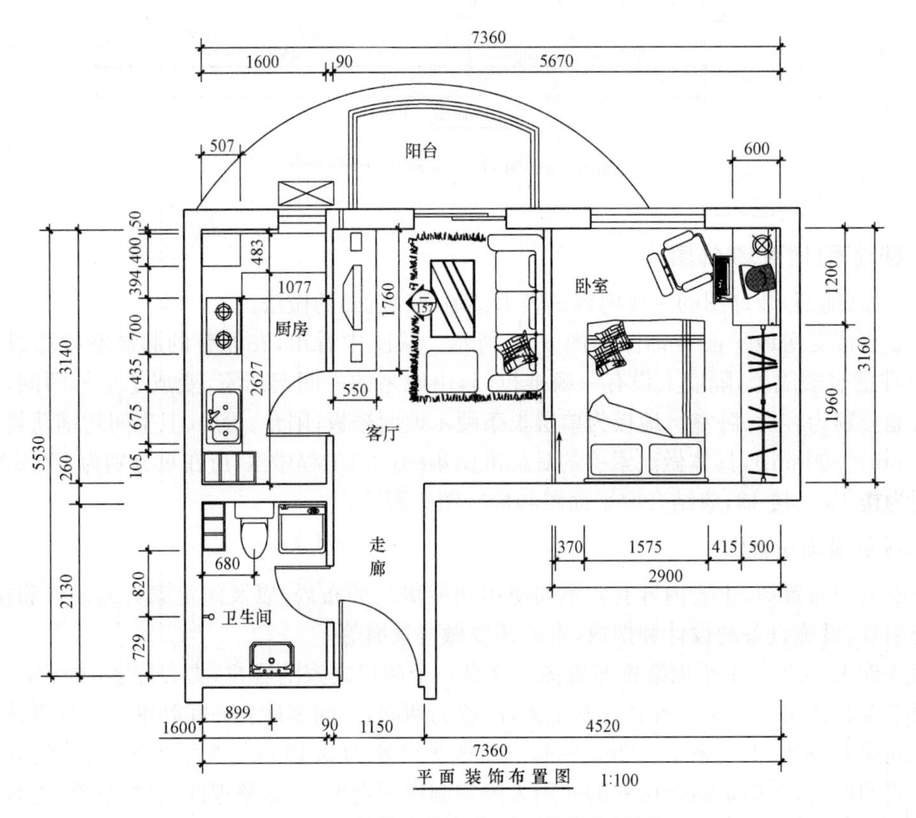

图 3-60 某住宅楼套房平面装饰布置图

4. 天花板(天棚)装饰图

图 3-61 所示为某住宅楼套房天花板装饰图。电器方面，厨房和卫生间采用的是防雾灯；走廊、客厅、卫生间采用的是吸顶灯；在客厅的装饰柜处有三盏射灯，这三盏射灯是为电视背景墙而设的。

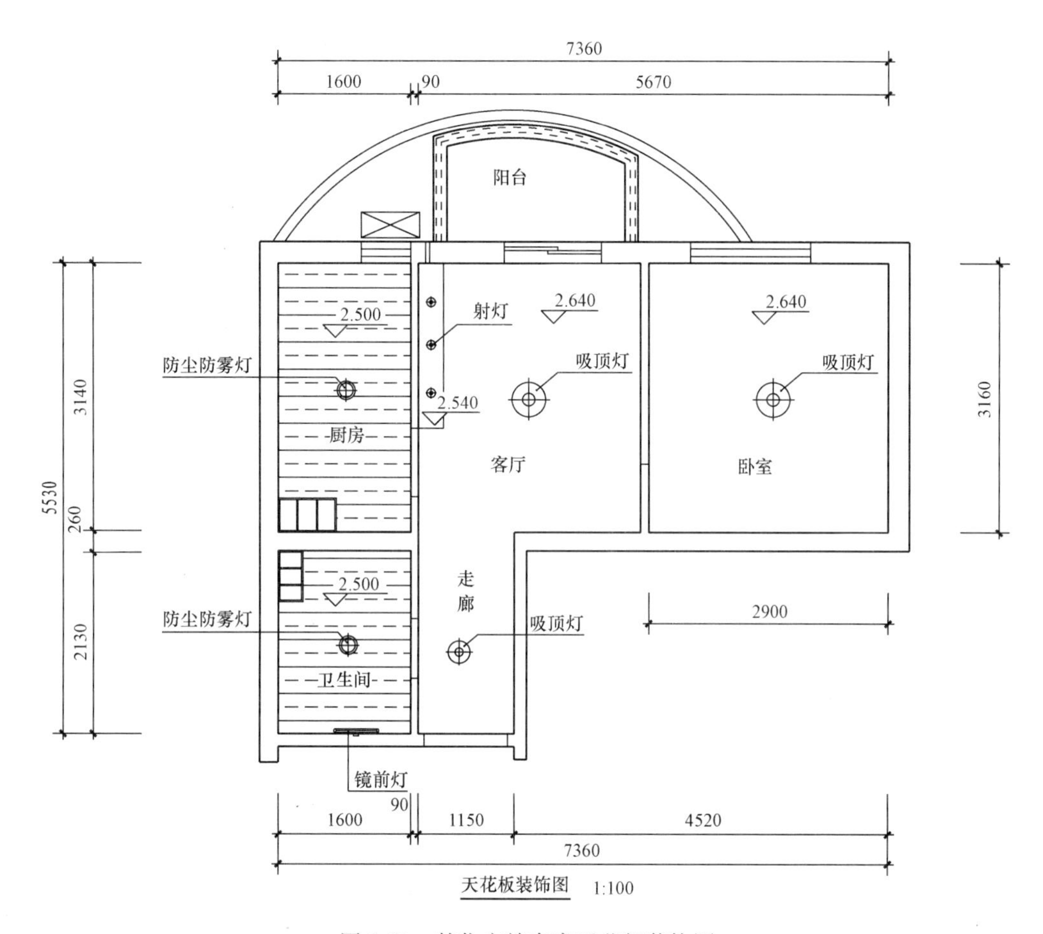

图 3-61 某住宅楼套房天花板装饰图

天花板(天棚)平面图有两种形成方法：一是假想房屋水平剖开后，移去下面部分向上作直接正投影而成；二是采用镜像投影法，将地面视为镜面，对镜中天棚的形象作正投影而成。天棚平面图一般都采用镜像投影法绘制。天棚平面图的作用主要是用来表明天棚装饰的平面形式、尺寸和材料，以及灯具和其他各种室内顶部设施的位置和大小等。

楼地面(地面)平面装饰图、平面装饰布置图、天花板(天棚)平面装饰图都是建筑装饰施工放样、制作安装、预算和备料，以及绘制室内有关设备施工图的重要依据。

二、装饰装修立面图识读

装饰装修立面图包括室外装饰立面图和室内装饰立面图两部分。

1. 室外装饰立面图

室外装饰立面图是表示建筑物装饰后的外观形象，向垂直投影面所做的正投影图。它主要

表明屋顶、檐头、外墙面、门头与门面等部位的装饰造型、装饰尺寸和饰面处理,以及室外水池、雕塑等建筑装饰小品布置等内容,基本同建筑立面图,只是内容丰富些,如图3-62所示。

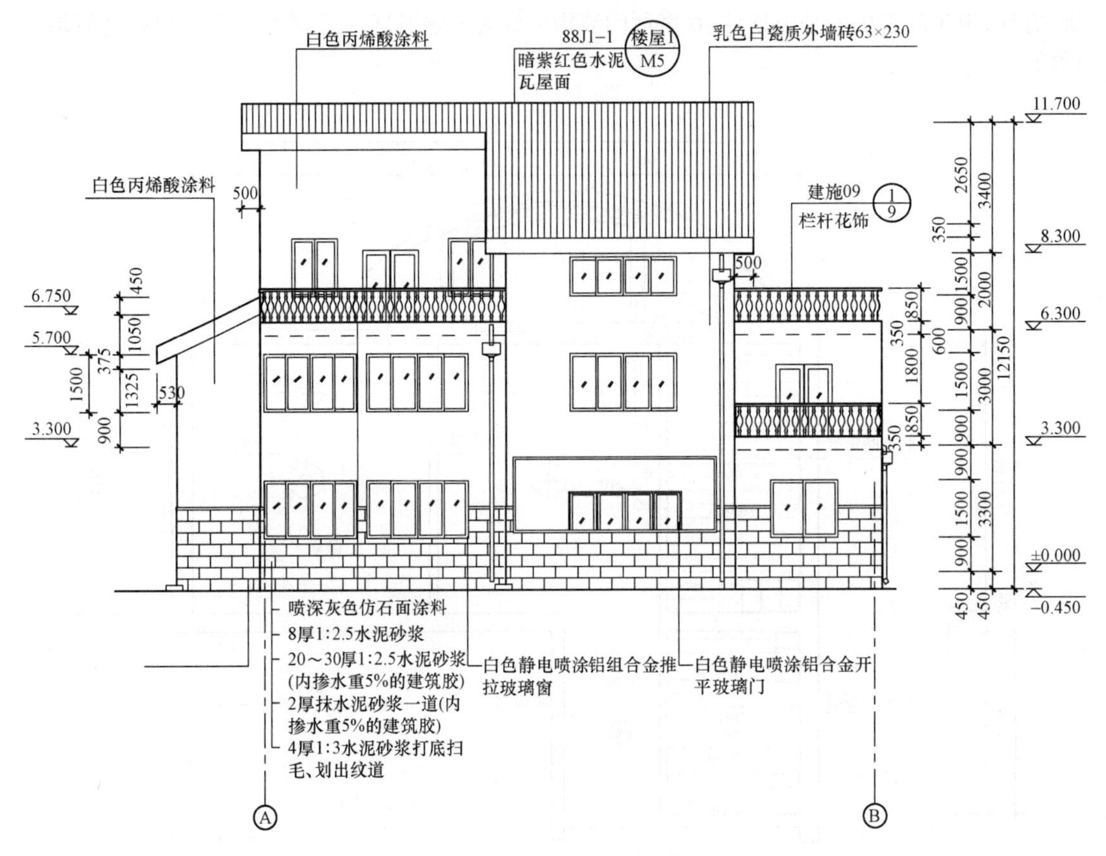

图3-62 某别墅室外装修立面图

2. 室内装饰立面图

室内立面装饰图的形成较复杂且形式不一。目前,常采用的表示方法有以下几种。

(1)假想将室内空间垂直剖开,移去剖切平面前面的部分,对余下部分作正投影而成。这种立面图实质上是带有立面图示的剖面图。它所示图像的进深感较强,同时能反映天棚的部分做法。但剖切位置不明确(在平面布置图上没有剖切符号,仅用投影符号表明视向),其剖面图图示安排有些随意,较难对应剖切位置。

(2)假想将室内各墙面沿面与面相交处拆开,移去暂时不予图示的墙面,将剩下的墙面及其装饰布置,向铅直投影面作投影而成。这种立面图不出现剖面图像,只出现相邻墙面及其装饰构件与该墙面的表面交线。

(3)设想将室内各墙面沿某轴阴角拆开,依次展开,直至都平行于同一铅直投影面,形成立面展开图。这种立面图能将室内各墙面的装饰效果连贯地展示在人们眼前,以便人们研究各墙面之间的统一与反差及相互衔接关系,对室内装饰设计与施工有着重要作用。

室内装饰立面图主要表明建筑内部某一装饰空间的立面形式、尺寸及室内配套布置等内容,如图3-63所示。

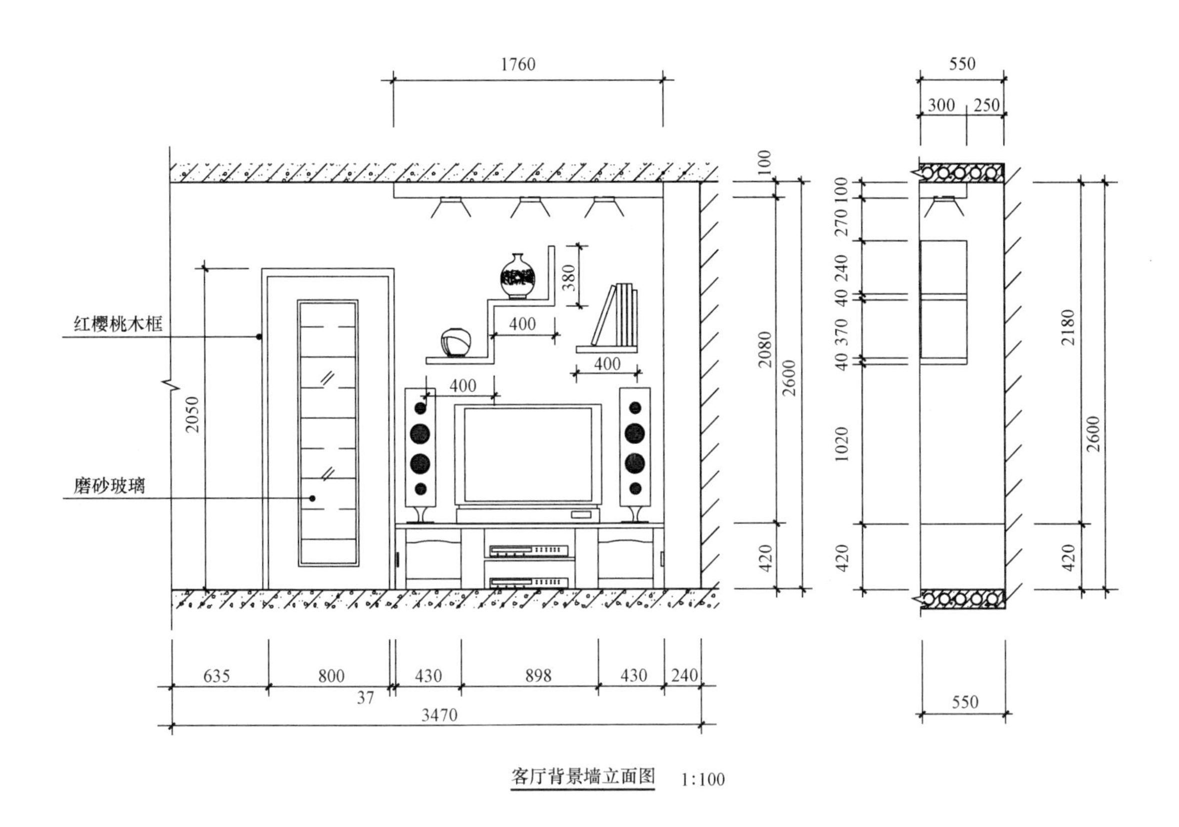

图 3-63 客厅背景墙立面图

另外，还要表明家具和室内配套产品的安放位置和尺寸。如采用剖面图示形式的室内装饰立面图，还要表明天棚的迭级变化和相关尺寸。

建筑装饰立面图的线型使用基本同建筑立面图。唯有细部描绘应注意力求概括，不得喧宾夺主，所有为增加效果的细节描绘均应以细淡线表示。

建筑装饰立面图的识读要点如下：

(1)首先明确建筑装饰立面图上与该工程有关的各部尺寸和标高。

(2)通过图中不同线型的含义，弄清楚立面上各种装饰造型的凹凸起伏变化和转折关系。

(3)弄清楚每个立面上有几种不同的装饰面，以及这些装饰面所选用的材料与施工工艺要求。

(4)立面上各装饰面之间的衔接收口较多，这些内容在立面图上显得比较概括，多在节点详图中详细表明。要注意找出这些详图，明确它们的收口方式、工艺和所用材料。

(5)明确装饰结构之间以及装饰结构与建筑结构之间的连接固定方式，以便提前准备预埋件和紧固件等。

(6)要注意设施的安装位置，电源插头、插座的安装位置和安装方式，以便在施工中留位。

(7)识读室内装饰立面图时，要结合平面布置图、天棚平面图和该室内其他立面图对照阅读，明确该室内的整体做法与要求。识读室外装饰立面图时，要结合平面布置图和该部位的装饰剖面图综合阅读，全面弄清楚它的构造关系。

图 3-64 所示为一家饭店收银台的立面装饰图。

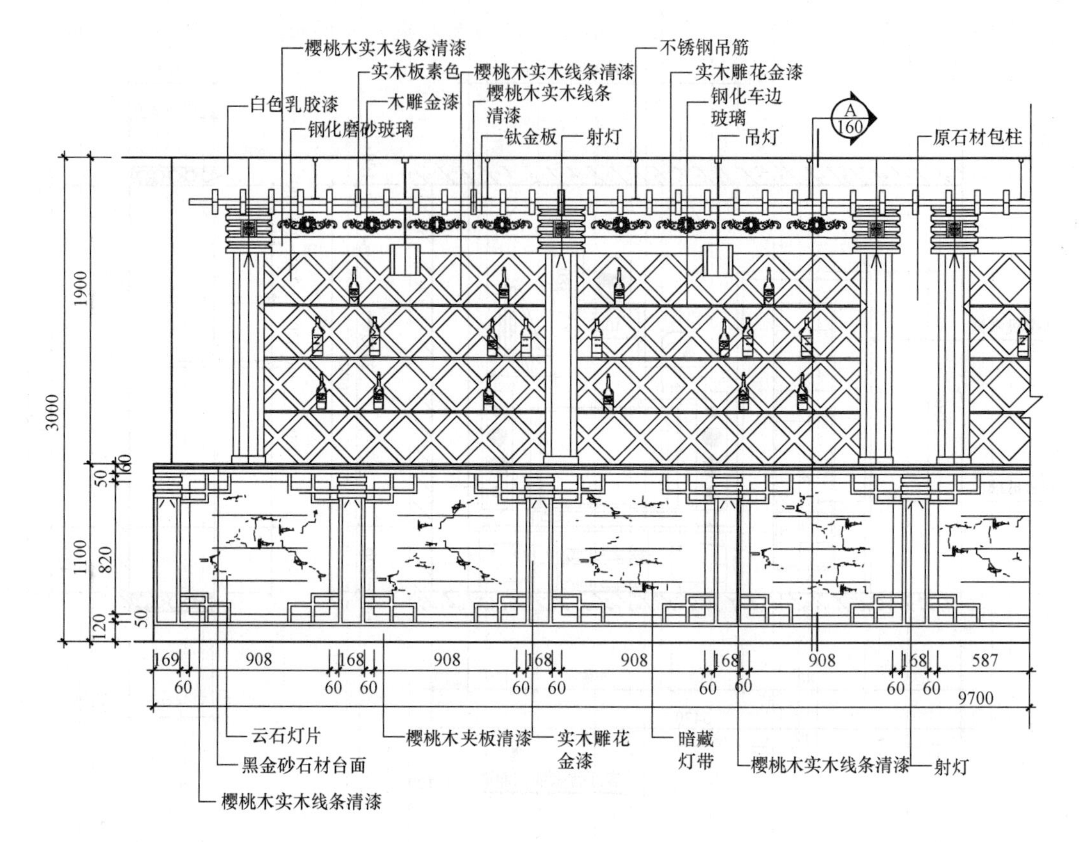

图3-64 某饭店收银台立面装饰图

三、装饰装修剖面图识读

建筑装饰剖面图是用假想平面，将室外某装饰部位或室内某装饰空间垂直剖开而得的正投影图。它主要表明上述部位或空间的内部构造情况，或者说装饰结构与建筑结构、结构材料与饰面材料之间的构造关系。

1. 基本内容

建筑装饰剖面图的表示方法基本与建筑剖面图相同，其基本内容包括：

(1)表示出建筑的剖面基本结构和剖切空间的基本形状，并注出所需的建筑主体结构的有关尺寸和标高。

(2)表示出结构装饰的剖面形状、构造形式、材料组成及固定与支承构件的相互关系。

(3)表示出结构装饰与建筑主体结构之间的衔接尺寸与连接方式。

(4)表示出剖切空间内可见实物的形状、大小与位置。

(5)表示出结构装饰和装饰面上的设备安装方式或固定方法。

(6)表示出某些装饰构件、配件的尺寸，工艺做法与施工要求，另有详图的可概括表明。

(7)表示出节点详图和构配件详图的所示部位与详图所在位置。如果是建筑内部某一装饰空间的剖面图，还要表明剖切空间内与剖切平面平行的墙面装饰形式、装饰尺寸、饰面材料与工艺要求等。

(8)表示出图名、比例和被剖切墙体的定位轴线及其编号,以便与平面布置图和天棚平面图对照阅读。图3-65所示为某别墅室外剖面装饰图。

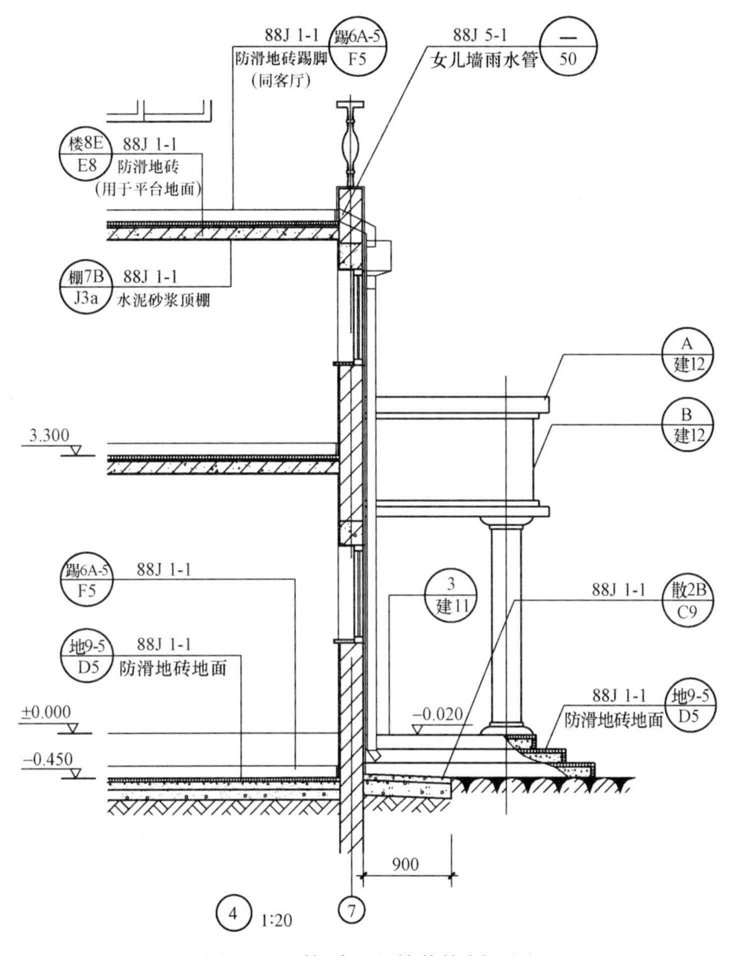

图3-65　某别墅室外装饰剖面图

2. 识读要点

阅读建筑装饰剖面图时,首先要对照平面布置图,看清楚剖切面的编号是否相同,了解该剖面的剖切位置和剖视方向。

要分清哪些是建筑主体结构的图像和尺寸,哪些是装饰结构的图像和尺寸。当装饰结构与建筑结构所用材料相同时,它们的剖断面表示方法是一致的。现代某些大型建筑的室内外装饰,并非是贴墙面、铺地面、吊顶而已,因此要注意区分,以便了解它们之间的衔接关系、方式和尺寸。

通过对剖面图中所示内容的阅读研究,明确装饰工程各部位的构造方法与构造尺寸,以及材料要求与工艺要求。

建筑装饰形式变化多,程式化的做法少。作为基本图的装饰剖面图只能表明原则性的技术构成问题,具体细节还需要详图来补充说明。因此,在阅读建筑装饰剖面图时,还要注意按图中索引符号所示方向,找出各部位节点详图来仔细阅读,不断对照。弄清楚各连接点或装饰面之间的衔接方式,以及包边、盖缝、收口等细部的材料、尺寸和详细做法等。

阅读建筑剖面装饰图要结合平面布置图和天棚平面图进行,某些室外装饰剖面图还要结合

装饰立面图来综合阅读，才能全方位地了解剖面图所示内容。

图 3-66 所示为某川菜馆收银台 A 剖面图。

图 3-67 所示为某川菜馆大厅 A 剖面图。

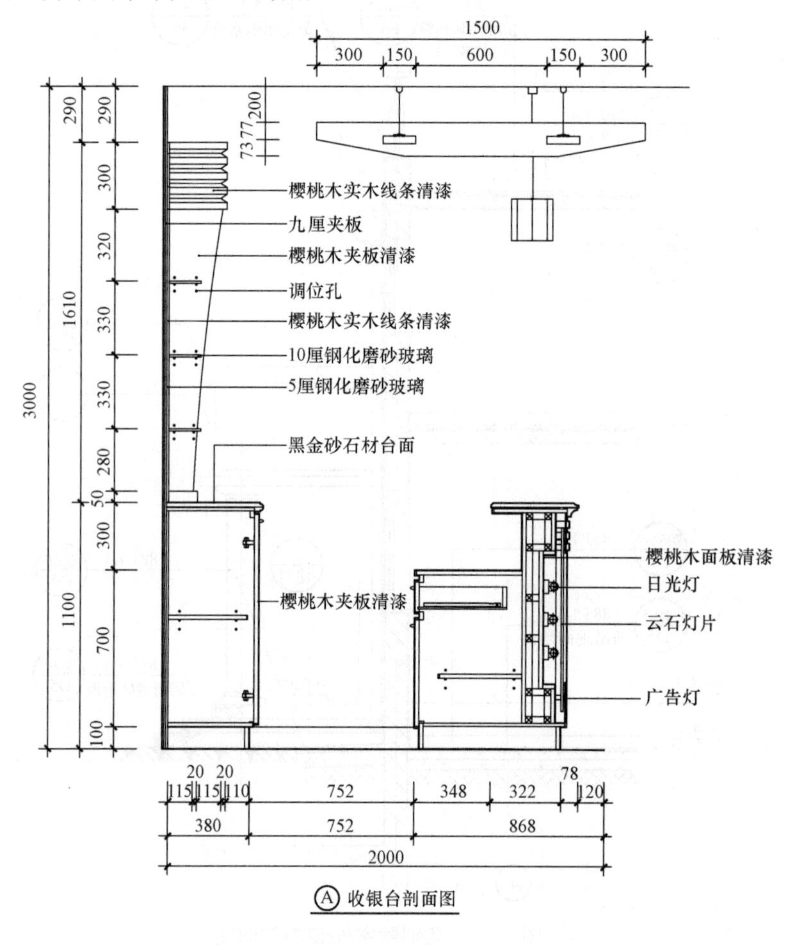

图 3-66 某川菜馆收银台 A 剖面图

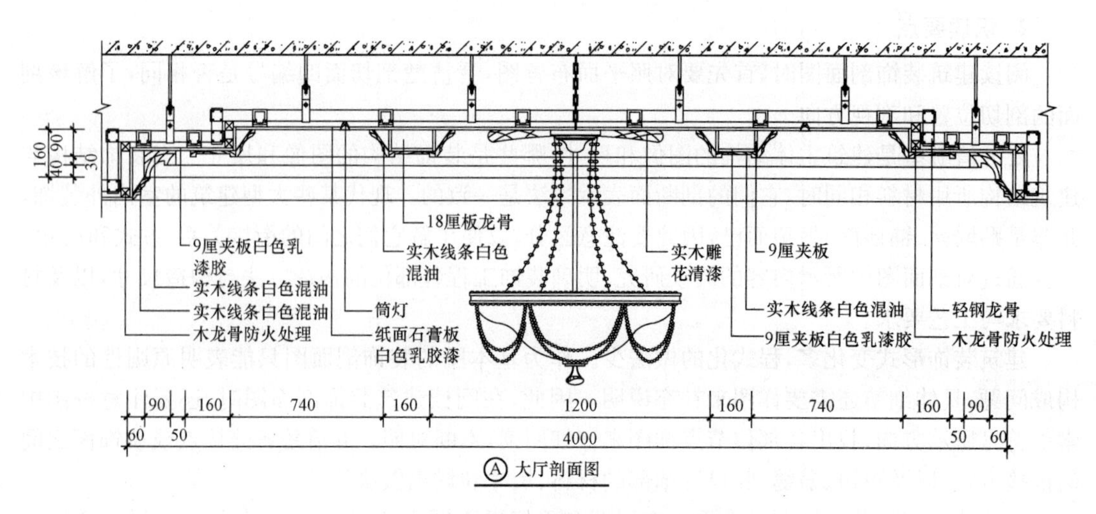

图 3-67 某川菜馆大厅 A 剖面图

四、装饰装修详图识读

1. 装饰装修节点详图

建筑装饰装修节点详图是将两个或多个装饰面的交汇点或构造的连接部位，按垂直或水平方向剖开，并以较大比例绘出的详图。它是装饰工程中最基本和最具体的施工图。有时它供构配件详图引用，如图 3-68 和图 3-69 所示；有时又直接供基本图所引用。在装饰工程图中，装饰节点详图与构配件详图具有同等重要的作用。

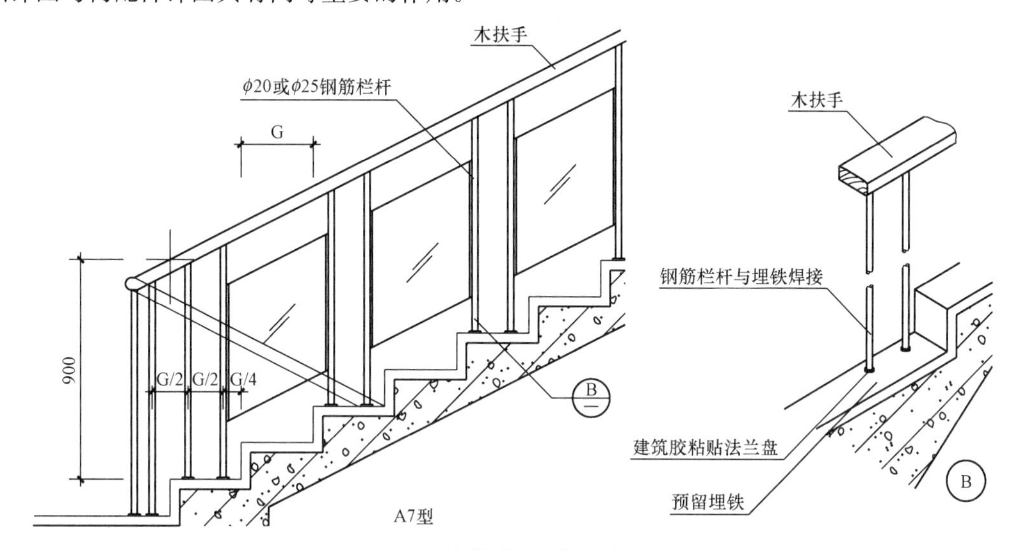

图 3-68　楼梯踏步、栏杆详图(一)

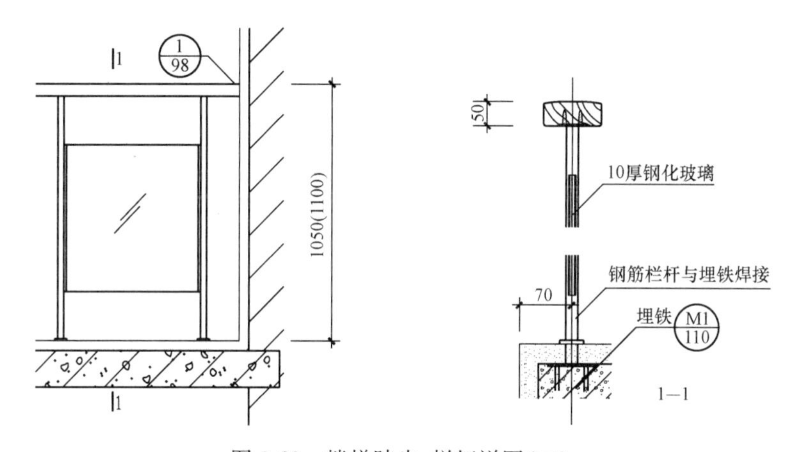

图 3-69　楼梯踏步、栏杆详图(二)

节点详图常采用的比例为 1∶1、1∶2、1∶5、1∶10，其中 1∶1 的详图又称为足尺图。

节点详图虽然表示的范围小，但涉及面大，特别是有些在该工程中带有普遍意义的节点图，虽表明的是一个连接点或交汇点，却代表着各个相同部位的构造做法。

(1)门头节点详图。图 6-70 所示为门头节点详图。

1)门头上部造型体的结构形式与材料组成。造型体的主体框架由 ∟45×3 等边角钢组成。标高 5.300m 处用角钢挑出一个檐，檐下阴角处有一个 1/4 圆，由中纤板和方木为龙骨，圆面基层

为三夹板。造型体底面是门廊天棚，前沿天棚是木龙骨，廊内天棚是轻钢龙骨，基层面板均为中密度纤维板。前后迭级之间又有一个1/4圆，结构形式与檐下1/4圆相同。

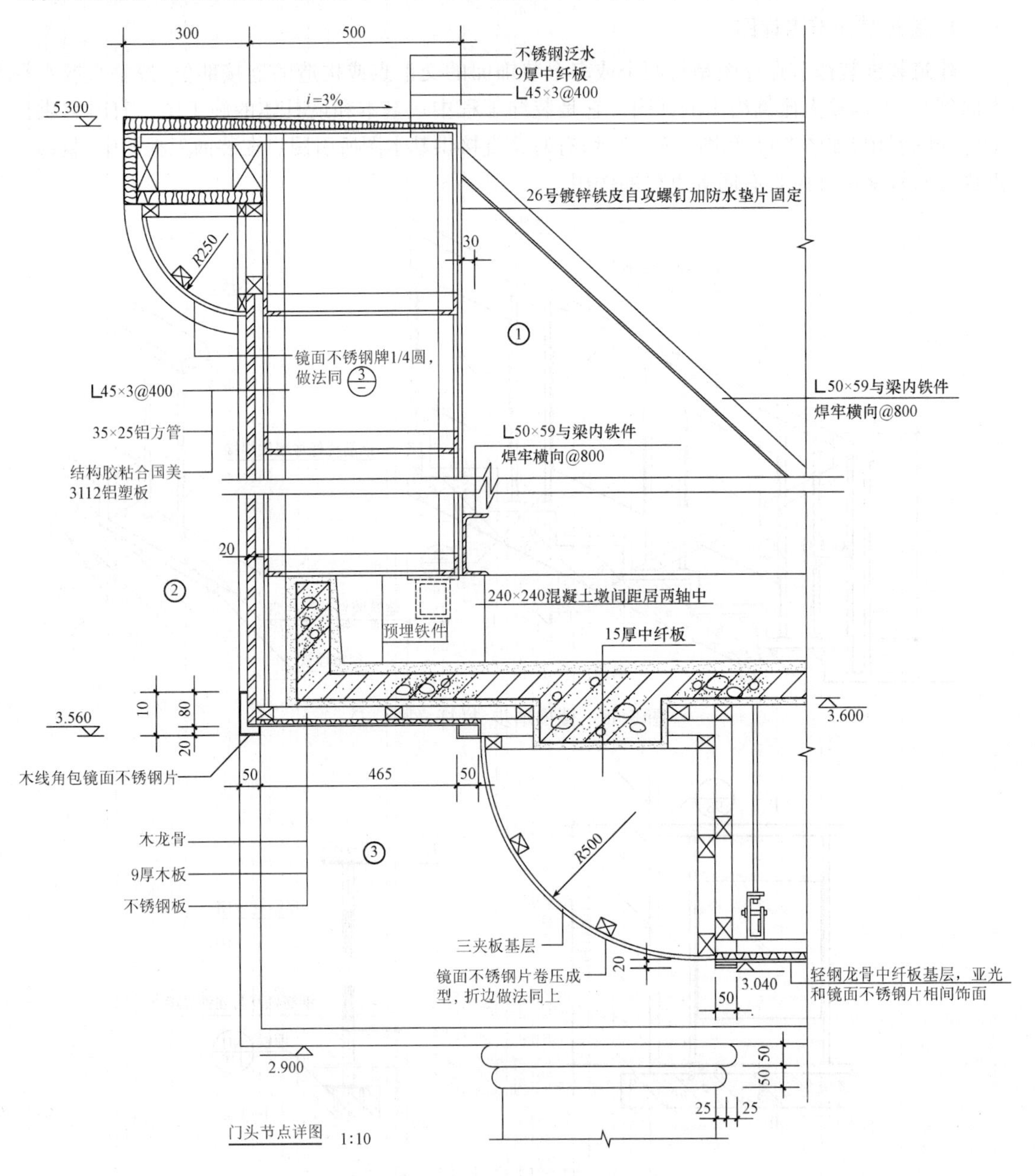

图3-70 门头节点详图

2)装饰结构与建筑结构之间的连接方式。造型体的角钢框架，一边搁于钢筋混凝土雨篷上，用金属胀锚螺栓固定，另一边置于素混凝土墩和雨篷梁上，用一根通长槽钢将框架、雨篷梁及素混凝土墩连接在一起。框架与墙柱之间用50mm×50mm等边角钢斜撑拉结，以增加框架的稳定。

3)饰面材料与装饰结构材料之间的连接方式，以及各装饰面之间的衔接收口方式。造型体立面是铝塑板面层，用结构胶将其粘于铝方管上，然后用自攻螺钉将铝方管固定在框架上。门廊天棚是镜面和亚光不锈钢片相间饰面，需折边8mm扣入基层板缝并加胶粘牢。立面铝塑板与底面不锈钢片之间用不锈钢片包木压条收口过渡。迭级之间 1/4 圆的连接与收口方法同上。

4)门头顶面排水方式。造型体顶面为单面内排水。不锈钢片泛水的排水坡度为 3%,泛水内沿做有滴水线,框架内立面用镀锌铁皮封完,雨水通过滴水线排至雨篷,利用雨篷原排水构件将顶面雨水排至地面。

图中,还注出了各部详细尺寸与标高、材料品种与规格、构件安装间距及各种施工要求内容等。

(2)内墙剖面节点详图。内墙装饰剖面节点图基本同建筑图中的墙体详图剖面的节点详图。它也是通过多个节点详图组合,将内墙面装饰的做法从上至下依次表示出来。

图 3-71 所示为内墙剖面节点详图。从上至下分别为:

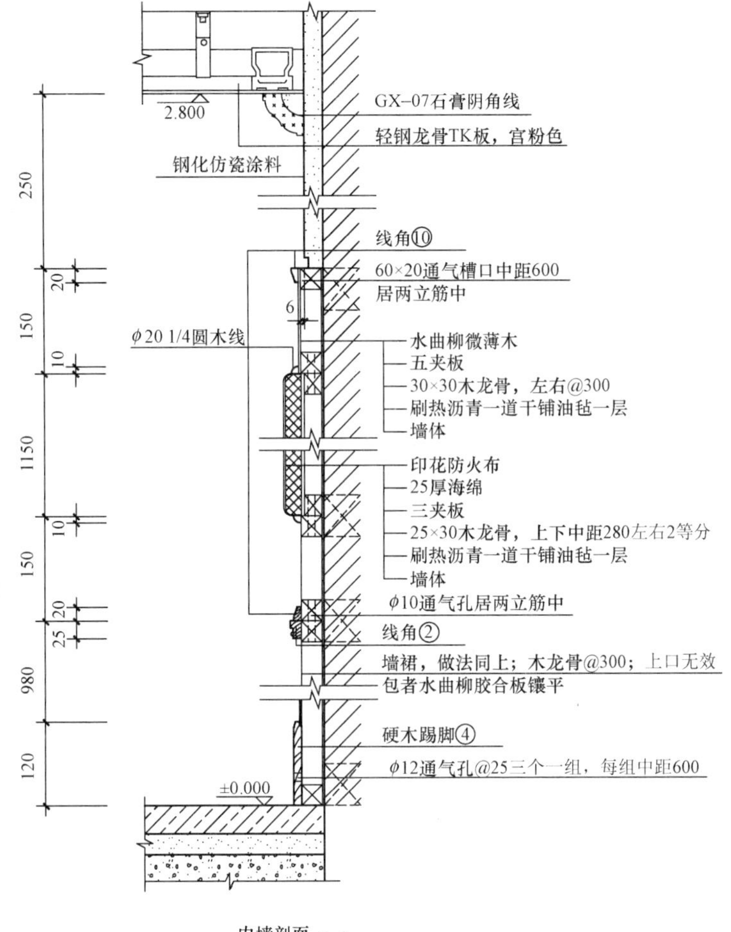

图 3-71 内墙剖面节点详图

1)最上面是轻刚龙骨吊顶、TK 板面层、宫粉色水性立邦漆饰面。天棚与墙面相交处用 GX—07石膏阴角线收口,护壁板上口墙面用钢化仿瓷涂料饰面。

2)墙面中段是护壁板,护壁板面中部凹进 5mm,凹进部分嵌装 25mm 厚海绵,并用印花防火布包面。护壁板面无软包处贴水曲柳微薄木,清水涂饰工艺。薄木与防火布两种不同饰面材料之间用直径为 20mm 的 1/4 圆木线收口,护壁上下用线脚⑩压边。

3)墙面下段是墙裙,与护壁板连在一起,做法基本相同,通过线脚②区分开来。

4)木护壁内防潮处理措施及其他内容。护壁内墙面刷热沥青一道,干铺油毡一层。所有水

平向龙骨均设有通气孔,护壁上口和踢脚板上也设有通气孔或槽,使护壁板内保持通风干燥。

图中,还注出了各部尺寸和标高、木龙骨的规格和通气孔的大小和间距、其他材料的规格及品种等内容。

2. 装饰装修构配件详图

建筑装饰构配件内容包括室内各种配套设施,如酒吧台、酒吧柜、服务台、售货柜和各种家具;还包括结构上的一些装饰构件,如装饰门、门窗套、装饰隔断、花格、楼梯栏板(杆)等。这些配置体和构件受图幅和比例的限制,在基本图中无法精确表达,所以要根据设计意图另行做出比例较大的图样,来详细表明它们的式样、用料、尺寸、做法等,这些图样均为装饰构配件详图。

装饰构配件详图的主要内容有:详图符号、图名、比例;构配件的形状、详细构造、层次、详细尺寸和材料图例;构配件各部分所用材料的品名、规格、色彩以及施工做法要求等;部分需放大比例详图的索引符号和节点详图。

在阅读装饰构配件详图时,应先看详图符号和图名,弄清从何图索引而来。阅读时要注意联系被索引图样,并进行核对,检查它们之间在尺寸和构造方法上是否相符。通过阅读,了解各部件的装配关系和内部结构,紧紧抓住尺寸、详细做法和工艺要求三个要点。

(1)门的装饰详图,如图3-72所示。仔细看门的立面图包括的内容,门的节点详图包括的内容。

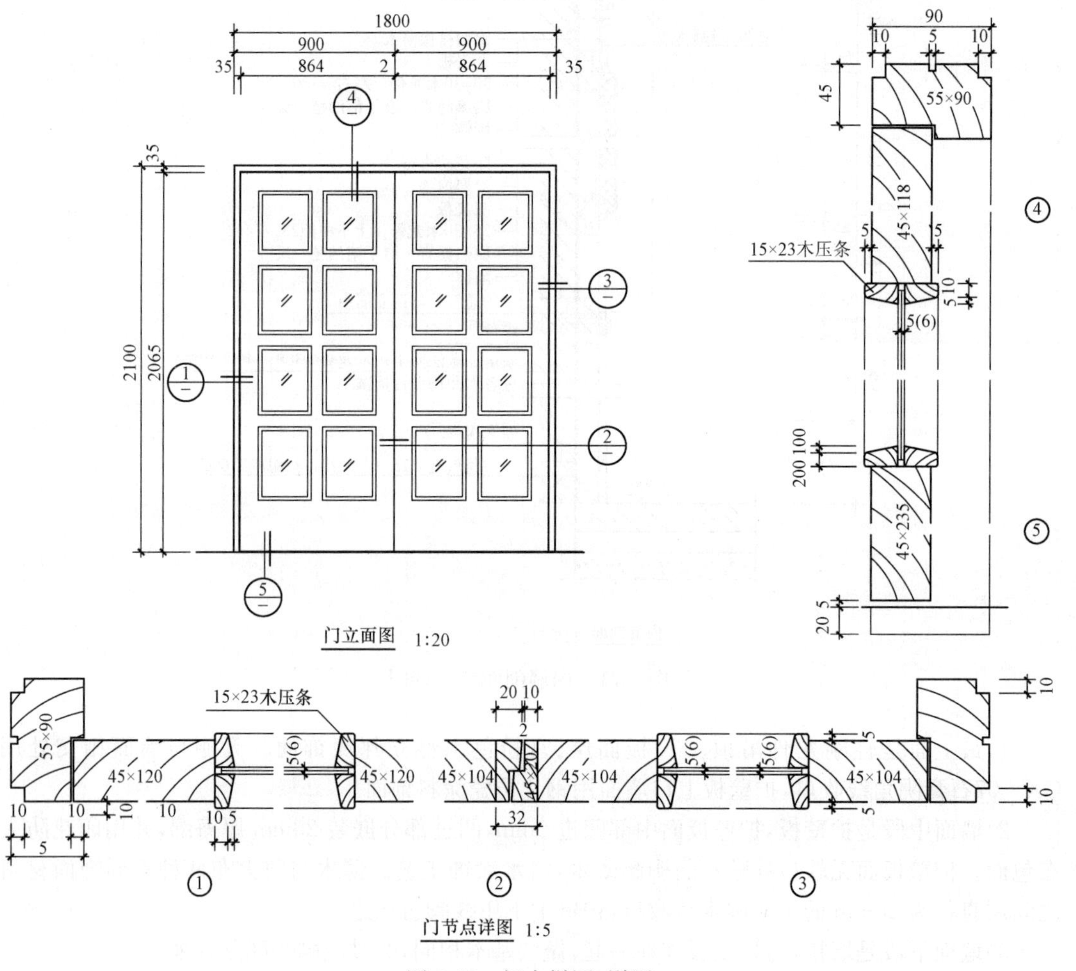

图3-72 门大样图、详图

(2)柜门的立面图和柜门立面局部放大、节点详图，如图 3-73 和图 3-74 所示。柜门立面局部放大图给出了A－A、B－B 剖面，又从 B－B 剖面给出了节点图㊙。

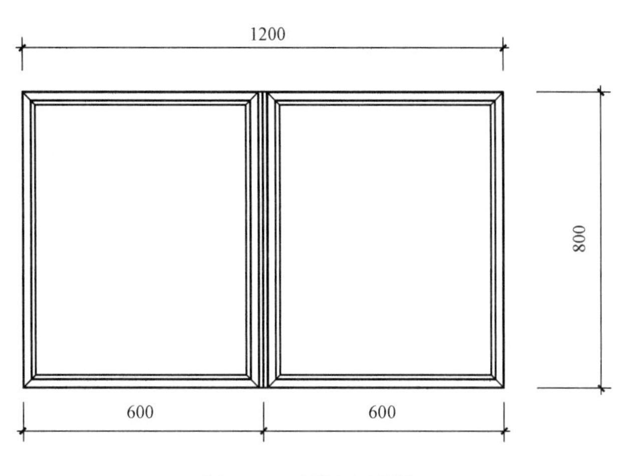

图 3-73　柜门立面图

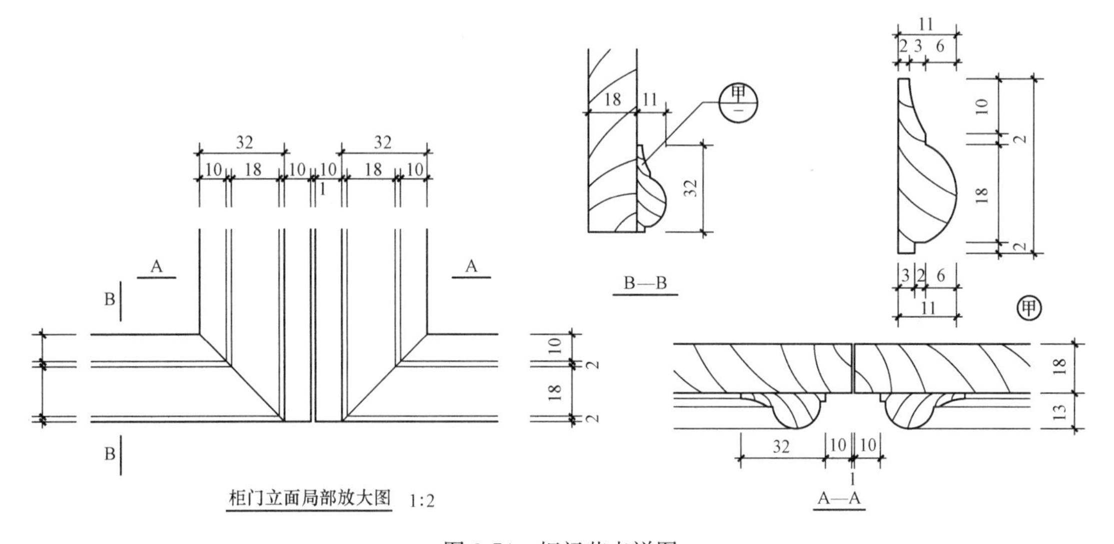

图 3-74　柜门节点详图

(3)楼梯栏板、节点详图，如图 3-75 所示。

1)顶层栏板立面图尺寸，详细做法。扶手采用的是硬木扶手 $\phi35$ 不锈钢管，中间连接的是 10mm 厚钢化玻璃。

2)扶手尽端节点图，－40×4 通长扁铁进入墙体，墙体与栏板连接处现浇混凝土块深 120mm，高 250mm。

3)栏板节点，采用 10mm 厚钢化玻璃边与 10mm 深 2mm 厚的不锈钢单槽。玻璃胶封口，由自攻螺丝与不锈钢管连接。

4)踏步局部剖面图，踏步面采用的是美术水磨石打蜡抛光，踏步面设有防滑铜条，栏杆的中心到踏步边 70mm，栏杆底部与预埋件相连。

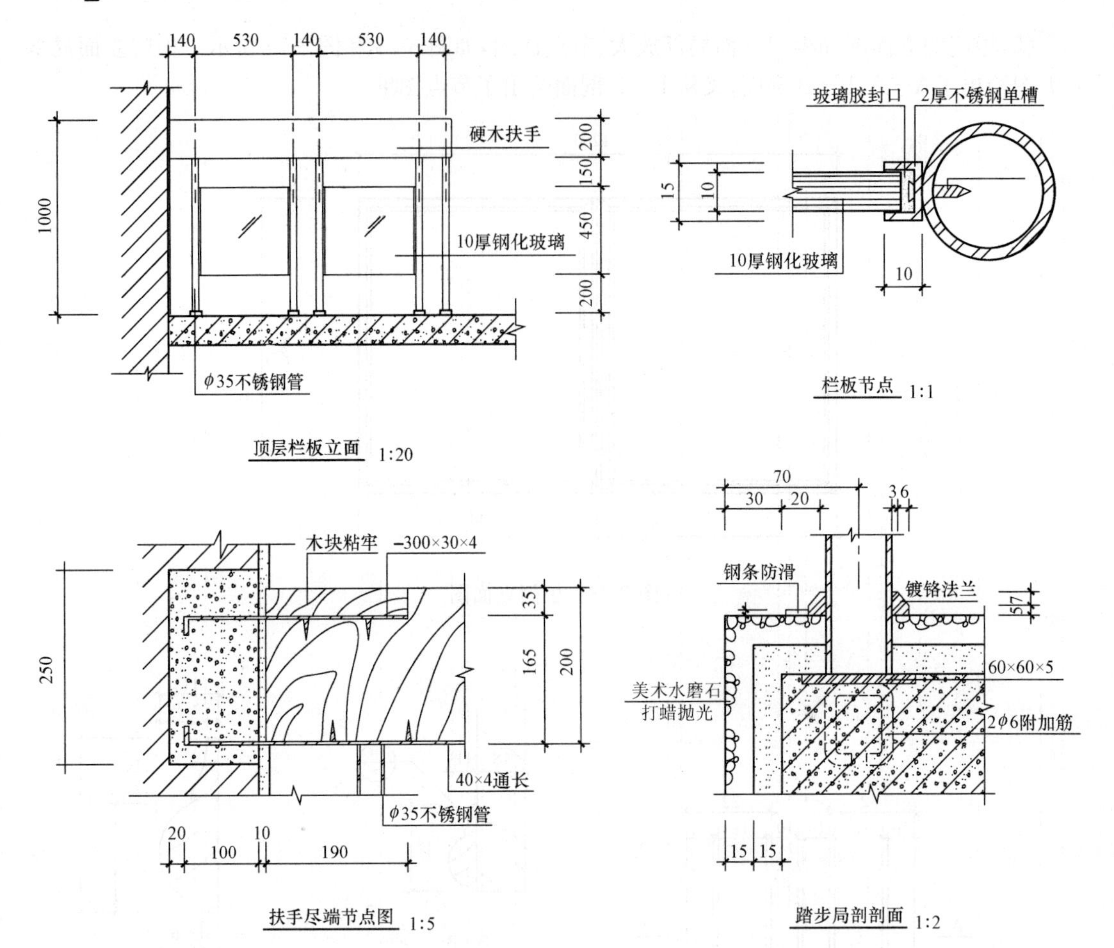

图 3-75 楼梯栏板、节点详图

第四章

楼地面工程工程量清单计价

第一节　整体面层及找平层

一、工程量清单项目设置及工程量计算规则

整体面层工程量清单项目设计及工程量计算规则见表 4-1。

表 4-1　　整体面层及找平层(编码:011101)

项目编码	项目名称	项目特征	计量单位	工程量计算规则	工作内容
011101001	水泥砂浆楼地面	1. 找平层厚度、砂浆配合比 2. 素水泥浆遍数 3. 面层厚度、砂浆配合比 4. 面层做法要求	m^2	按设计图示尺寸以面积计算。扣除凸出地面构筑物、设备基础、室内管道、地沟等所占面积,不扣除间壁墙及≤0.3m^2柱、垛、附墙烟囱及孔洞所占面积。门洞、空圈、暖气包槽、壁龛的开口部分不增加面积	1. 基层清理 2. 抹找平层 3. 抹面层 4. 材料运输
011101002	现浇水磨石楼地面	1. 找平层厚度、砂浆配合比 2. 面层厚度、水泥石子浆配合比 3. 嵌条材料种类、规格 4. 石子种类、规格、颜色 5. 颜料种类、颜色 6. 图案要求 7. 磨光、酸洗、打蜡要求			1. 基层清理 2. 抹找平层 3. 面层铺设 4. 嵌缝条安装 5. 磨光、酸洗打蜡 6. 材料运输
011101003	细石混凝土楼地面	1. 找平层厚度、砂浆配合比 2. 面层厚度、混凝土强度等级			1. 基层清理 2. 抹找平层 3. 面层铺设 4. 材料运输
011101004	菱苦土楼地面	1. 找平层厚度、砂浆配合比 2. 面层厚度 3. 打蜡要求			1. 基层清理 2. 抹找平层 3. 面层铺设 4. 打蜡 5. 材料运输
011101005	自流坪楼地面	1. 找平层砂浆配合比、厚度 2. 界面剂材料种类 3. 中层漆材料种类、厚度 4. 面漆材料种类、厚度 5. 面层材料种类			1. 基层处理 2. 抹找平层 3. 涂界面剂 4. 涂刷中层漆 5. 打磨、吸尘 6. 镘自流坪面漆(浆) 7. 拌合自流坪浆料 8. 铺面层

续表

项目编码	项目名称	项目特征	计量单位	工程量计算规则	工作内容
011101006	平面砂浆找平层	找平层厚度、砂浆配合比	m^2	按设计图示尺寸以面积计算	1. 基层清理 2. 抹找平层 3. 材料运输

二、项目名称释义

1. 水泥砂浆楼地面

水泥砂浆楼地面是指用1∶3或1∶2.5的水泥砂浆在基层上抹15～20mm厚，抹平后待其终凝前再用铁板压光而成的地面，如图4-1所示。水泥砂浆面层所用水泥，一般是采用强度等级不低于42.5级的硅酸盐水泥。这些品种水泥具有早期强度高和在凝结硬化过程中干缩值较小等优点。如若采用矿渣硅酸盐水泥，强度等级不应低于42.5级，须严格按照施工工艺操作，且要加强养护，才能保证工程质量。

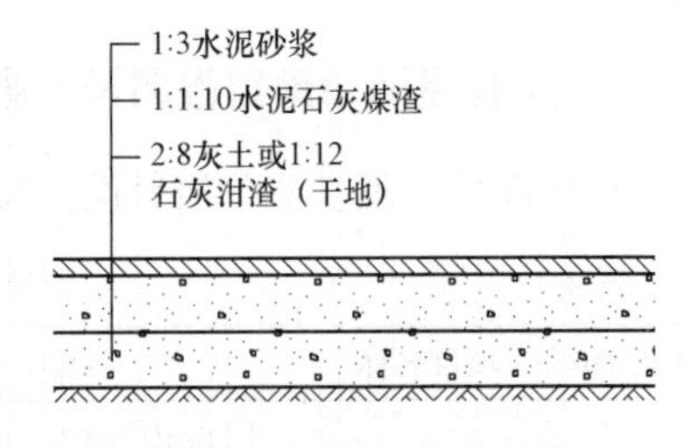

图4-1 水泥砂浆地面

水泥砂浆面层所用的砂，应采用中砂和粗砂，含泥量不得大于3%。因为细砂拌制的砂浆强度要比粗、中砂拌制的砂浆强度低25%～35%，不仅耐磨性较差，而且还有干缩性大、容易产生收缩裂缝等缺点。

2. 现浇水磨石楼地面

现浇水磨石楼地面指天然石料的石子，用水泥浆拌和在一起，浇抹结硬，再经磨光、打蜡而成的地面，可依据设计制作成各种颜色的图案，如图4-2所示。

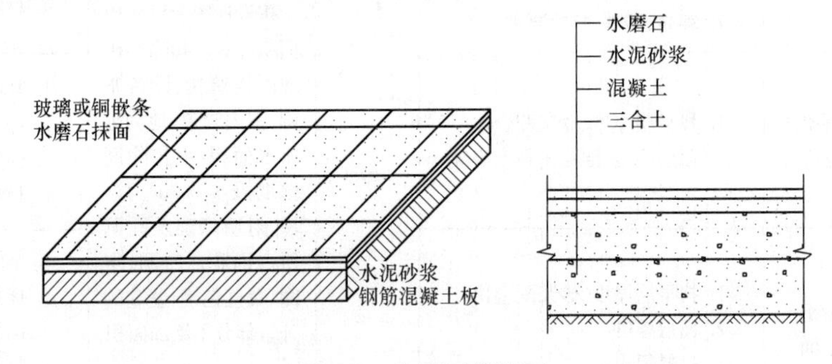

图4-2 水磨石楼地面

3. 细石混凝土楼地面

细石混凝土楼地面指在结构层上做细石混凝土、浇好后随即用木板拍表浆或用铁辊滚压，待水泥浆液到表面时，再撒上水泥浆，最后用铁板压光(这种做法也称随打随抹)的楼地面，如图4-3所示。

4. 菱苦土楼地面

菱苦土楼地面是以菱苦土为胶结料，锯木屑(锯末)为主要填充料，加入适量具有一定浓度的氯化镁溶液，调制成可塑性胶泥铺设而成的一种整体楼地面工程。为使其表面光滑、色泽美观，调制时可加入少量滑石粉和矿物颜料；有时为了耐磨，还掺入一些砂粒或石屑。菱苦土面层具有

耐火、保温、隔声、隔热及绝缘等特点，而且质地坚硬并可具有一定的弹性，适用于住宅、办公楼、教学楼、医院、俱乐部、托儿所及纺织车间等的楼地面。

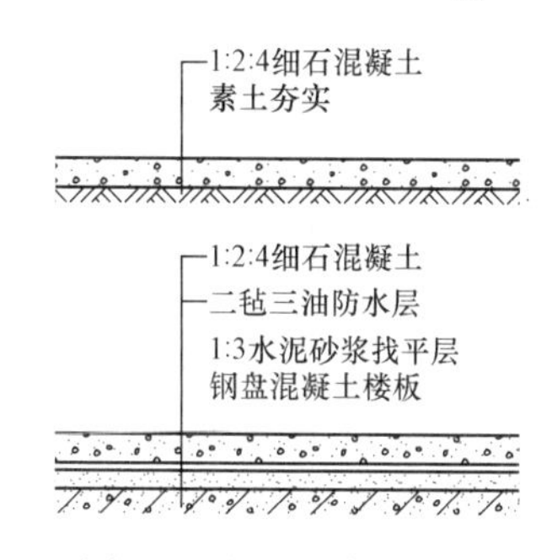

图 4-3　细石混凝土地面

菱苦土地面根据使用要求，可分为坚硬耐磨的地面（也可称为硬性地面）与富有弹性的地面（也可称为软性地面）。前者适用于人们行动密度较大而容易磨损的地面，如主要通道、楼梯平台等部位，其拌合料中含锯木屑较少，较多地掺入砂粒或石屑；后者则适用于人们行动密度不大，活动量较少的场所，如走廊等部位，其拌合料中含锯木屑较多，可不掺砂粒或石屑而适应弹性的要求。

菱苦土楼地面可铺设单层或双层。单层面层厚度一般为 12～15mm；双层的分底层和面层，底层厚度一般为 12～15mm，面层厚度一般为 8～12mm。但绝大多数均采用双层做法，很少采用单层做法。在双层做法中，由于下底与上层的作用不同，所以其配合比成分也不同。

5. 自流坪楼地面

自流坪是一种多材料同水混合而成的液态物质，倒入地面后，这种物质可根据地面的高低不平顺势流动，对地面进行自动找平，并很快干燥，固化后的地面会形成光滑、平整、无缝的地面施工技术，自流坪面层可采用水泥基、石膏基、合成树脂的等拌合物或涂料铺涂。根据材料的不同可分为水泥基自流坪、环氧树脂自流坪、环氧砂浆自流坪，ABS 自流坪等。

6. 平面砂层找平层

找平层是在垫层或楼板面上进行抹平或找坡、起整平、找坡或加强作用的构造层。通常采用水泥砂浆找平层、细石混凝土找平层。

找平层厚度一般由设计确定，水泥砂浆不小于 20mm，不大于 40mm，当找平层厚度大于 30mm 时，宜采用细石混凝土做找平层。

找平层采用水泥砂浆时，体积比不宜小于 1∶3（水泥∶砂）；采用水泥混凝土时，其强度等级不应小于 C15，采用改性沥青砂浆时，其配合比宜为 1∶8（沥青∶砂和粉料），采用改性沥青混凝土时，其配合比应由计算并经试验确定，或按设计要求配制。铺设找平层前，当下一层有松散填充料时，应予以铺平振实。

找平层构造做法如图 4-4 所示。

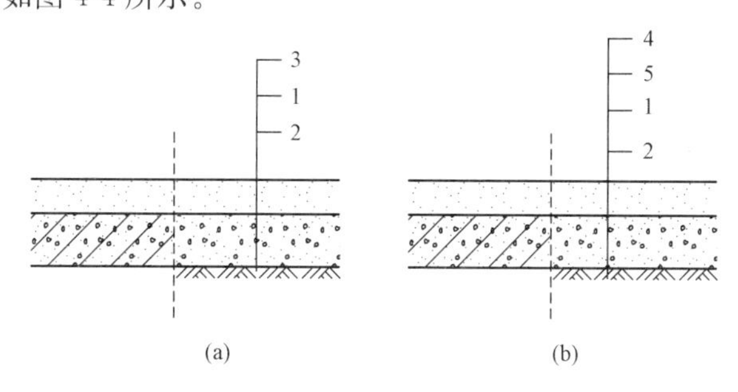

图 4-4　找平层构造做法

（a）水泥类找平层；（b）改性沥青类找平层

1—混凝土垫层（楼面结构层）；2—基土；3—水泥砂浆找平层；

4—改性沥青砂浆（或混凝土）找平层；5—刷冷底子油二遍

三、项目特征描述

(一)项目特征描述提示

1. 水泥砂浆楼地面

水泥砂浆楼地面项目特征描述提示：

(1)找平层应注明厚度、砂浆配合比，如1∶3水泥砂浆20mm厚。

(2)面层应注明厚度、砂浆配合比，如1∶2水泥砂浆<20mm厚。

(3)若设计采用标准图，只注明标准图集和页次、图号即可，局部和标准图不一致，则需单独列出。

(4)应注明素水泥浆通数。

2. 现浇水磨石楼地面

现浇水磨石楼地面项目特征描述提示：

(1)找平层应注明厚度、砂浆配合比，如20mm厚1∶3水泥砂浆。

(2)面层应注明厚度、水泥石子浆配合比，如15mm厚1∶2白水泥彩色石子浆。

(3)若是彩色水磨石应注明石子种类、颜色、图案要求和嵌条种类、规格。石子应洁净无杂物，其粒径除特殊要求外宜为6～15mm。宜采用耐光、耐碱的矿物颜料，不得使用酸性颜料。同一彩色面层应使用同厂、同批的颜料，以避免造成颜色深浅不一，其掺入量宜为水泥质量的3%～6%或由试验确定。

(4)应注明磨光、酸洗、打蜡要求，表面草酸处理后打蜡上光。

(5)如设计采用标准图，只注明标准图集图号和页次、图号即可，局部和标准图不一致，则需单独列出。

3. 细石混凝土楼地面

细石混凝土楼地面项目特征描述提示：

(1)找平层应注明厚度、配合比，如C10混凝土80mm厚。

(2)面层应注明厚度、混凝土强度等级，如40mm厚C20细石混凝土提浆压光。

4. 菱苦土楼地面

菱苦土楼地面项目特征描述提示：

(1)找平层应注明厚度、砂浆配合比，如20mm厚1∶3水泥砂浆。

(2)防水层应注明材料种类、厚度。

(3)面层应注明厚度。

(4)应注明打蜡要求，如清油两遍、打蜡。

5. 自流坪楼地面

自流坪楼地面项目特征描述提示：

(1)找平层应注明砂浆配合比及厚度。

(2)应注明界面剂、中层漆、面漆材料的种类、厚度。如种类、颜色无要求时，其厚度：结合层宜为0.5～1.0mm，基层宜为2.0～6.0mm，面层宜为0.5～1.0mm。

6. 平面砂浆找平层

平面砂浆找平层项目特征描述提示：

应注明找平层厚度及砂浆配合比。平面砂浆找平层只适用于仅做找平层的平面抹灰。

(二)水泥砂浆面层施工材料要求与用量计算

1. 水泥砂浆面层施工材料要求

(1)不同品种、不同强度等级的水泥严禁混用。

(2)水泥宜采用硅酸盐水泥、普通硅酸盐水泥，其强度等级不应小于 42.5 级。

(3)砂为中粗砂，其含泥量不应大于 3%；当采用石屑时，其粒径宜为 1～5mm，且含泥量不应大于 3%。

2. 水泥砂浆材料用量计算

单位体积水泥砂浆中各材料用量按表 4-2 确定。

表 4-2　　水泥砂浆材料用量计算

项　目	计算公式	备　注
砂子用量/m^3	$q_c=\frac{c}{\sum f-c\times C_p}$	式中　a、c 分别为水泥、砂之比，即 $a:c$=水泥：砂； $\sum f$——配合比之和； C_p——砂空隙率(%)，$C_p=\left(1-\frac{r_0}{r_c}\right)\times 100\%$； r_a——水泥表观密度(kg/m^3)，可按 $1200kg/m^3$ 计； r_0——砂比重按 $2650kg/m^3$ 计； r_c——砂表观密度按 $1550kg/m^3$ 计。 则　$C_p=\left(1-\frac{1550}{2650}\right)\times 100\%=41\%$ 当砂用量超过 $1m^3$ 时，因其空隙容积已大于灰浆数量，均按 $1m^3$ 计算
水泥用量/kg	$q_n=\frac{a\times r_a}{c}\times q_c$	

3. 特种砂浆材料用量计算

特种砂浆包括耐酸、防腐、不发火花沥青砂浆等。它们的配合比均按质量比计算。

设甲、乙、丙三种材料密度分别为 A、B、C，配合比分别为 a、b、c。则：

(1)材料百分比系数：$G=\frac{1}{a+b+c}\times 100\%$。

1)甲材料质量比：$\tau_a=G\times a$；

2)乙材料质量比：$\tau_b=G\times b$；

3)丙材料质量比：$\tau_c=G\times c$。

(2)配合后每 $1m^3$：砂浆质量 $q=\frac{1000}{\frac{\tau_a}{A}+\frac{\tau_b}{B}+\frac{\tau_c}{C}}$(kg)；

1)甲材料用量：$q_a=q\times\tau_a=q\times G\times a$；

2)乙材料用量：$q_b=q\times\tau_b=q\times G\times b$；

3)丙材料用量：$q_c=q\times\tau_c=q\times G\times c$。

对特种砂浆中任意一种材料，每 $1m^3$ 的用量为：$q_i=q\times\tau_i$。

上述过程计算出的材料用量为净用量，未考虑损耗。

(3)特种砂浆所需材料的密度可由表 4-3 查得。

表 4-3　　　　特种砂浆所需材料密度表

材料名称	密度/(g/cm³)	备注	材料名称	密度/(g/cm³)	备注
		普通沥青砂浆用	重晶石英粉	4.3	耐酸砂浆用
辉绿岩粉	2.5		石灰石砂	2.5	
石英粉	2.7		砂	2.65	
石英砂	2.7		普通水泥	3.1	
耐酸水泥	3.0		石油沥青	1.1	
过氯乙烯清漆	1.25		煤沥青	1.2	
滑石粉	2.6		煤焦油	1.1	
氟硅酸钠	2.75		石灰膏	1.35	
石油沥青	1.05		水玻璃	1.36～1.5	

4. 垫层材料用量计算

垫层材料用量计算见表 4-4。

表 4-4　　　　垫层材料用量计算

项目	计算公式	举例
质量比计算法	质量比计算方法(配合比以质量比计算)： $压实系数=\frac{虚铺厚度}{压实厚度}$ 混合物质量= $\frac{1000}{\frac{甲材料占百分率}{甲材料容量}+\frac{乙材料占百分率}{乙材料容量}+\cdots\cdots}$ 材料用量=混合物质量×压实系数×材料占百分率×(1+损耗率)	黏土炉渣混合物，其配合比(质量比)为1：0.8(黏土：炉渣)，黏土为1400kg/m³，炉渣为800kg/m³，其虚铺厚度为25cm，压实厚度为17cm。求每1m³的材料用量。 $黏土占百分率=\frac{1}{1+0.8}\times100\%=55.6\%$ $炉渣占百分率=\frac{0.8}{1+0.8}\times100\%=44.4\%$ $压实系数=\frac{25}{17}=1.47$ $每1m^3 1:0.8黏土炉渣混合物质量=\frac{1000}{\frac{0.556}{1.4}+\frac{0.444}{0.8}}=1050kg$ 则每1m³黏土炉渣的材料用量为： 黏土=1050×1.47×0.556×1.025(加损耗)=880kg $折合成体积=\frac{880}{1400}=0.629m^3$ 炉渣=1050×1.47×0.444×1.015(加损耗)=696kg $折合成体积=\frac{696}{800}=0.87m^3$
体积比计算法	体积比计算方法(配合比以体积比计算)： 每1m³材料用量=每1m³的虚体积×材料占配合比百分率 每1m³的虚体积=1×压实系数 材料占配合比百分率= $\frac{甲(乙\cdots\cdots)材料之配比}{甲材料之配比+乙材料之配比+\cdots\cdots}$ 材料实体积=材料占配合比百分率×(1−材料孔隙率) $材料孔隙率=\left(1-\frac{材料容量}{材料密度}\right)\times100\%$	水泥、石灰、炉渣混合物，其配合比为1：1：9(水泥：石灰：炉渣)，其虚铺厚度为23cm，压实厚度为16cm，求每1m³的材料用量。 $压实系数=\frac{23}{16}=1.438$ $水泥占配合比百分率=\frac{1}{1+1+9}\times100\%=9.1\%$ $石灰占配合比百分率=\frac{1}{1+1+9}\times100\%=9.1\%$ $炉渣占配合比百分率=\frac{9}{1+1+9}\times100\%=81.8\%$ 则每1m³水泥、石灰、炉渣的材料用量为： 水泥=1.438×0.091×1200(水泥密度)×1.01(损耗)=159kg 石灰=1.438×0.091×600(石灰密度)×1.02(损耗)=80kg 炉渣=1.438×0.818×1.015(损耗)=1.19m³

续表

<table>
<tr><th>项目</th><th colspan="2">计算公式</th><th>举例</th></tr>
<tr><td>灰土体积计算法</td><td colspan="2">灰土体积比计算公式：
每 $1m^3$ 灰土的石灰或黄土的用量 $=\frac{虚铺厚度}{压实厚度}\times\frac{石灰或黄土的配比}{石灰、黄土配比之和}$
每 $1m^3$ 灰土所需生石灰(kg)＝石灰的用量(m^3)×每 $1m^3$ 粉化灰需用生石灰数量(取石灰成分：块末＝2：8)</td><td>计算 3：7 灰土的材料用量为：
黄土 $=\frac{18}{11}\times\frac{7}{3+7}\times1.025$(损耗)$=1.174m^3$
石灰 $=\frac{18}{11}\times\frac{8}{3+7}\times1.02$(损耗)$\times600=300kg$</td></tr>
<tr><td rowspan="2">垫层材料用量</td><td colspan="2">砂、碎(砾)石等单一材料的垫层用量计算公式
定额用量＝定额单位×压实系数×(1＋损耗率)
压实系数 $=\frac{压实厚度}{虚铺厚度}$
对于砂垫层材料用量的计算，按上列公式计算得出干砂后，需另加中粗砂的含水膨胀系数 21%</td><td>—</td></tr>
<tr><td colspan="2">碎(砾)石、毛石或碎砖的用量与干铺垫层用量计算相同，其灌浆用的砂浆用量则按下列公式计算：
砂浆用量＝[碎(砾)石、毛石或碎砖相对密度－碎(砾)石、毛石或碎砖容量×压实系数]/碎(砾)石、毛石或碎砖的相对密度×填充密度(80%)(1＋损耗率)</td><td>碎石灌浆：碎石相对密度：$2650kg/m^3$，容量：$1550kg/m^3$，碎石压实系数：1.08，砂浆填充密度 75%。
砂浆 $=\frac{2650-1550\times1.08}{2650}\times80\%\times1.02$(损耗)$=0.301m^3$
碎石：$1\times1.08\times1.03$(损耗)$=1.112m^3$</td></tr>
</table>

(三)现浇水磨石楼梯面材料要求

(1)水泥。白色或浅色水磨石面层，应采用白色硅酸盐水泥；深色的水磨石面层，采用硅酸盐水泥、普通硅酸盐水泥或矿渣硅酸盐水泥。对于未超期而受潮的水泥，当用手捏无硬粒、色泽比较新鲜，可考虑降低强度 5%使用；肉眼观察存有小球粒，但仍可散成粉末者，则可考虑降低强度 15%左右使用；对于已有部分结成硬块者，则不宜使用。相同颜色的面层应使用同一批水泥。

(2)石子。水磨石面层所用的石粒，应用颜色美观、结晶细密、坚硬可磨的岩石(如白云石、大理石、花岗石和玄武岩等)做成。石粒应洁净无杂物和风化，其粒径除特殊要求外，一般为 4～12mm，地面面积大时，选用的石子粒径要大些，但石子最大粒径应小于面层厚度 1～2mm。其主要规格见表 4-5。水磨石石子粒径要求见表 4-6。

表 4-5　水磨石石子规格　mm

名称	大三分	大二分	一分半	大八厘	中八厘	小八厘
粒径/mm	约 22～28	约 20	约 15	约 8	约 6	约 4

表 4-6　水磨石面层石粒粒径要求　mm

水磨石面层厚度/mm	10	15	20	25	30
石子最大粒径/mm	9	14	18	23	28

(3)砂。宜选用中砂、细砂。

(4)颜料。水泥中掺入的颜料宜用耐光、耐碱及着色力强的矿物颜料，常用矿物颜料的主要技术性能见表4-7。掺入量不宜大于水泥质量的12%，一般按水泥质量的5%～10%进行调配。颜料性能因出厂不同，批号不同，色光不可能完全一致。在使用时，每一单项工程应按样板选用同批号产品，以求得色光和着色力等方面的一致。

表4-7 常用矿物材料颜料的主要性能

名 称	密 度/(kg/m^3)	遮盖力/(kg/m^3)	着色力	耐光性	耐碱性	分散性
氧化铁红	5.15	6～8	佳	佳	耐	不易分散
氧化铁黄	4.05～4.09	11～13	佳	佳	耐	不易分散
氧化铁绿	—	13.5	佳	佳	耐	不易分散
氧化铁棕	4.77	—	佳	佳	耐	不易分散
氧化铁蓝	1.83～1.90	<15	佳	佳	不耐(宜少用)	易分散
氧化铬绿	5.08～5.26	<12	差	佳	极耐	不易分散
群 青	2.23～2.35	—	差	佳	耐	不易分散

(5)分格条(又称嵌条)。常用的有铜条(或铝条)和玻璃条。铜条或铝条厚度一般为1.2～2mm。近年来，有些地面用10～30mm；玻璃条为3mm厚。分格条的高度按面层设计厚度调整，但比石子最大粒径大2～3mm。铜条、铝条要认真敲直，方能使用。铝条应作防腐处理(一般做法是在铝条上涂刷1～2遍白色调和漆或清漆)。

(6)草酸。草酸是水磨石地面面层抛光材料。草酸为无色透明晶体，有块状或粉末状，通常成二水物，相对密度为1.653，熔点101～102℃。无水物相对密度1.9，熔点189.5℃(分解)，约在157℃时升华。草酸溶于水、乙醇和乙醚。在100g水中的溶解度为：当水温20℃时，可溶解10g；当水温100℃时，能溶解120g。草酸是有毒的化工原料，不能接触食品，也腐蚀皮肤，使用和保管必须多加注意。

(7)氧化铝。氧化铝与草酸溶液混合，可用于水磨石地面表面抛光。氧化铝为白色粉末，相对密度3.9～4.0，熔点2050℃，沸点2980℃，不溶于水。

(8)地板蜡。地板蜡用于水磨石地面表面抛光后做保护层，有成品可购买，也可自配蜡液使用，但要注意防火。蜡液的配合比为川蜡∶煤油∶松香水∶鱼油=1∶(4～5)∶0.6∶0.1。先将川蜡和煤油在桶内加热至120～130℃，边加热边搅拌至全部溶解，冷却后备用。使用时加入松香水和鱼油(由桐油和半干性油炼制而成)调匀后即可使用。川蜡一般为蜂蜡或虫蜡，性质较柔，附着力比石蜡好，上蜡后容易磨出亮光。水磨石面层配色用料见表4-8。

表4-8 水磨石面层配色用料参考表

水磨石颜色	质量配合比				配用有色石子	
	水 泥		颜 料			
	种类	用量	种类	用量	颜色	粒径/mm
粉红	白水泥	100	氧化铁红	0.80	花红	4～6
深红	本色水泥	100	氧化铁红	10.30	紫红	4～6

续表

水磨石颜色	质量配合比				配用有色石子	
	水泥		颜料			
	种类	用量	种类	用量	颜色	粒径/mm
淡红	本色水泥	100	氧化铁红	2.06	紫红	4
深黄	本色水泥	50	氧化铁黄	7.66	奶油	4～6
	白水泥	50				
淡黄	白水泥	100	氧化铁黄	0.48	奶油	4～6
深绿	白水泥	100	氧化铬绿	9.14	绿色	4
翠绿	白水泥	100	氧化铁绿	6.50	绿色	4
深灰	本色水泥	50	—	—	花红	4
	白水泥	50				
淡灰	白水泥	100	氧化铁黑	0.30	灰色	4
咖啡	本色水泥	50	氧化铁黑	2.90	紫红	4
	白水泥	50	氧化铁红	10.30		
黑色	本色水泥	100	氧化铁黑	11.82	黑	4

(四)水泥混凝土面层施工材料要求

(1)水泥采用硅酸盐水泥、普通硅酸盐水泥或矿渣硅酸盐水泥，其强度等级不得低于42.5级。

(2)砂宜采用中砂或粗砂，含泥量不应大于3%。

(3)石采用碎石或卵石，粗骨料的级配要适宜，其最大粒径不应大于垫层厚度的2/3，含泥量不应大于2%。

(4)水宜采用饮用水。

(五)自流坪楼地面施工材料要求

(1)根据设计要求选用适合的水泥基自流坪材料，材料必须有出厂合格证和复试报告。

(2)环氧树脂自流坪涂料的技术指标见表4-9。

表4-9　环氧树脂自流坪涂料的技术指标

试验项目	技术指标	试验项目	技术指标
涂料状态	均匀无硬块	附着力(级)	≤1
涂膜外观	平整光滑	硬度(摆杆法)	≥0.6
干燥时间	表干(25℃)≤4h	光泽度(%)	≥30
实干(25℃)	≤24h	耐冲击性	40kg·cm，无裂纹、皱纹及剥落现象
耐磨性(750g/500r)	g≤0.04	耐水性	96h无异常

(3)固化剂:固化剂应具有较低的黏度。应该选用两种或多种固化剂进行复配,以达到所需要的镜面效果。同时复配固化剂中应该含有抗水斑与抗白化的成分。

(4)颜料及填料的选择:宜选用耐化学介质性能和耐候性好的无机颜料,如钛白、氧化铁红、氧化铬绿等,填料的选用对涂层最终的性能影响极大,适量的加入不仅能提高涂层的机械强度、耐磨性和遮盖力,而且能减少环氧树脂固化时的体积收缩,并赋予涂料良好的贮存稳定性。

(5)助剂的选择。

1)分散剂:为防止颜料沉淀、浮色、发花,并降低色浆黏度,提高涂料贮存稳定性,促进流平。

2)消泡剂:因生产和施工中会带入空气,而厚浆型涂料黏度较高,气泡不易逸出。因此,需要在涂料中加入一定量的消泡剂来减少这种气泡,力争使之不影响地坪表面的观感。

3)流平剂:为降低体系的表面张力,避免成膜过程中发生"缩边"现象,提高涂料流平性能,改善涂层外观和质量,需加入一些流平剂。以上助剂的加入,可大大改善涂料的性能,满足施工要求。

(6)宜选用饮用水。

四、工程量计算

【例4-1】 如图4-5所示为某住宅楼室内水泥砂浆楼地面示意图,试根据其计算规则计算水泥砂浆楼地面工程量。

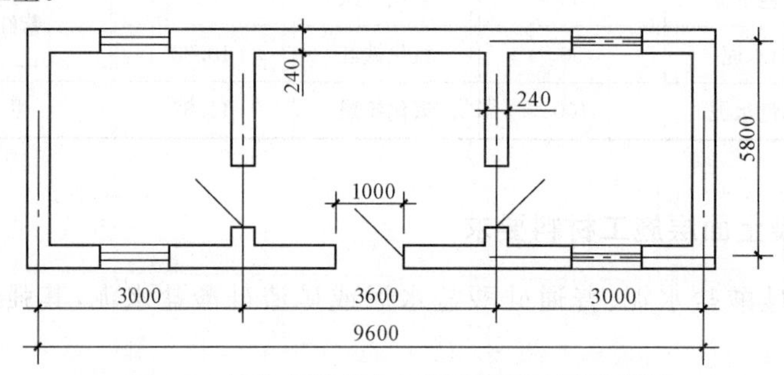

图4-5 某住宅楼室内水泥砂浆楼地面示意图

【解】 本例为整体面层中的水泥砂浆楼地面,项目编码为011101001,则其工程量计算如下:

计算公式:整体面层工程量=房间净长×房间净宽

$$水泥砂浆楼地面工程量=(5.8-0.24)\times(9.6-0.24\times3)=49.37m^2$$

【例4-2】 如图4-6所示为现浇水磨石楼地面示意图,试根据其计算规则计算现浇水磨石楼地面工程量。

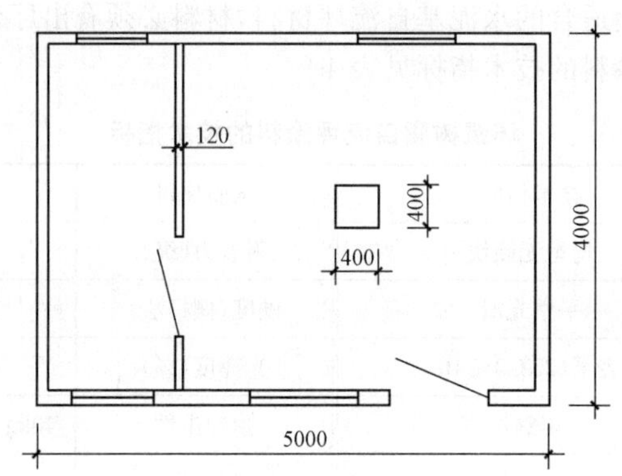

图4-6 现浇水磨石楼地面示意图

【解】　本例为整体面层中现浇水磨石楼地面，项目编码为011101002，则其工程量计算如下：

计算公式：整体面层工程量＝房间净长×房间净宽

水磨石地面的工程量＝(5－0.24)×(4－0.24)＝17.9m^2

第二节　块料面层

一、工程量清单项目设置及工程量计算规则

块料面层工程量清单项目设置及工程量计算规则见表4-10。

表4-10　块料面层(编码:011102)

项目编码	项目名称	项目特征	计量单位	工程量计算规则	工作内容
011102001	石材楼地面	1. 找平层厚度、砂浆配合比 2. 结合层厚度、砂浆配合比 3. 面层材料品种、规格、颜色 4. 嵌缝材料种类 5. 防护层材料种类 6. 酸洗、打蜡要求	m^2	按设计图示尺寸以面积计算。门洞、空圈、暖气包槽、壁龛的开口部分并入相应的工程量内	1. 基层清理 2. 抹找平层 3. 面层铺设、磨边 4. 嵌缝 5. 刷防护材料 6. 酸洗、打蜡 7. 材料运输
011102002	碎石材楼地面				
011102003	块料楼地面				

二、项目名称释义

1. 石材楼地面

石材楼地面包括大理石楼地面和花岗石楼地面等。

(1)大理石楼地面。大理石具有斑驳纹理，色泽鲜艳美丽。大理石的硬度比花岗石稍差，所以它比花岗石易于雕琢磨光。

大理石可根据不同色泽、纹理等组成各种图案。通常在工厂加工成20～30mm厚的板材，每块大小一般为300mm×300mm～500mm×500mm。方整的大理石地面，多采用紧拼对缝，接缝不大于1mm，铺贴后用纯水泥扫缝；不规则形的大理石铺地接缝较大，可用水泥砂浆或水磨石嵌缝。大理石铺砌后，表面应粘贴纸张或覆盖麻袋加以保护，待结合层水泥强度达到60%～70%后，方可进行细磨合打蜡。

(2)花岗石楼地面。花岗石系天然石材，一般具有抗拉性能差、密度大、传热快、易产生冲击噪声、开采加工困难、运输不便、价格昂贵等缺点，但是由于它们具有良好的抗压性能和硬度、质地坚实、耐磨、耐久、外观大方稳重等优点，所以至今仍为许多重大工程所使用。花岗石属于高档建筑装饰材料。

花岗石常加工成条形或块状，厚度较厚，为50～150mm，其面积尺寸是根据设计分块后进行订货加工的。花岗石在铺设时，相邻两行应错缝，错缝为条石长度的1/3～1/2。

铺设花岗石地面的基层有两种：一种是砂垫层；另一种是混凝土或钢筋混凝土基层。混凝土或钢筋混凝土表面通常要求用砂或砂浆做找平层，厚度为30～50mm。砂垫层应在填缝以前进行洒水拍实整平。

2. 块料楼地面

块料楼地面包括砖面层、预制板块面层和料石面层等。

(1)砖面层。砖面层应按设计要求采用普通黏土砖、缸砖、陶瓷地砖、水泥花砖或陶瓷锦砖等板块材在砂、水泥砂浆、沥青胶结料或胶粘剂结合层上铺设而成。

砂结合层厚度为20～30mm;水泥砂浆结合层厚度为10～15mm;沥青胶结料结合层厚度为2～5mm;胶粘剂结合层厚度为2～3mm。其构造如图4-7所示。

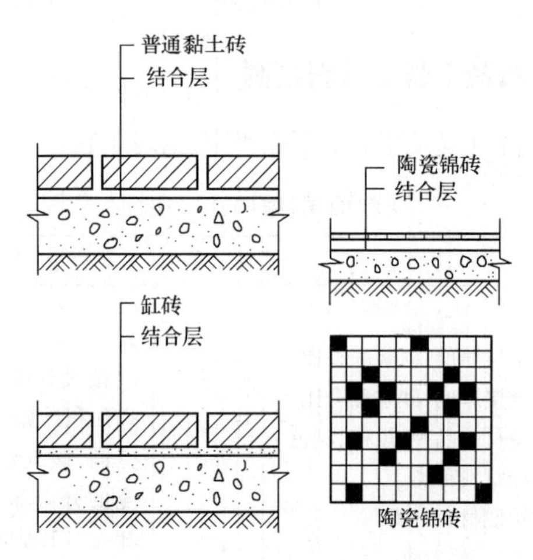

图4-7　砖面层的构造

(2)预制板块面层。预制板块面层是采用混凝土板块、水磨石板块等在结合层上铺设而成。其构造如图4-8所示。

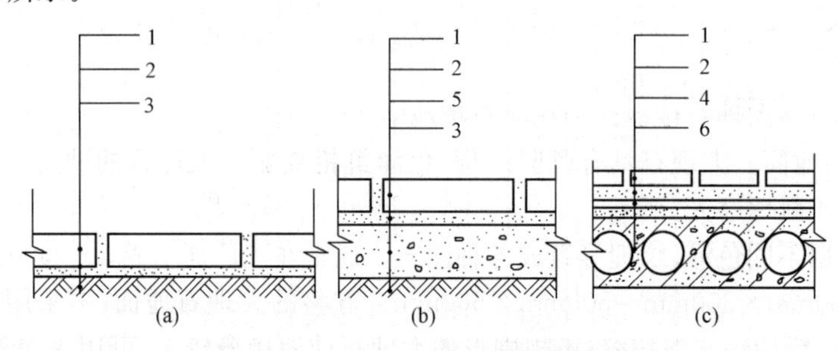

图4-8　预制板块面层的构造

(a)地面构造之一;(b)地面构造之二;(c)楼面构造

1—预制板块面层;2—结合层;3—素土夯实;4—找平层;

5—混凝土或灰土垫层;6—结合层(楼层钢筋混凝土板)

砂结合层的厚度应为20～30mm;当采用砂垫层兼作结合层时,其厚度不宜小于60mm;水泥砂浆结合层的厚度应为10～15mm;宜采用1∶4干硬性水泥砂浆。

(3)料石面层。料石面层应采用天然石料铺设。料石面层的石料宜为条石或块石两类。采用条石做面层应铺设在砂、水泥砂浆或沥青胶结料结合层上;采用块石做面层应铺设在基土或砂垫层上。其构造如图4-9所示。

条石面层下结合层厚度为:砂结合层为15～20mm;水泥砂浆结合层为10～15mm;沥青胶结料结合层为2～5mm。块石面层下砂垫层厚度,在夯实后不应小于6mm;块石面层下基土层应均

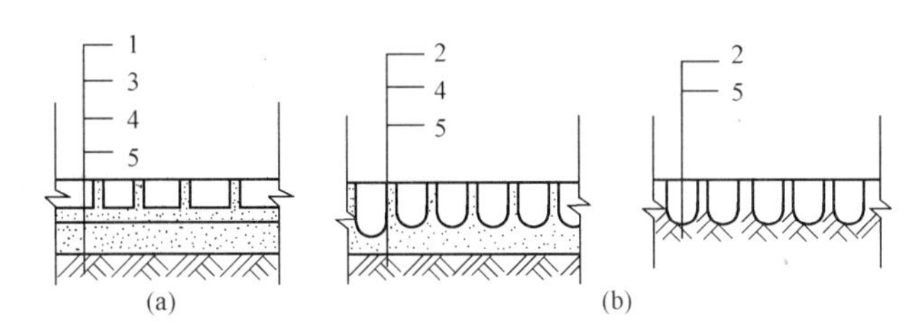

图 4-9　料石面层的构造
(a)条石面层;(b)块石面层
1—条石;2—块石;3—结合层;4—垫层;5—基土

匀密实,填土或土层结构被挠动的基土,应予分层压(夯)实。

三、项目特征描述

(一)项目特征描述提示

(1)找平层应注明厚度、砂浆配合比。

(3)结合层应注明厚度、砂浆配合比,如 20mm 厚 1∶2 干硬性水泥砂浆。

(3)面层应注明材料品种、规格、颜色,如芝麻白花岗石 20mm 厚 600mm×600mm。在描述碎石材项目的面层材料特征时可不用描述规格、颜色。

(4)嵌缝应注明材料种类,如白水泥浆擦缝。

(5)若面层需做酸洗打蜡,应注明酸洗打蜡要求,即草酸清洗、上硬白蜡净面。

(6)石材、块料与粘结材料的结合面刷防渗材料的种类在防护层材料种类中描述。

(二)常用大理石板材品种、产地与规格

1. 常用大理石板材品种及产地

常用大理石板材品种及产地见表 4-11。

表 4-11　常用大理石板材品种及产地

产品名称	产　　地	特　　点
汉白玉	北京房山,河南淅川、光山,湖北黄石,天津,西安,云南大理	白色,略有杂点和脉纹
晶白	湖北	白色晶粒、细致而均匀
雪花	山东淄博、青岛,河南淅川,天津,杭州,西安,宝鸡,安庆	白间淡灰色,有均匀中晶,有较多黄杂点
雪云	广东云浮	白和灰白相间
影晶白	江苏高资	乳白色有微红至深赭的脉纹
墨晶白	河北曲阳	玉白色,微晶,有黑色纹脉或斑点
风雪	云南大理	灰白间有深灰色晕带
冰琅	河北曲阳	灰白色均匀粗晶
黄花玉	湖北黄石	淡黄色,有较多稻黄脉纹

续一

产品名称	产　　地	特　　点
碧玉	辽宁连山关	嫩绿或深绿和白色絮状相渗
彩云	河北获鹿,河南淅川	浅翠绿色底,深绿絮状相渗,有絮斑或脉纹
斑绿	山东青岛、莱阳、淄博、陕西宝鸡、杭州、北京	灰白色底,有斑状堆状深草绿点
云灰	山东青岛、淄博、陕西宝鸡、北京房山、云南大理、河北阜平	白或浅灰底,有烟状或云状黑纹带
驼灰	江苏苏州	上灰色底,有深黄赭色、浅色疏脉纹
裂玉	湖北大冶	浅灰带微红色底,有红色脉络和青灰色斑
艾叶青	北京房山,西安,天津	青底,深灰间白色叶状斑云,间有片状纹缕
残雪	河北铁山	灰白色,有黑色斑带
晚霞	北京顺义,天津	石黄间土黄斑底,有深黄叠状脉编印,间有黑晕
虎纹	江苏宜兴,河南光山	赭色底,有流纹状石黄色经络
灰黄玉	湖北大冶	浅黑灰底,有陷红色、黄色和浅灰脉络
秋枫	江苏南京	灰红底,有血红晕脉纹
砾红	广东云浮	浅底,满布白色大小碎石块
橘络	浙江长兴	浅灰底,密布粉红和紫红叶脉纹
岭红	辽宁铁岭	紫红底
墨叶	江苏苏州	黑色,间有少量白络或白斑
莱阳墨	山东莱阳	灰墨底,间有墨斑和灰白色点
墨玉	贵州,广西,北京,河南,昆明,陕西宝鸡、西安、湖南利慈、东安、山东淄博、青岛、河北阜平、灵寿	黑色
中国红	四川雅安	较为稀少的特殊品种,近似印度红
中国蓝	河北承德	较为稀少的特殊品种(1994年发现)
诺尔红	内蒙古	近似印度红
紫豆瓣	河北阜平、灵寿,河南,西安	紫红色豆瓣
螺丝转	西安、天津,北京,河南	深灰地,紫红转
枣红	安徽安庆	枣皮色,有深浅
黑绒玉	安徽安庆	黑底呈灰白色,似墨白渗透之绒团或芦花状
云雾	安徽安庆	肉色或浅白底色,咖啡色及黑色相互交汇,呈云雾状
碧波	安徽安庆	浅碧绿色,呈海浪状
宜红	安徽安庆	棕红色,板面由氧化铁红形成的晕色花纹,酷似木质车轮
绿雪花	安徽安庆	白底淡绿色,似绿宝石散于雪地上,闪闪发光
蓝雪花	安徽安庆	似碧蓝海水,又如深秋晴空
凝脂	江苏宜兴	猪油色底,稍有深黄细脉,偶带透明杂晶
晶灰	河北曲阳	灰色微赭,均匀细晶,间有灰条纹或赭色斑

续二

产品名称	产　　地	特　　点
海涛	湖北	浅灰底，有深浅相间的青灰色条状斑带
象灰	浙江潭浅	象灰底，杂细晶斑，并有红黄色细纹络
螺青	北京房山	深灰色底，满布青白相间螺纹状花纹
螺红	辽宁金县	绛红底，夹有红灰相间的螺纹
蟹青	河北	黄灰底，遍布深灰或黄色砾斑，间有白灰层
锦灰	湖北大冶	浅黑厌底，有红色和灰白色脉络
电花	浙江杭州	黑灰底，满布红色和间白色脉络
桃红	河北曲阳	桃红底，粗晶，有黑色缕纹或斑点
银河	湖北下陆	浅灰底，密布粉红脉络杂有黄色脉
红花玉	湖北大冶	肚红底，夹有大小浅红碎石块
五花	江苏，河北	绛紫底，遍布深青灰色或紫色大小砾石
墨壁	河北获鹿	黑色，杂有少量浅黑陷斑或少量土黄缕纹
量夜	江苏苏州	黑色，间有少量白络或白斑

2. 大理石定型产品规格

大理石定型产品规格，见表 4-12。

表 4-12　　大理石定型产品规格　　mm

长	宽	厚	长	宽	厚
300	150	20	1200	9	20
300	300	20	305	152	20
400	200	20	305	305	20
400	400	20	610	305	20
600	300	20	610	610	20
600	600	20	915	610	20
900	600	20	1067	762	20
1070	750	20	1220	915	20
1200	600	20	—	—	—

(三)常用花岗石产地、品种与规格

1. 常用花岗石产地、品种

常用花岗石产地及品种，见表 4-13。

表 4-13 常用花岗石产地及品种

产地	品种
广东连州市	连州大红、连州中红、连州浅红、穗青花玉、梅花斑、黑色花、紫罗兰、青黑麻
福建惠安	田中石、左山红、峰白石、笔山石
福建莆田、长乐	黑芝麻
福建同安	大黑白点
福建厦门、泰宁	厦门白
福建安门	浅红色
山东济南	济南青、将军红、芝麻白、五花石、桃红、玫瑰红、森树绿、济南灰、长青花、泰山青、济南白
山东青岛	黑花岗石、泰山红、将军红、柳埠红、四川红、樱花红、玉莲红、莒南青、金山红、西丽红、梅花岩、茶山红、灰白色、济南青、万年青、崂山青、崂山红、石岛红、芝麻白、朝霞、星花
山东淄博	柳埠红、将军红、济南青、淄博青、淄博花、鲁山白、泰山青、星星红、五莲红、樱花
山东泰安	泰山青、泰安绿、泰山红
山东平邑	平邑红、平迂黑、绿黑花白、灰黑花白
山东历城	柳埠红
山东栖霞	青灰色、灰白色、黑底小红花
山东海阴	白底黑花
山东	莱州青、白底黑点
山东平度	灰白色
河南偃师	云里梅、梅花红、雪花青、乌龙青、菊花青、波状山水、虎皮黄、墨玉、晚霞红、珊瑚花、大青花
湖北石首	青石棉、大石花、小石花

2. 花岗石粗磨合磨光规格

花岗石粗磨合磨光规格见表 4-14。

表 4-14 花岗石粗磨合磨光规格 mm

长	宽	厚	长	宽	厚
300	300	20	305	305	20
400	400	20	610	305	20
600	300	20	610	610	20
600	100	20	915	610	20
900	600	20	1067	762	20
1070	750	20	—	—	—

(四)陶瓷地砖与陶瓷锦砖规格

1. 陶瓷地砖

陶瓷地砖也称地面砖,是采用塑性较大且难熔的黏土,经精细加工,烧制而成。地砖有带釉和不带釉两类,花色有红、白、浅黄、深黄等,红地砖多不带釉。地面砖有方形、长方形、六角形三种,规格大小不一,常用的地砖规格多为200mm×200mm、300mm×300mm、400mm×400mm、500mm×500mm、600mm×600mm、800mm×800mm或150mm×150mm等。

陶瓷地砖按铺贴部位分为楼地面、楼梯、台阶及踢脚线、零星项目等。

2. 陶瓷锦砖

陶瓷锦砖,又称马赛克,是用优质土烧制而成的片状小瓷砖,并按各种图案粘贴在牛皮纸上。

陶瓷锦砖按其形状分为正方形、长方形、梯形、正六边形和多边形等,正方形规格有39mm×39mm×5mm、23.6mm×23.6mm×5mm、18.5mm×18.5mm×5mm、15.2mm×15.2mm×4.5mm,长方形规格有39.0mm×29.0mm×5.0mm,正六边形规格边长为25mm,厚5mm等。

四、工程量计算

【例4-3】 如图4-10所示为门厅镶贴大理石地面面层示意图,试根据其计算规则计算大理石地面面层工程量。

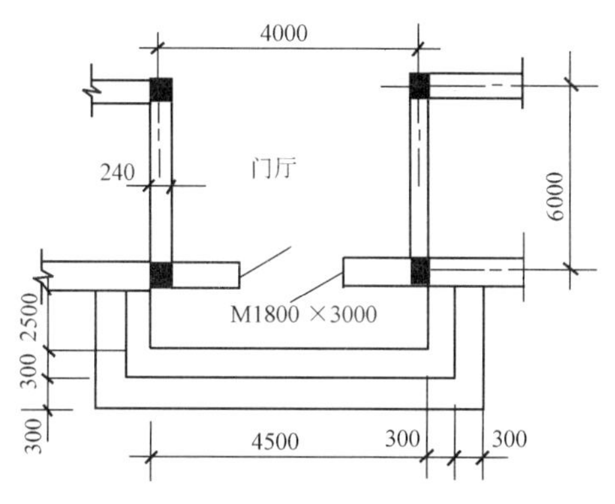

图4-10　门厅镶贴大理石地面面层示意图

【解】 本例为石材楼地面,项目编码为011102001,则其工程量计算如下:

计算公式:块料面层工程量=房间净长×房间净宽

大理石地面面层工程量=(4－0.24)×6=22.56m²

【例4-4】 某展厅地面用1∶2.5水泥砂浆铺全瓷抛光地板砖,地板砖规格为1000mm×1000mm,地面实铺长度为40m,实铺宽度为30m,展览厅内有6个600mm×600mm的方柱,试根据其计算规则计算瓷抛光地板碴工程量。

【解】 本例为块料面层中的块料楼地面,项目编码为011102003,则其工程量计算如下:

计算公式:块料面层工程量=房间净长×房间净宽－0.3m²以上的间壁墙、柱、垛及孔洞所占的面积

全瓷抛光地板砖工程量=40×30－0.6×0.6×6=1197.84m²

【例4-5】 如图4-11所示为某建筑物门前大理石台阶示意图,试根据其计算规则计算大理石台阶面层工程量。

【解】 本例为石材楼地面,项目编码为011102001,则大理石台阶面层的工程量计算如下:

计算公式:块料面层工程量=房间净长×房间净宽

台阶贴大理石面层工程量=(5.0＋0.3×2)×0.3×3＋(3.5－0.3)×0.3×3=7.92m²

平台贴大理石面层的工程量=(5.0－0.3)×(3.5－0.3)=15.04m²

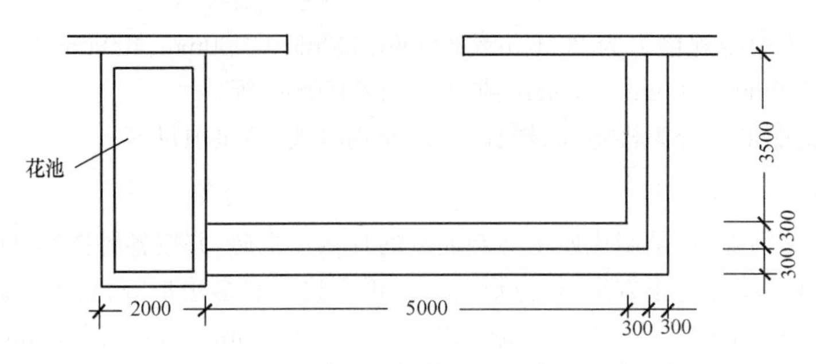

图 4-11 某建筑物门前大理石台阶示意图

第三节 橡塑面层

一、工程量清单项目设置及工程量计算规则

橡塑面层工程量清单项目设置及工程量计算规则见表 4-15。

表 4-15 **橡塑面层(编码:011103)**

项目编码	项目名称	项目特征	计量单位	工程量计算规则	工作内容
011103001	橡胶板楼地面	1. 粘结层厚度、材料种类 2. 面层材料品种、规格、颜色 3. 压线条种类	m^2	按设计图示尺寸以面积计算。门洞、空圈、暖气包槽、壁龛的开口部分并入相应的工程量内	1. 基层清理 2. 面层铺贴 3. 压缝条装钉 4. 材料运输
011103002	橡胶板卷材楼地面				
011103003	塑料板楼地面				
011103004	塑料卷材楼地面				

二、项目名称释义

1. 橡胶板楼地面

橡胶板楼地面具有良好的弹性,双层橡胶地面的底层如改用海绵胶则弹性更好。橡胶地面耐磨、保温、消声性能均较好,表面光而不滑,行走舒适,比较适用于展览馆、疗养院、阅览室、实验室等公共场合。橡胶板面层楼地面的构造如图 4-12 所示。

2. 橡胶卷材楼地面

橡胶卷材地板的尺寸一般为 2m 左右宽,20m 左右一卷。使用卷材地板的优点是铺贴速度快,较厚的卷材可以不用胶粘剂粘贴,或不仅在接缝处粘贴,地面的接缝少;缺点是局部破损难以修复,只能全幅更快,多数卷材是有底层的。

3. 塑料板楼地面

塑料板面层应采用塑料板块、卷材并以粘贴、干铺或采用现浇整体式在水泥类基层上铺设而成。板块、卷材可采用聚氯乙烯树脂、聚氯乙烯-聚乙烯共聚地板、聚乙烯树脂、聚丙烯树脂和石棉塑料板等。现浇整体式面层可采用环氧树脂涂布面层、不饱和聚酯涂布面层和聚醋酸乙烯塑料面层等。塑料板楼地面构造如图 4-13 所示。

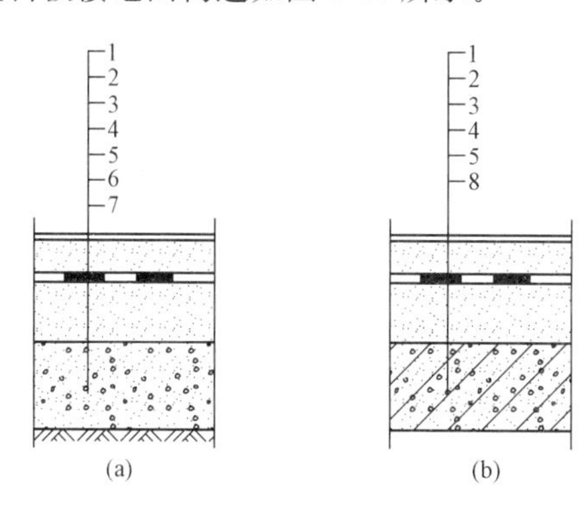

图 4-12 橡胶板楼地面的构造

(a)橡胶板地面;(b)橡胶板楼地面

1—橡胶板 3 厚,用专用胶粘剂粘贴;2—1∶2.5 水泥砂浆 20 厚,压实抹光;

3—聚氨酯防水层 1.5 厚(两道);

4—1∶3 水泥砂浆或细石混凝土找坡层最薄处 20 厚抹平;

5—水泥浆一道(内掺建筑胶);6—C10 混凝土垫层 60 厚;

7—夯实土;8—现浇楼板或预制楼板上之现浇叠合层

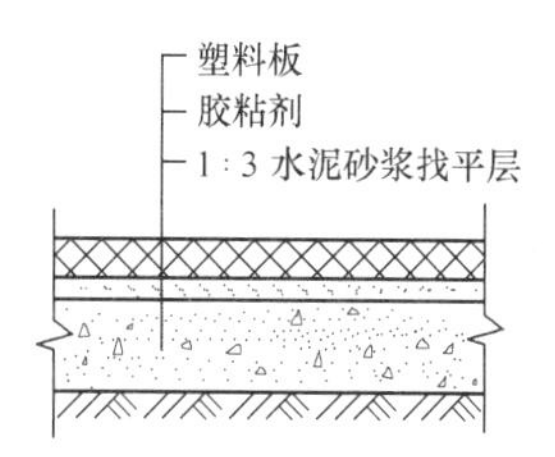

图 4-13 塑料板面层

4. 塑料卷材楼地面

聚氯乙烯 PVC 铺地卷材,分为单色、印花和印花发泡卷材,常用规格为幅宽 900～1900mm,每卷长度 9～20m,厚度 1.5～3.0mm。基底材料一般为化纤无纺布或玻璃纤维交织布,中间层为彩色印花(或单色)或发泡涂层,表面为耐磨涂敷层,具有柔软丰满的脚感及隔声、保温、耐腐、耐磨、耐折、耐刷洗和绝缘等性能。氯化聚乙烯 CPE 铺地卷材是聚乙烯与氯氢取代反应制成的无规则氯化聚合物,具有橡胶的弹性,由于 CPE 分子结构的饱和性以及氯原子的存在,使之具有优良的耐候性、耐臭氧和耐热老化性,以及耐油、耐化学药品性等,作为铺地材料,其耐磨耗性能和延伸率明显优于普通聚氯乙烯卷材。塑料卷材铺贴于楼地面的做法,可采用活铺、粘贴,由使用要求及设计确定,卷材的接缝如采用焊接,即可成为无缝地面。

三、项目特征描述

(1)若做结合层、找平层,应注明其厚度、砂浆配合比。如基层上素水泥浆一遍、20mm 厚 1∶2.5 水泥砂浆找平。

(2)粘结层应注明材料种类、厚度,即 2mm 厚环氧脂胶。

(3)面层应注明材料品种、规格、品牌、颜色,如 500mm×500mm 塑料地板,灰色厚 1.5mm。

(4)应注明压线条的种类。

四、工程量计算

【例 4-6】 如图 4-14 所示为某多媒体教室平面示意图。地面先做 1∶3 的 20mm 厚的水泥砂浆找平层,再铺设橡胶卷材(包括门洞处,墙厚为 240mm),试根据其计算规则计算橡胶卷材楼地面工程量。

【解】 本例为橡胶面层中的橡胶卷材楼地面,项目编码为 011103002,则其工程量计算如下:

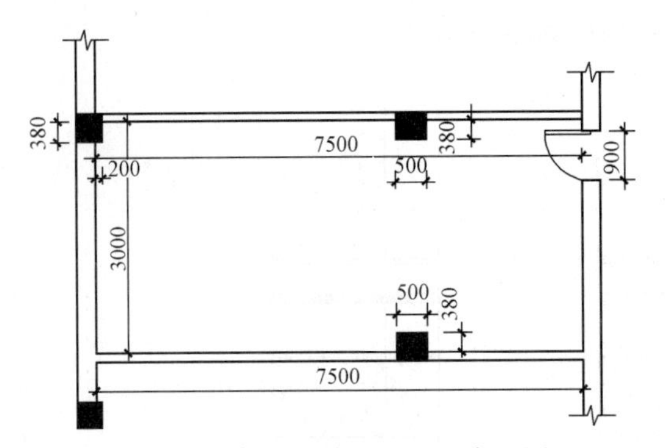

图 4-14 某多媒体教室平面布置图

计算公式:橡塑面层工程量=房间净长×房间净宽－间壁墙、柱、垛及孔洞所占的面积+门洞、空圈、暖气包槽、壁龛的开口部分

橡胶卷材楼地面工程量=3×7.5－0.38×0.5×2－0.2×0.38+0.24×0.9=22.26m²

【例 4-7】 某建筑物长 27m,宽 15m,大门尺寸为 1200mm×2400mm,墙厚 240mm,采用塑料卷材铺贴。试根据其计算规则计算塑料卷材楼地面工程量。

【解】 塑料卷材楼地面工程量=(27－0.24)×(15－0.24)+1.2×0.24=395.27m²

第四节 其他材料面层

一、工程量清单项目设置及工程量计算规则

其他材料面层工程量清单项目设置及工程量计算规则见表 4-16。

表 4-16 其他材料面层

项目编码	项目名称	项目特征	计量单位	工程量计算规则	工作内容
011104001	地毯楼地面	1. 面层材料品种、规格、颜色 2. 防护材料种类 3. 粘结材料种类 4. 压线条种类	m^2	按设计图示尺寸以面积计算。门洞、空圈、暖气包槽、壁龛的开口部分并入相应的工程量内	1. 基层清理 2. 铺贴面层 3. 刷防护材料 4. 装钉压条 5. 材料运输
011104002	竹、木(复合)地板	1. 龙骨材料种类、规格、铺设间距 2. 基层材料种类、规格 3. 面层材料品种、规格、颜色 4. 防护材料种类			1. 清理基层 2. 龙骨铺设 3. 基层铺设 4. 面层铺贴 5. 刷防护材料 6. 材料运输
011104003	金属复合地板				
011104004	防静电活动地板	1. 支架高度、材料种类 2. 面层材料品种、规格、颜色 3. 防护材料种类			1. 清理基层 2. 固定支架安装 3. 活动面层安装 4. 刷防护材料 5. 材料运输

二、项目名称释义

1. 地毯楼地面

地毯由面层、防松涂层和背衬构成(图 4-15),可分为天然纤维和合成纤维两类。

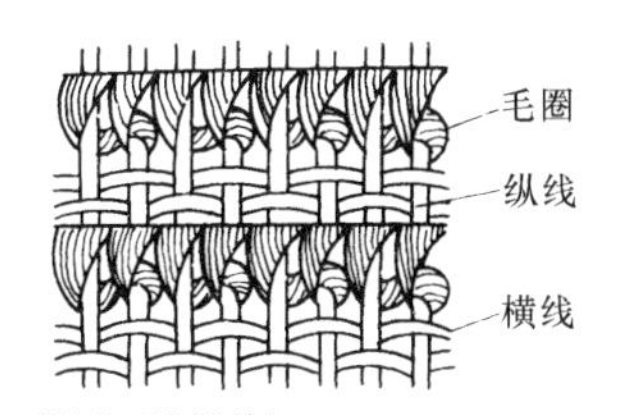

缎通（波斯结）
以经线与纬线编织而成基布，再用手工在其上编织毛圈。以中国的缎通为代表，波斯结缎通，土耳其毛毯等是有名的

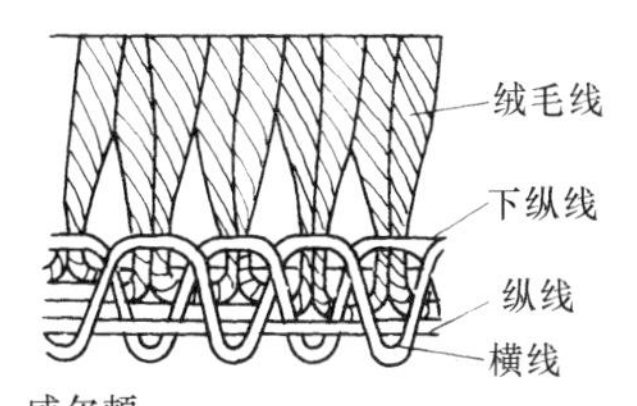

威尔顿
是一种机械编织，以经线与纬线编织成基布的同时，织入绒毛线而成的。可以使用 2～6 种色彩线

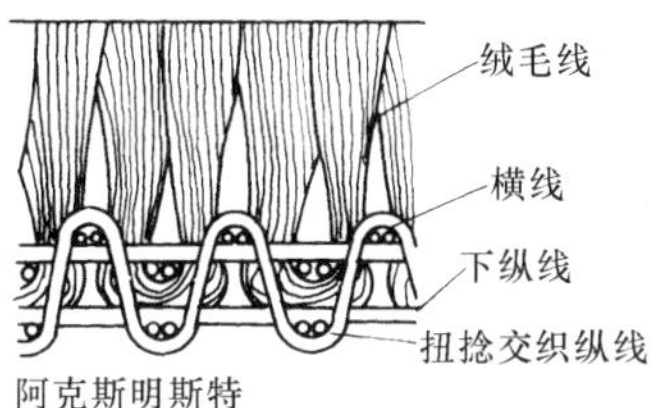

阿克斯明斯特
通过提花织机编织而成。编织色彩可达 30 种颜色，其特点是具有绘画图案

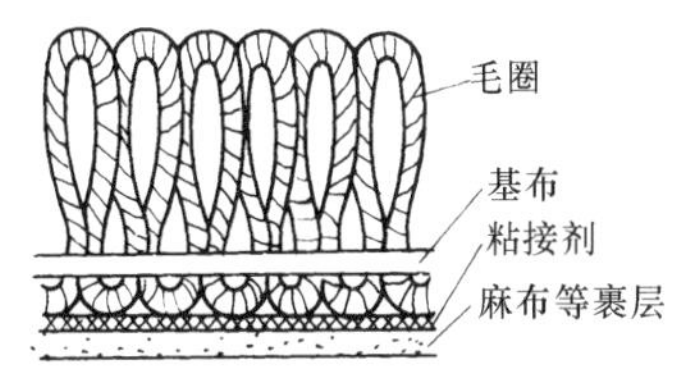

簇绒
在基布上针入绒毛线而成的一种制造方法。可以大量、快速且便宜地生产地毯

图 4-15　地毯的构造

(1)面层。化纤地毯的面层,一般采用中、长纤维做成,绒毛不易脱落、起球,使用寿命较长。纤维的粗细也直接影响地毯的脚感与弹性。也可用短纤维,但不如中、长纤维质量好。

(2)防松涂层。在化纤地毯的初级背衬上涂一层以氯乙烯-偏氯乙烯共聚乳液为基料,添加增塑剂、增稠剂及填充料的防松层涂料,可以增加地毯绒面纤维的固着,使之不易脱落;同时,可在棉纱或丙纶扁丝的初级背衬上形成一层薄膜,防止胶粘剂渗透到绒面层而使面层发硬;并在与次级背衬粘结复合时能减少胶粘剂的用量及增加粘结强度;水溶性防松层,是经过简单的热风烘道干燥装置干燥成膜。

(3)背衬。化纤地毯经过防松涂层处理后,用胶粘剂与麻布粘结复合,形成次级背衬,以增加步履轻松的感觉;同时覆盖织物层的针码,改善地毯背面的耐磨性。胶粘剂采用对化纤及黄麻织物均有良好粘结力的水溶性橡胶,如丁苯胶乳、天然乳胶,加入增稠剂、填充料、扩散剂等,并经过高速分散,使之成为黏稠的浆液,然后通过辊筒涂敷在预涂过防松层的初级背衬上。涂敷胶粘剂应以地毯面层与麻布间有足够的粘结力,但又不渗透到地毯的绒面里,并以不影响地毯的面层美观及柔软性为标准来控制涂布量。贴上麻布经过几分钟的加热加压使之粘结复合,然后通过简单的热风烘道进一步使乳胶热化、干燥,即可成卷。

2. 竹、木(复合)地板

竹、木(复合)地板包括竹地板面层和木地板面层。

(1)竹地板面层。竹地板按加工形式(或结构)可分为三种类型:平压型、侧压型和平侧压型(工字形);按表面颜色可分为三种类型:本色型、漂白型和碳化色型(竹片再次进行高温高压碳化

处理后所形成);按表面有无涂饰可分为三种类型:亮光型、亚光型和素板。竹地板面层的构造如图4-16所示。

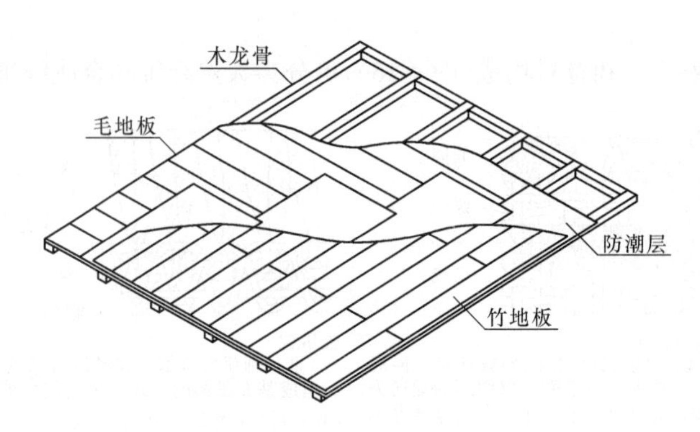

图4-16 竹地板面层的构造

(2)木地板面层。木地板面层可分为单层木板面层和双层木板面层。单层木板面层是在木格栅上直接钉企口板;双层木板面层是在木格栅上先钉一层毛地板,再钉一层企口板。木格栅有空铺和实铺两种形式,空铺式是将格栅两头置于墙体的垫木上,木格栅之间加设剪刀撑;实铺式是将木格栅铺于混凝土结构层上或水泥混凝土垫层上,木格栅之间填以炉渣等隔声材料,并加设横向木撑。木地板面层的构造如图4-17所示。

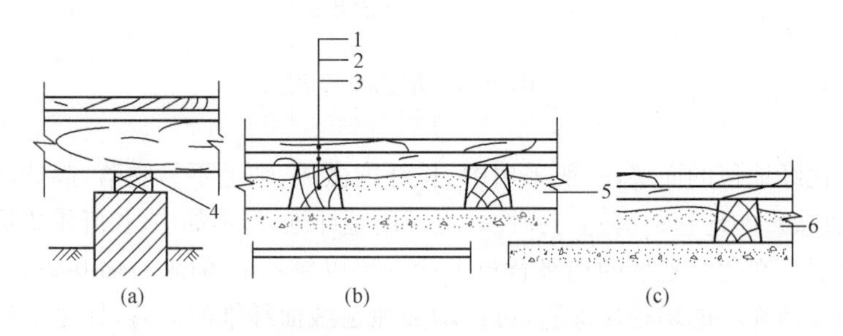

图4-17 木板面层的构造

(a)空铺式;(b)、(c)实铺式

1—企口板;2—毛地板;3—木格栅;4—垫木;5—剪刀撑;6—炉渣

3. 金属复合地板

金属复合地板多用于一些特殊场所,如金属弹簧地板可用于舞厅中舞池地面;激射钢化夹层玻璃地砖,因其抗冲击、耐磨、装饰效果美观,多用于酒店、宾馆、酒吧等娱乐、休闲场所的地面。

4. 防静电活动地板

活动地板面层是以特制的平压刨花板为基材,表面饰以装饰板和底层用镀锌钢板经粘结胶合组成的活动板块,配以横梁、橡胶垫条和可供调节高度的金属支架组装的架空活动地板在水泥类基层上铺设而成。面层下可敷设管道和导线,适用于防尘和导静电要求的专业用房地面,如仪表控制室、计算机房、变电所控制室、通信枢纽等。活动地板面层具有板面平整、光洁、装饰性好等优点。活动地板面层与原楼、地面之间的空间(即活动支架高度)可按使用要求进行设计,可容纳大量的电缆和空调管线。所有构件均可预制，运输、安装和拆卸十分方便。活动地板面层构造做法如图 4-18 所示。

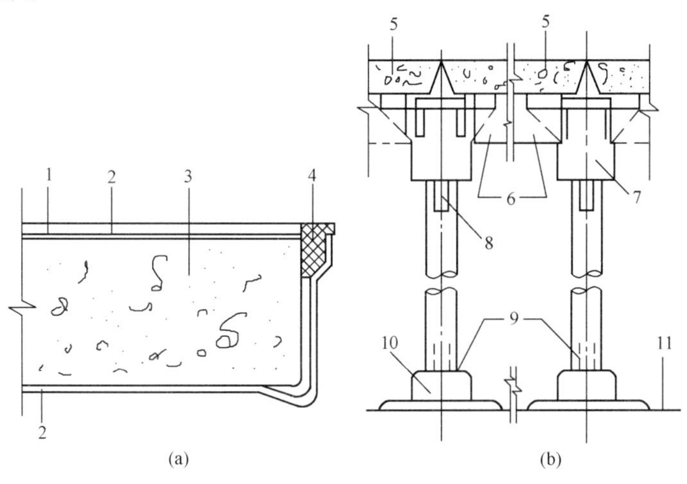

图 4-18　活动地板

(a)抗静电活动地板块构造；(b)活动地板面层安装

1—柔光高压三聚氰胺贴面板；2—镀锌铁板；3—刨花板基材；4—橡胶密封条；5—活动地板板块；6—横梁；7—柱帽；8—螺柱；9—活动支架；10—底座；11—楼地面标高

三、项目特征描述

1. 项目特征描述提示

(1)地毯楼地面项目特征描述提示：

1)找平层应注明厚度、砂浆配合比，如 20mm 厚 1∶3 水泥砂浆；

2)面层应注明材料品种、规格、颜色，如提花羊毛地毯 5mm 厚浮铺；

3)应注明压线条种类，如古铜色压口条 60mm 厚。

(2)竹、木(复合)地板，金属复合地板项目特征描述提示：

1)找平层应注明厚度、砂浆配合比；

2)龙骨应注明材料种类、规格、铺设间距；

3)若有基层应注明材料种类、规格；

4)面层应注明材料种类规格、品牌、颜色，如 20mm 厚硬木长条地板；

5)若用填充材料应注明材料种类；

6)油漆应注明品种、刷漆遍数，如酚醛清漆五遍，若是成品地板不需刷漆时，不予描述；

7)应注明防护材料种类。

(3)防静电活动地板项目特征描述提示：

1)找平层要注明厚度、配合比；

2)应注明支架高度、材料种类；

3)面层应注明材料品种、规格、颜色。

2. 地毯的品种、规格

地毯的品种、规格见表 4-17。

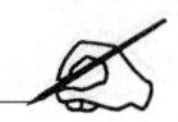

表 4-17 常用地毯品种、规格 mm

品种	规格	毛高
羊毛地毯	1000～2000	8～15
丙纶毛圈地毯	2000～4000	5～8
丙纶剪绒地毯	2000～4000	5～8
丙纶机织地毯	2000～4000	6～10
腈纶毛圈地毯	2000～4000	5～8
腈纶剪绒地毯	2000～4000	5～8
腈纶机织地毯	2000～4000	6～10
进口簇绒丙纶地毯	3660～4000	7～10
进口机织尼龙地毯	3660～4000	6～15
进口羊毛地毯	3660～4000	8～15
进口腈丙纶羊毛混纺地毯	3660～4000	6～10

3. 抗静电活动地板规格

抗静电活动地板是一种以金属材料或木质材料为基材，表面覆以耐高压装饰板(如三聚氰胺优质装饰板)，经高分子合成胶粘剂胶合而成的特制地板，再配以专制钢梁、橡胶垫条和可调金属支架装配成活动地板。

抗静电活动地板典型面板平面尺寸有500mm×500mm、600mm×600mm、762mm×762mm等。常见的有防静电木质活动地板(600mm×500mm×25mm)及铝质防静电活动地板(500mm×500mm)及防静电地毯(带胶垫)三种类型。

四、工程量计算

【例 4-8】 某体操练功用房，地面铺木地板，其做法：30mm×40mm木龙骨中距(双向)450mm×450mm；20mm×80mm松木毛地板45°斜铺，板间留2mm缝宽；上铺50mm×20mm企口地板，房间面积为30m×50m，门洞开口部分1.5m×0.12m两处，试根据其计算规则计算木地板工程量。

【解】 本例为其他材料面层中竹、木(复合)地板，项目编码为011104002，则其工程量计算如下：

计算公式：其他材料面层工程量＝房间净长×房间净宽－间壁墙、柱、垛及孔洞所占的面积＋门洞、空圈、暖气包槽、壁龛的开口部分

$$木地板工程量=30\times50+1.5\times0.12\times2=1500.36m^2$$

【例 4-9】 如图4-19所示为某会议室平面示意图，房间地面采用地毯铺设，试根据其计算规则计算地毯楼地面工程量。

【解】 本例为其他材料面层中地毯楼地面，项目编码为011104001，则其工程量计算如下：

$$地毯楼地面工程量=(4.8+4.8-0.24)\times(6.0-0.24)-0.7\times(0.7-0.24)\times2+0.80\times0.24=53.46m^2$$

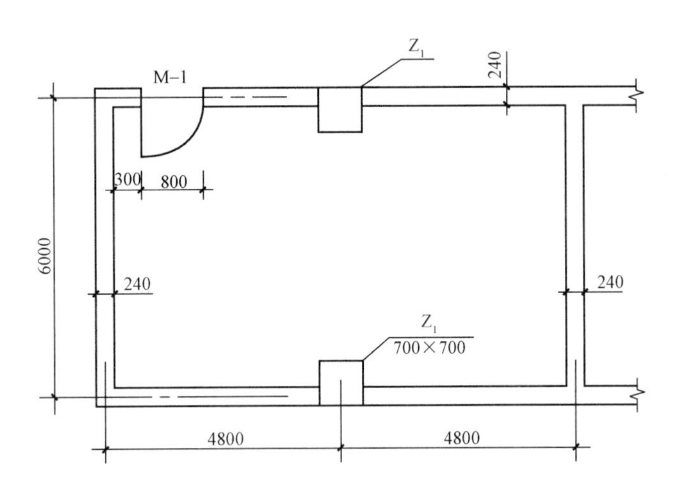

图 4-19　某会议室平面示意图

第五节　踢脚线

一、工程量清单项目设置及工程量计算规则

踢脚线工程量清单项目设置及工程量计算规则见表 4-18。

表 4-18　　**踢脚线(编码:011105)**

项目编码	项目名称	项目特征	计量单位	工程量计算规则	工作内容
011105001	水泥砂浆踢脚线	1. 踢脚线高度 2. 底层厚度、砂浆配合比 3. 面层厚度、砂浆配合比	1. m^2 2. m	1. 以平方米计量,按设计图示长度乘高度以面积计算 2. 以米计量,按延长米计算	1. 基层清理 2. 底层和面层抹灰 3. 材料运输
011105002	石材踢脚线	1. 踢脚线高度 2. 粘贴层厚度、材料种类 3. 面层材料品种、规格、颜色 4. 防护材料种类			1. 基层清理 2. 底层抹灰 3. 面层铺贴、磨边 4. 擦缝 5. 磨光、酸洗、打蜡 6. 刷防护材料 7. 材料运输
011105003	块料踢脚线				
011105004	塑料板踢脚线	1. 踢脚线高度 2. 粘贴层厚度、材料种类 3. 面层材料品种、规格、颜色			1. 基层清理 2. 基层铺贴 3. 面层铺贴 4. 材料运输
011105005	木质踢脚线	1. 踢脚线高度 2. 基层材料种类、规格 3. 面层材料品种、规格、颜色			
011105006	金属踢脚线				
011105007	防静电踢脚线				

二、项目名称释义

1. 水泥砂浆踢脚线

踢脚线是地面与墙面交接处的构造处理，起遮盖墙面与地面之间接缝的作用，并可防止碰撞墙面或擦洗地面时弄脏墙面。踢脚线一般采用与楼地面相同的材料。

水泥砂浆踢脚线的构造如图4-20所示。其所用材料、施工工艺与水泥砂浆楼地面层相同，且同时施工。施工时要注意踢脚线上口平直，拉5m线(不足5m拉通线)检查不得超过4mm。

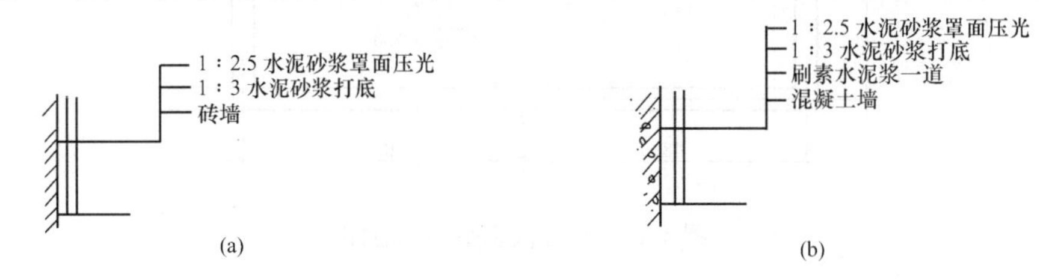

图4-20　水泥砂浆踢脚线的构造

(a)砖墙水泥砂浆踢脚线；(b)混凝土墙水泥砂浆踢脚线

2. 石材踢脚线

石材踢脚线的厚度与门套线应一致，否则应做倒坡处理；接缝应尽可能小，如有花色，应该注意纹理的延续线。

3. 块材踢脚线

块料类踢脚线包括大理石、花岗石、预制水磨石、彩釉砖、缸砖、陶瓷锦砖等材料所做的踢脚线。块料类踢脚线的构造如图4-21所示。

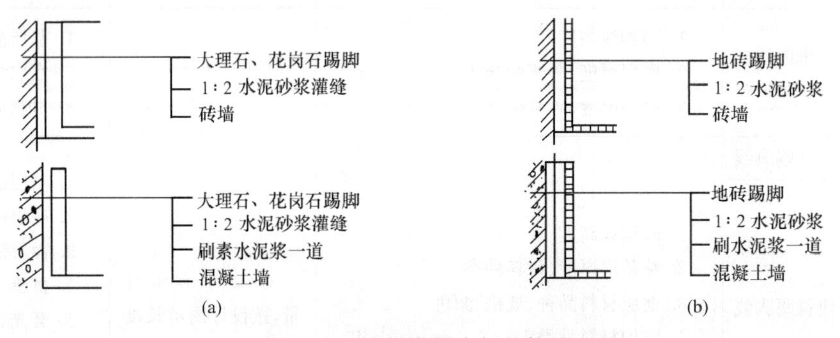

图4-21　块料类踢脚板的构造

(a)大理石、花岗石踢脚线；(b)地砖踢脚线

块料踢脚线施工用板后抹水泥砂浆或胶粘结贴在墙上的方法。踢脚线缝宜与地面缝对齐，踢脚线与地面接触部位应缝隙密实，踢脚线上口在同一水平线上，出墙厚度应一致。

4. 塑料板踢脚线

塑料板踢脚线的构造如图4-22所示。

半硬质塑料踢脚线施工工艺为：弹上口标高水平线→刮胶粘剂→踢脚线铺贴。

铺贴一般从门口开始。遇阴角时，踢脚线下口应剪去一个三角切口，以保证粘贴平整，塑料踢脚线每卷300～500m，一般不准有接头。

软质塑料踢脚线一般上口压一根木条或用硬塑料压条封口，阴角处理成小圆角或 90°。小圆角做法是将两面相交处成半径 R＝50mm 的圆角；90°的做法是将两面相交处做成 90°角，用三角形焊条焊接。踢脚线铺贴后，须对立板和转角施压 24h，以利于板与基层的粘结良好。

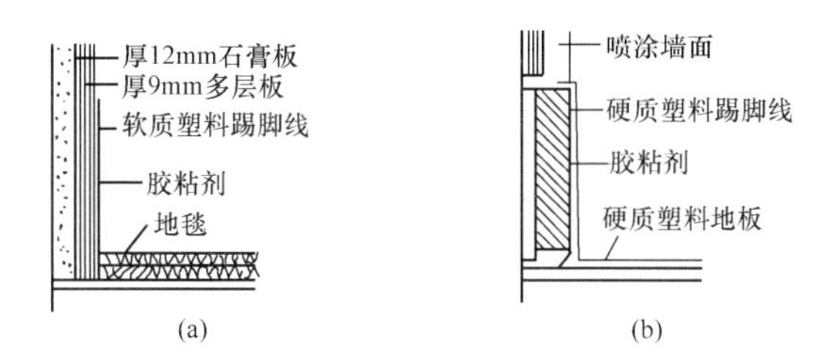

图 4-22　塑料板踢脚线的构造

(a)软质塑料踢脚线；(b)硬质塑料踢脚线

5. 木质踢脚线

木质踢脚线的构造如图 4-23 所示。木质踢脚线所用木材最好与木地板面层所用材料相同。

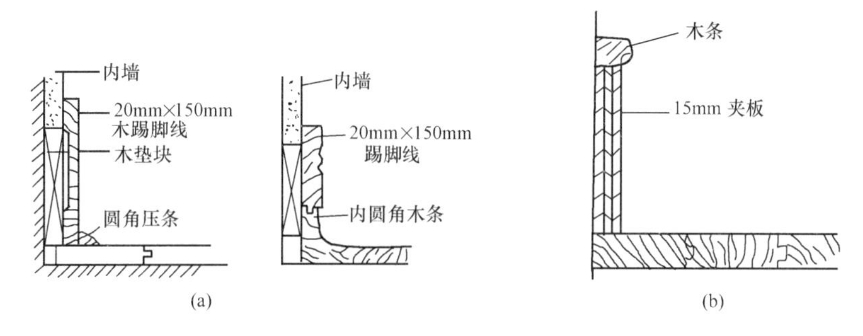

图 4-23　木质踢脚线的构造

(a)木质踢脚线及地面转角处做法；(b)用木夹板作踢脚线

6. 金属踢脚线

金属踢脚线的构造与木质踢脚线基本相同。金属踢脚线一般高 100～200mm，安装时应与墙贴紧且上口平直。表面涂漆可按设计要求进行。

7. 防静电踢脚线

防静电踢脚线应与防静电地板配合使用，其构造要求与木质踢脚线基本相同，只是踢脚线所使用的材料不同。防静电踢脚线适用于计算机机房等对静电有较高要求的房间。

三、项目特征描述

(1)水泥砂浆踢脚线项目特征描述提示：

1)应注明踢脚线高度。

2)底层应注明厚度及砂浆配合比，如 20mm 厚 1∶3 水泥砂浆。

3)面层应注明厚度及水泥砂浆配合比，如 6mm 厚 1∶2 水泥砂浆。

(2)石材踢脚线、块料踢脚线项目特征描述提示：

1)应注明踢脚线高度。

2)应注明防护材料种类。

3)粘结层应注明厚度、材料种类。

4)面层应注明材料品种、规格、颜色。

5)石材、块料与粘接材料的结合面刷防护材料的种类在防护材料种类中描述。

(3)塑料板踢脚线项目特征描述提示：

1)应注明踢脚线高度。

2)底层应注明厚度、砂浆配合比,如25mm厚1：2.5水泥砂浆。

3)粘结层应注明材料种类。

4)面层应注明材料种类、规格、品牌、颜色。

(4)木质踢脚线、金属踢脚线、防静电踢脚线项目特征描述提示：

1)应注明踢脚线高度。

2)基层应注明材料种类、规格。

3)面层应注明材料品种、规格、品牌、颜色。

4)防护材料应注明种类。

5)油漆应注明品种、刷漆遍数,如醇酸清漆五遍。

四、工程量计算

【例4-10】 如图4-24所示为某房屋平面图,石材踢脚线150mm高,墙厚为240mm。根据其计算规则计算踢脚线工程量。

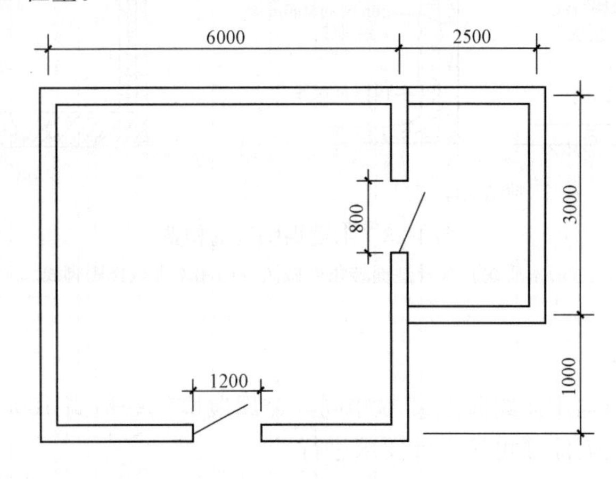

图4-24 某房屋平面图

【解】 本例为踢脚线中石材踢脚线,项目编码为011105002,则其工程量计算如下：

计算公式:踢脚线工程量=设计图示长度×设计高度

踢脚线工程量={[(6−0.24)+(4−0.24)]×2+[(3−0.24)+(2.5−0.24)]×2−(1.2+0.8×2)+0.12×4}×0.15=4.01m^2

【例4-11】 如图4-25所示为某小型住宅室内踢脚线采用木质踢脚线,试根据其计算规则计算木质踢脚线工程量。(踢脚线高度为150mm,门洞侧边宽度按60mm考虑。)

【解】 本例为木质踢脚线,项目编码为011105005,工程量以米计量,按延长米计算,则工程量计算如下：

木质踢脚线工程量=(5.8−0.24)×6+(9.6−0.24×3)×2−0.8×4+0.06×4−1.0+0.06×2

=47.28m

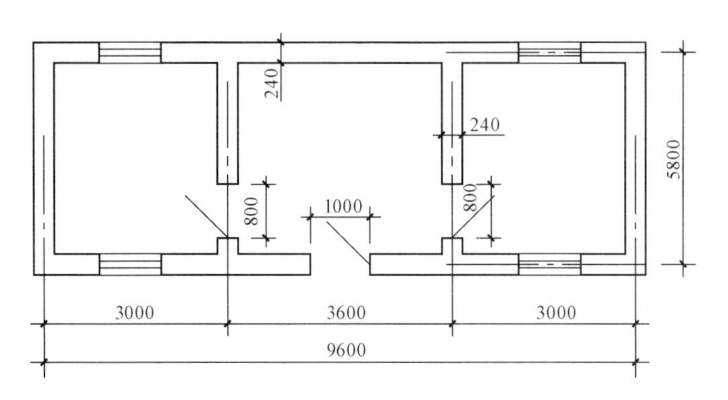

图 4-25　某小型住宅平面图

第六节　楼梯面层

一、工程量清单项目设置及工程量计算规则

楼梯面层工程量清单项目设置及工程量计算规则见表 4-19。

表 4-19　　　　**楼梯面层(编码:011106)**

<table>
<tr><th>项目编码</th><th>项目名称</th><th>项目特征</th><th>计量单位</th><th>工程量计算规则</th><th>工作内容</th></tr>
<tr><td>011106001</td><td>石材楼梯面层</td><td rowspan="3">1. 找平层厚度、砂浆配合比
2. 粘结层厚度、材料种类
3. 面层材料品种、规格、颜色
4. 防滑条材料种类、规格
5. 勾缝材料种类
6. 防护材料种类
7. 酸洗、打蜡要求</td><td rowspan="5">m²</td><td rowspan="5">按设计图示尺寸以楼梯(包括踏步、休息平台及≤500mm的楼梯井)水平投影面积计算。楼梯与楼地面相连时,算至梯口梁内侧边沿;无梯口梁者,算至最上一层踏步边沿加300mm</td><td rowspan="3">1. 基层清理
2. 抹找平层
3. 面层铺贴、磨边
4. 贴嵌防滑条
5. 勾缝
6. 刷防护材料
7. 酸洗、打蜡
8. 材料运输</td></tr>
<tr><td>011106002</td><td>块料楼梯面层</td></tr>
<tr><td>011106003</td><td>拼碎块料面层</td></tr>
<tr><td>011106004</td><td>水泥砂浆楼梯面层</td><td>1. 找平层厚度、砂浆配合比
2. 面层厚度、砂浆配合比
3. 防滑条材料种类、规格</td><td>1. 基层清理
2. 抹找平层
3. 抹面层
4. 抹防滑条
5. 材料运输</td></tr>
<tr><td>011106005</td><td>现浇水磨石楼梯面层</td><td>1. 找平层厚度、砂浆配合比
2. 面层厚度、水泥石子浆配合比
3. 防滑条材料种类、规格
4. 石子种类、规格、颜色
5. 颜料种类、颜色
6. 磨光、酸洗打蜡要求</td><td>1. 基层清理
2. 抹找平层
3. 抹面层
4. 贴嵌防滑条
5. 磨光、酸洗、打蜡
6. 材料运输</td></tr>
</table>

续表

<table>
<tr><th>项目编码</th><th>项目名称</th><th>项目特征</th><th>计量单位</th><th>工程量计算规则</th><th>工作内容</th></tr>
<tr><td>011106006</td><td>地毯楼梯面层</td><td>1. 基层种类
2. 面层材料品种、规格、颜色
3. 防护材料种类
4. 粘结材料种类
5. 固定配件材料种类、规格</td><td rowspan="4">m^2</td><td rowspan="4">按设计图示尺寸以楼梯(包括踏步、休息平台及≤500mm的楼梯井)水平投影面积计算。楼梯与楼地面相连时,算至梯口梁内侧边沿;无梯口梁者,算至最上一层踏步边沿加300mm</td><td>1. 基层清理
2. 铺贴面层
3. 固定配件安装
4. 刷防护材料
5. 材料运输</td></tr>
<tr><td>011106007</td><td>木板楼梯面层</td><td>1. 基层材料种类、规格
2. 面层材料品种、规格、颜色
3. 粘结材料种类
4. 防护材料种类</td><td>1. 基层清理
2. 基层铺贴
3. 面层铺贴
4. 刷防护材料
5. 材料运输</td></tr>
<tr><td>011106008</td><td>橡胶板楼梯面层</td><td rowspan="2">1. 粘结层厚度、材料种类
2. 面层材料品种、规格、颜色
3. 压线条种类</td><td rowspan="2">1. 基层清理
2. 面层铺贴
3. 压缝条装钉
4. 材料运输</td></tr>
<tr><td>011106009</td><td>塑料板楼梯面层</td></tr>
</table>

二、项目名称释义

1. 石材楼梯面层

石材楼梯面层常采用大理石、花岗石块、水泥、砂、白水泥等材料,各材料的选用要求如下:

(1)大理石、花岗石块:均应为加工厂的成品,其品种、规格、质量应符合设计和施工规范要求,在铺装前应采取防护措施,防止出现污损、泛碱等现象。

(2)水泥:宜选用普通硅酸盐水泥,强度等级不小于42.5级。

(3)砂:宜选用中砂或粗砂。

(4)擦缝用白水泥、矿物颜料,清洗用草酸、蜡。

2. 块料楼梯面层

块料楼梯面层应采用质地均匀,无风化、无裂纹的岩石,其强度、规格要求如下:

(1)条石强度等级不少于MU60,形状为矩形六面体,厚度宜为80~120mm。

(2)块石强度等级不少于MU30,形状接近于棱柱体或四边形、多边形,底面为截锥体,顶面粗琢平整,底面面积不宜小于顶面面积的60%。厚度为100~150mm。

(3)块料楼梯面层其他材料选择要求如下:

1)水泥应采用硅酸盐水泥、普通硅酸盐水泥、矿渣硅酸盐水泥,强度等级不小于42.5级。

2)如要求面层为不导电面层时,面层石料应采用辉绿岩加工制成,填缝材料采用辉绿岩加工的砂。

3)砂:用于垫层、结合层和灌缝用的。砂宜用粗中砂,洁净无杂质,含泥量不大于3%。

4)水泥砂浆:如结合层用水泥砂浆,水泥砂浆由试验室出配合比。

5)沥青胶结料:(用于结合层)采用同类沥青与纤维,粉状或纤维和粉状混合的填充料配制,纤维填充料宜采用6级石棉和锯木屑,使用前应通过2.5mm筛孔的筛子,石棉含水率不大于

7%，锯木屑的含水率不大于12%。粉状填充料采用磨细的石料，砂或炉灰、粉煤灰、页岩灰和其他的粉状矿物质材料，粒径不大于0.3mm。

3. 水泥砂浆楼梯面

采用水泥砂浆制作的楼梯面，其构造和做法可参见"水泥砂浆楼地面"的相关内容。

4. 现浇水磨石楼梯面

采用水磨石现浇而成的楼梯面，其构造和材质、施工要求可参见"现浇水磨石楼地面"的相关内容。

5. 地毯楼梯面

铺设在楼梯、走廊上的地毯常有纯毛地毯、化纤地毯等，尤以化纤地毯用得较多。

6. 木板楼梯面

采用木板制作的楼梯面，其构造和做法可参见"木板楼地面"的相关内容。

7. 塑料板楼梯面层

塑料板面层是指采用塑料板材、塑料板焊接、塑料板卷材以胶粘剂在水泥类基层上采用实铺或空铺法铺设而成。

三、项目特征描述

1. 项目特征描述提示

(1)石材楼梯面层、块料楼梯面层、拼碎块料面层项目特征描述提示：

1)找平层应注明厚度、砂浆配合比，如素水泥浆一遍，20mm厚1∶3水泥砂浆。

2)粘结层应注明厚度、材料种类，如20mm厚1∶2干硬性水泥砂浆。

3)面层应注明材料品种、规格、品牌、颜色。

4)防滑条应注明材料种类、规格。

5)勾缝应注明材料种类。

6)如醋洗打蜡应注明要求，如表面草酸处理后打蜡上光。

7)在描述碎石材项目的面层材料将纪时可不用描述规格颜色。

(2)水泥砂浆楼梯面层项目特征描述提示：

1)找平层应注明厚度、砂浆配合比(如素水泥浆一遍、20mm厚1∶3水泥砂浆)。

2)面层应注明厚度、砂浆配合比。

3)如有防滑条应注明材料种类、规格，如金刚砂防滑条。

(3)现浇水磨石楼梯面层、现浇彩色水磨石楼梯面层项目特征描述提示：

1)找平层应注明厚度、配合比，如20mm厚1∶3水泥砂浆。

2)面层应注明厚度、水泥石子浆配合比。

3)若是彩色水磨石地面应注明石子种类、颜色、规格以及颜料种类，如方解石、白色。

4)防滑条应注明材料种类、规格。

5)应注明磨光、酸洗、打蜡要求。

(4)地毯楼梯面层项目特征描述提示：

1)找平层应注明材料厚度、砂浆配合比。

2)面层应注明材料品种、规格、品牌、颜色，如3mm厚带底胶丙纶地毯。

3)应注明固定配件材料种类、规格。

(5)木板楼梯面层项目特征描述提示：

1)基层应注明材料种类、规格，如15mm厚木工板。

2)面层应注明材料品种、规格、品牌、颜色。

3)防护材料应注明种类如龙骨、基层满涂防腐剂。

(6)橡胶板楼梯面层、塑料板楼梯面层项目特征描述提示：

1)应注明粘结层厚度、材料的种类。如5mm厚塑料板。

2)面层材料应注明品种、规格和颜色。

3)压线条注明种类。

2. 化纤地毯的品种规格

化纤地毯的品种规格，见表4-20。

表4-20 化纤地毯的品种规格

品 名	规 格	材质及色泽
聚丙烯切绒地毯 聚丙烯切绒地毯 聚丙烯圈绒地毯	幅宽：3m、3.6m、4m 针距：2.5mm	丙纶长丝、桂圆色 丙纶长丝、酱红色 尼龙长丝、胡桃色

四、工程量计算

【例4-12】 如图4-26所示为某石材楼梯平面图，试根据其计算规则计算石材楼梯面层工程量。

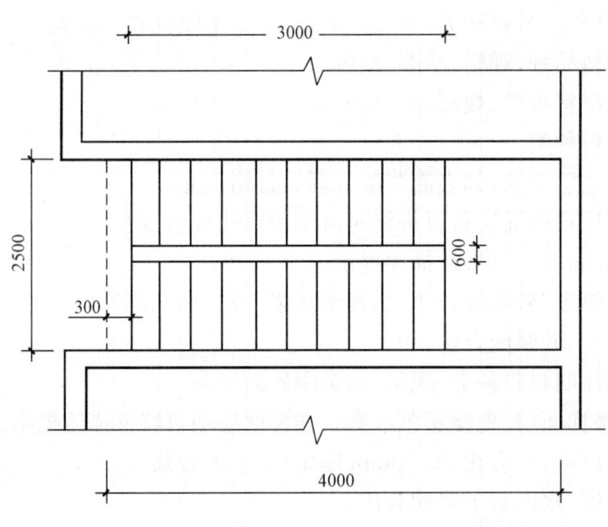

图4-26 某石材楼梯平面图

【解】 本例为楼梯装饰中的石材楼梯面层，项目编码为011106001，工程量计算如下：

计算公式：当$b>500$mm时，$S=\sum L\times B-\sum l\times b$

石材楼梯面层工程量$=4\times2.5-3\times0.6=8.2\text{m}^2$

第七节 台阶装饰

一、工程量清单项目设置及工程量计算规则

台阶装饰工程量清单项目设置及工程量计算规则见表4-21。

表4-21 台阶装饰(编码:011107)

项目编码	项目名称	项目特征	计量单位	工程量计算规则	工作内容
011107001	石材台阶面	1. 找平层厚度、砂浆配合比 2. 粘结层材料种类 3. 面层材料品种、规格、颜色 4. 勾缝材料种类 5. 防滑条材料种类、规格 6. 防护材料种类	m²	按设计图示尺寸以台阶(包括最上层踏步边沿加300mm)水平投影面积计算	1. 基层清理 2. 抹找平层 3. 面层铺贴 4. 贴嵌防滑条 5. 勾缝 6. 刷防护材料 7. 材料运输
011107002	块料台阶面				
011107003	拼碎块料台阶面				
011107004	水泥砂浆台阶面	1. 找平层厚度、砂浆配合比 2. 面层厚度、砂浆配合比 3. 防滑条材料种类			1. 基层清理 2. 抹找平层 3. 抹面层 4. 抹防滑条 5. 材料运输
011107005	现浇水磨石台阶面	1. 找平层厚度、砂浆配合比 2. 面层厚度、水泥石子浆配合比 3. 防滑条材料种类、规格 4. 石子种类、规格、颜色 5. 颜料种类、颜色 6. 磨光、酸洗、打蜡要求			1. 清理基层 2. 抹找平层 3. 抹面层 4. 贴嵌防滑条 5. 打磨、酸洗、打蜡 6. 材料运输
011107006	剁假石台阶面	1. 找平层厚度、砂浆配合比 2. 面层厚度、砂浆配合比 3. 剁假石要求			1. 清理基层 2. 抹找平层 3. 抹面层 4. 剁假石 5. 材料运输

二、项目名称释义

(1)石材台阶面。石材台阶面现在较为常用的材料是大理石和花岗石,其具有强度高,使用时间长,对各种腐蚀有良好的抗腐蚀作用等优点。大理石和花岗石台阶面的选材和构造可参见前述“石材楼地面”的相关内容。

(2)块料台阶面。块料台阶面是指用块砖做地面、台阶的面层,常需做耐腐蚀加工,用沥青砂浆铺砌而成。

(3)拼碎块料台阶面。拼碎块料台阶面是指由碎块拼贴的面层不是一个整块。

(4)水泥砂浆台阶面。水泥砂浆台阶面的构造、做法可参见"水泥砂浆楼地面"的相关内容。

(5)现浇水磨石台阶面。现浇水磨石台阶面是指用天然石料的石子,与水泥浆拌合在一起,浇抹结硬,再经磨光、打蜡而成的台阶面。其做法及材料用料要求参见"现浇水磨石楼地面"的相关内容。

(6)剁假石台阶面。剁假石是一种人造石料,制作过程是用石粉、水泥等加水拌和抹在建筑物的表面,半凝固后,用斧子剁出想经过吸凿的石头那样的纹理。

三、项目特征描述

(1)石材台阶面、块料台阶面、拼碎块料台阶面项目特征描述提示:

1)找平层应注明厚度、砂浆配合比。

2)粘结层应注明材料种类,如20mm厚1∶2干硬性水泥砂浆。

3)面层应注明材料种类、规格。

4)应注明勾缝材料种类,如水泥浆擦缝。

5)防滑条应注明材料种类、规格。

6)应注明防护材料的种类。

(2)水泥砂浆台阶面项目特征描述提示:

1)找平层应注明砂浆合比和厚度。

2)面层应注明厚度、砂浆配合比。

3)防滑条应注明材料种类。

(3)现浇水磨石台阶面、现浇彩色水磨石台阶面项目特征描述提示:

1)找平层应描述厚度和砂浆配合比。

2)面层应注明厚度,水泥石子浆配合比。

3)若为彩色水磨石地面应注明石子种类、颜色(如方解石、白色)。

4)应注明磨光、酸洗,打蜡要求。

(4)剁假石台阶面项目特征描述提示:

1)找平层应描述厚度及砂浆配合比。

2)面层应注明砂浆配合比、厚度。

3)应注明剁假石要求。

四、工程量计算

【例4-13】 如图4-27所示为某大门口花岗石台阶,试根据其计算规则计算花岗石台阶面工程量。

【解】 本例为台阶装饰中石材台阶面,项目编码为011107001,则其工程量计算如下:

计算公式:台阶装饰工程工程量=图示台阶长度×(图示台阶宽度+0.3m)

花岗石台阶面工程量=4×(0.9+0.3)=4.8m^2

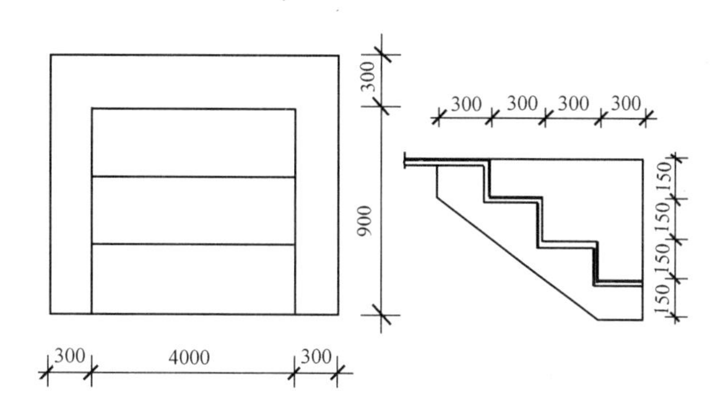

图 4-27　某大门花岗石台阶示意图

第八节　零星装饰项目

一、工程量清单项目设置及工程量计算规则

零星装饰项目工程量清单项目设置及工程量计算规则见表 4-22。

表 4-22　　零星装饰项目(编码:011108)

<table>
<tr><th>项目编码</th><th>项目名称</th><th>项目特征</th><th>计量单位</th><th>工程量计算规则</th><th>工作内容</th></tr>
<tr><td>011108001</td><td>石材零星项目</td><td rowspan="3">1. 工程部位
2. 找平层厚度、砂浆配合比
3. 贴结合层厚度、材料种类
4. 面层材料品种、规格、颜色
5. 勾缝材料种类
6. 防护材料种类
7. 酸洗、打蜡要求</td><td rowspan="4">m^2</td><td rowspan="4">按设计图示尺寸以面积计算</td><td rowspan="3">1. 清理基层
2. 抹找平层
3. 面层铺贴、磨边
4. 勾缝
5. 刷防护材料
6. 酸洗、打蜡
7. 材料运输</td></tr>
<tr><td>011108002</td><td>拼碎石材零星项目</td></tr>
<tr><td>011108003</td><td>块料零星项目</td></tr>
<tr><td>011108004</td><td>水泥砂浆零星项目</td><td>1. 工程部位
2. 找平层厚度、砂浆配合比
3. 面层厚度、砂浆厚度</td><td>1. 清理基层
2. 抹找平层
3. 抹面层
4. 材料运输</td></tr>
</table>

二、项目特征描述

(1)石材零星项目、碎拼石材零星项目及块料零星项目项目特征描述提示:

1)应注明工程部位,即楼梯台阶侧面。

2)找平层应注明厚度、砂浆配合比。

3)贴结合层应注明厚度、砂浆配合比。

4)面层材料应注明规格、颜色。

5)嵌缝应注明材料种类。

6)若面层要做酸洗打蜡和保护层,应注明酸洗打蜡要求,即表面草酸处理后打蜡上光。

7)应注明防护材料种类。

(2)水泥砂浆零星项目项目特征描述提示:

1)应注明工程部位,如阳台挡水线。

2)找平层应描述厚度、砂浆配合比。

3)面层应注明厚度、砂浆厚度。

三、工程量计算

【例 4-14】 如图 4-27 所示为某大门台阶,材质为花岗石,宽度为 300mm,台阶阶高为 150mm,试根据其计算规则计算石材零星工程量。

【解】 本例为石材零星工程中的石材零星项目,项目编码设置为 011108001,则其工程量计算如下:

计算公式:零星装饰项目工程量=设计图示实际展开面积

石材零星项目工程量=0.3×(0.9+0.3+0.15×4)×2+(0.3×3)×(0.15×4)(折合)

=1.62m^2

第五章 墙、柱面装饰与隔断、幕墙工程工程量清单计价

第一节　墙面抹灰

一、工程量清单项目设置及工程量计算规则

墙面抹灰工程量清单项目设置及工程量计算规则见表 5-1。

表 5-1　　墙面抹灰(编码:011201)

<table>
<tr><th>项目编码</th><th>项目名称</th><th>项目特征</th><th>计量单位</th><th>工程量计算规则</th><th>工作内容</th></tr>
<tr><td>011201001</td><td>墙面一般抹灰</td><td rowspan="2">1. 墙体类型
2. 底层厚度、砂浆配合比
3. 面层厚度、砂浆配合比
4. 装饰面材料种类
5. 分格缝宽度、材料种类</td><td rowspan="4">m²</td><td rowspan="4">按设计图示尺寸以面积计算。扣除墙裙、门窗洞口及单个＞0.3m² 的孔洞面积,不扣除踢脚线、挂镜线和墙与构件交接处的面积,门窗洞口和孔洞的侧壁及顶面不增加面积。附墙柱、梁、垛、烟囱侧壁并入相应的墙面面积内
(1)外墙抹灰面积按外墙垂直投影面积计算
(2)外墙裙抹灰面积按其长度乘以高度计算
(3)内墙抹灰面积按主墙间的净长乘以高度计算
1)无墙裙的,高度按室内楼地面至天棚底面计算
2)有墙裙的,高度按墙裙顶至天棚底面计算
3)有吊顶天棚抹灰,高度算至天棚底
(4)内墙裙抹灰面按内墙净长乘以高度计算</td><td rowspan="2">1. 基层清理
2. 砂浆制作、运输
3. 底层抹灰
4. 抹面层
5. 抹装饰面
6. 勾分格缝</td></tr>
<tr><td>011201002</td><td>墙面装饰抹灰</td></tr>
<tr><td>011201003</td><td>墙面勾缝</td><td>1. 勾缝类型
2. 勾缝材料种类</td><td>1. 基层清理
2. 砂浆制作、运输
3. 勾缝</td></tr>
<tr><td>011201004</td><td>立面砂浆找平层</td><td>1. 基层类型
2. 找平层砂浆厚度、配合比</td><td>1. 基层清理
2. 砂浆制作、运输
3. 抹灰找平</td></tr>
</table>

二、项目名称释义

1. 墙面一般抹灰

一般抹灰工程按质量要求分为普通抹灰和高级抹灰，主要工序如下：

普通抹灰——分层赶平、修整，表面压光。

高级抹灰——阴、阳角找方，设置标筋，分层赶平、修整，表面压光。

墙面抹灰由底层抹灰、中层抹灰和面层抹灰组成，如图 5-1 所示。

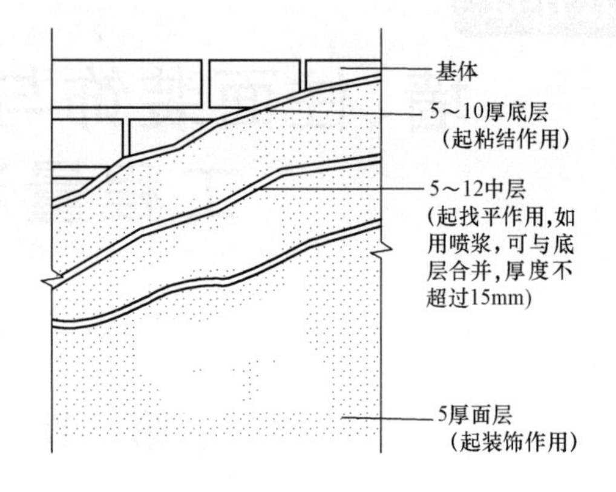

图 5-1 抹灰的构造

2. 墙面装饰抹灰

墙面装饰抹灰包括水刷石抹灰、斩假石抹灰、干粘石抹灰、假面砖墙面抹灰等。

(1)水刷石是石粒类材料饰面的传统做法，其特点是采取适当的艺术处理，如分格分色、线条凹凸等，使饰面达到自然、明快和庄重的艺术效果。水刷石一般多用于建筑物墙面、檐口、腰线、窗楣、窗套、门套、柱子、阳台、雨篷、勒脚、花台等部位。

(2)斩假石又称剁斧石，是仿制天然石料的一种建筑饰面。用不同的骨料或掺入不同的颜料，可以制成仿花岗石、玄武石、青条石等斩假石。在我国，斩假石有悠久的历史，其特点是通过细致的加工使其表面石纹逼真、规整，形态丰富，给人一种类似天然岩石的美感效果。

(3)干粘石面层粉刷，也称干撒石或干喷石。它是在水泥纸筋灰或纯水泥浆或水泥白灰砂浆粘结层的表面，用人工或机械喷枪均匀地撒喷一层石子，用钢板拍平压实。此种面层，适用于建筑物外部装饰。这种做法与水刷石比较，既节约水泥、石粒等原材料，减少湿作业，又能明显提高工作效率。

(4)假面砖饰面是近年来通过反复实践比较成功的新工艺。这种饰面操作简单，美观大方，在经济效果上低于水刷石造价的 50%，提高工作效率达 40%。它适用于各种基层墙面。假面砖饰面构造可参见图 5-2 和图 5-3，彩色砂浆的配合比见表 5-2。

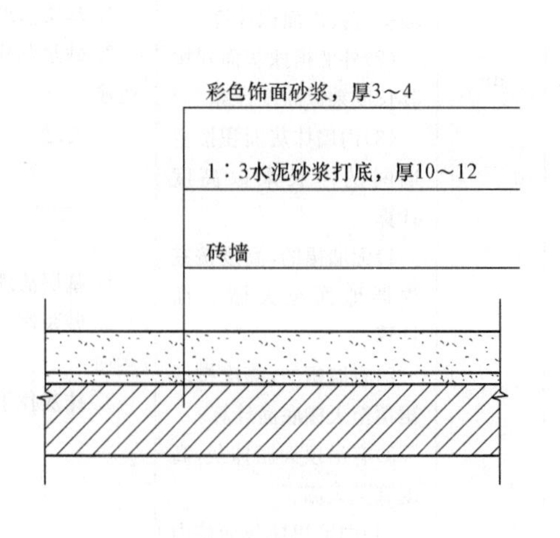

图 5-2 假面砖饰面构造(一)

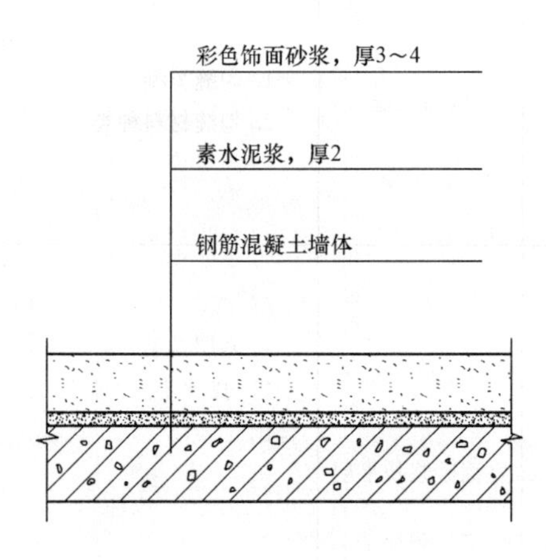

图 5-3 假面砖饰面构造(二)

表 5-2　彩色砂浆的配合比(体积比)

设计颜色	水泥	白灰	色料(按水泥量,%)	细砂
土黄色	(青)5	1	氧化铁红∶氧化铁黄＝(0.3～0.4)∶0.006	9
咖啡色	(青)5	1	氧化铁红 0.5	9
淡黄色	(白)5		铬黄 0.9	9
浅桃色	(白)5		铬黄∶红珠＝0.5∶0.4	9
淡绿色	(白)5		氧化铬绿 2	9
灰绿色	(青)5	1	氧化铬绿 2	9
白色	(白)5			9

3. 墙面勾缝

墙面勾缝的形式有平缝、平凹缝、圆凹缝、凸缝及斜缝五种,如图 5-4 所示。

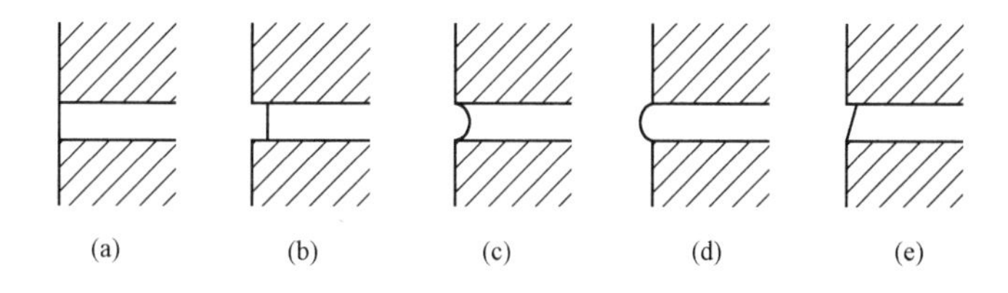

图 5-4　勾缝形式

(a)平缝;(b)平凹缝;(c)圆凹缝;(d)凸缝;(e)斜缝

(1)平缝。勾成的墙面平整,适用于外墙及内墙勾缝。

(2)凹缝。照墙面退进 2～3mm 深。凹缝又分为平凹缝和圆凹缝。圆凹缝是将灰缝压溜成一个圆形的凹槽。

(3)凸缝。凸缝是将灰缝做成圆形凸线,使线条清晰明显,墙面美观,多用于石墙。

(4)斜缝。斜缝是将水平缝中的上部勾缝砂浆压进一些,使其成为一个斜面向上的缝,多用于烟囱。

4. 立面砂浆找平层

立面砂浆找平层用于饰面基层找平,而墙面一般抹灰是墙面面层,区别在于表面的平整度、压光等工艺要求的不同。

三、项目特征描述

(1)墙面一般抹灰、墙面装饰抹灰项目特征描述提示:

1)应注明墙体类型,如砖内墙、混凝土外墙。

2)应注明底层、面层的厚度和砂浆配合比。

3)装饰面的材料应注明种类。

4)应注明分格缝的宽度和使用的分格材料,如 20mm 塑料条分格。

5)墙面抹石灰砂浆、水泥砂浆、混合砂浆、聚合物水泥砂浆、麻刀石灰浆、石膏灰浆按表 5-1 中墙面一般抹灰列项,墙面水刷石、斩假石、干粘石、假面砖等按表 5-1 中墙面装饰抹灰列项。

6)飘窗凸出外墙面增加的抹灰并入外墙工程量内。

4)有吊顶天棚的内墙面抹灰,抹至吊顶以上部分在综合单价中考虑。

(2)墙面勾缝项目特征描述提示:

1)应注明勾缝的类型,如平缝、凸缝、斜缝。

2)勾缝材料应注明种类,如 1∶5 水泥砂浆。

(3)立面砂浆找平层项目特征描述提示:

1)应注明基层的类型,如灰土基层、砂垫层或砂石垫层。

2)找平层的砂浆应注明厚度,配合比,如 30mm 厚 1∶3 水泥砂浆。

3)立面砂浆找平项目适用于仅做找平层的立面抹灰。

四、工程量计算

【例 5-1】 某墙面抹灰示意图如图 5-5 所示。外墙面抹水泥砂浆,底层为 1∶3 水泥砂浆打底 14mm 厚,面层为 1∶2 水泥砂浆抹面 6mm 厚;外墙裙水刷石,1∶3 水泥砂浆打底 12mm 厚,素水泥浆两遍,1∶2.5水泥白石子 10mm 厚(分格),挑檐水刷白石。试根据其计算规则计算外墙面抹灰工程量。

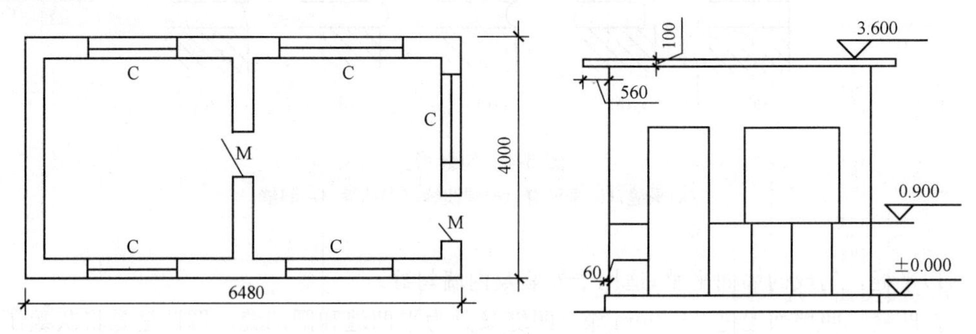

图 5-5 某墙面抹灰示意图

M:1000mm×2500mm

C:1200mm×1500mm

【解】 本例为墙面抹灰中的墙面一般抹灰,项目编码为 011201001,则其工程量计算如下:

计算公式:外墙面抹灰工程量=墙面净长×墙面净高-门窗洞口面积-0.3m² 以外孔洞面积+附墙柱、梁、垛、烟囱侧壁面积

外墙面抹灰工程量=(6.48+4.00)×2×(3.6-0.10-0.90)-1.00×(2.50-0.90)-1.20×1.50×5

=43.90m²

【例 5-2】 某工程立面示意图如图 5-5 所示,欲将外墙水泥砂浆墙面改为清水墙面水泥砂浆勾缝。试根据其计算规则计算外墙勾缝工程量。

【解】 本例为墙面勾缝工程,项目编码为 011201003,则其工程量计算如下:

墙面勾缝工程量=(6.48+0.24+4+0.24)×2×(3.6-0.1-0.9)-1.0×(2.5-0.9)-1.2×1.5×5=46.39m²

第二节 柱(梁)面抹灰

一、工程量清单项目设置及工程量计算规则

柱(梁)面抹灰工程量清单项目设置及工程量计算规则见表5-3。

表5-3 　　柱(梁)面抹灰(编码:011202)

<table>
<tr><th>项目编码</th><th>项目名称</th><th>项目特征</th><th>计量单位</th><th>工程量计算规则</th><th>工作内容</th></tr>
<tr><td>011202001</td><td>柱、梁面一般抹灰</td><td rowspan="2">1. 柱(梁)体类型
2. 底层厚度、砂浆配合比
3. 面层厚度、砂浆配合比
4. 装饰面材料种类
5. 分格缝宽度、材料种类</td><td rowspan="4">m²</td><td rowspan="3">1. 柱面抹灰:按设计图示柱断面周长乘高度以面积计算
2. 梁面抹灰:按设计图示梁断面周长乘长度以面积计算</td><td rowspan="2">1. 基层清理
2. 砂浆制作、运输
3. 底层抹灰
4. 抹面层
5. 勾分格缝</td></tr>
<tr><td>011202002</td><td>柱、梁面装饰抹灰</td></tr>
<tr><td>011202003</td><td>柱、梁面砂浆找平</td><td>1. 柱(梁)体类型
2. 找平的砂浆厚度、配合比</td><td>1. 基层清理
2. 砂浆制作、运输
3. 抹灰找平</td></tr>
<tr><td>011202004</td><td>柱面勾缝</td><td>1. 勾缝类型
2. 勾缝材料种类</td><td>按设计图示柱断面周长乘高度以面积计算</td><td>1. 基层清理
2. 砂浆制作、运输
3. 勾缝</td></tr>
</table>

二、项目名称释义

1. 柱、梁面一般抹灰

柱按材料一般分为砖柱、砖壁柱和钢筋混凝土柱,按形状又可分为方柱、圆柱、多角形柱等。柱、梁面抹灰根据柱的材料、形状、用途的不同,抹灰方法也有所不同。一般来说,室内柱一般用石灰砂浆或水泥混合砂浆抹底层、中层,麻刀石灰或纸筋石灰抹面层;室外常用水泥砂浆抹灰。

2. 柱、梁面装饰抹灰

柱、梁面装饰抹灰包括水刷石抹灰、斩假石抹灰、干粘石抹灰、假面砖柱、梁面抹灰等。其构造要求及操作方法参见本章第一节二、“2. 墙面抹灰”的内容。

3. 柱、梁面砂浆找平

柱、梁面砂浆找平用于饰面基层找平处理。

4. 柱、梁面勾缝

柱、梁面勾缝的形式有平缝、平凹缝、圆凹缝、凸缝、斜缝等种类,其构造形式参见本章第一节二、“3. 墙面勾缝”的内容。

三、项目特征描述

(1)柱、梁面一般抹灰,柱、梁面装饰抹灰,柱、梁面砂浆找平项目特征描述提示:

1)应注明柱体类型。

2)应注明各层砂浆的配合比、种类、厚度。

3)如设计要求在砂浆中加入防水剂,还应注明防水剂的种类和用量。

4)注明罩面材料,如满刮腻子,应注明腻子种类和遍数;如油漆涂料,应注明材料名称及涂刷遍数。

5)应注明分格缝的宽度和使用的分格材料。

(2)柱面勾缝项目特征描述提示:

1)石墙应注明石料类型和勾缝的类型。

2)加浆勾缝应注明砂浆种类和配合比。

四、工程量计算

【例5-3】 某单位大门采用600mm×1000mm砖柱4根,高度为2200mm,面层为水泥砂浆一般抹灰,试根据其计算规则计算柱面抹灰工程量。

【解】 本例为柱面抹灰中柱面一般抹灰,项目编码为011202001,则其工程量计算如下:

计算公式:柱面抹灰工程量=柱结构断面周长×图示抹灰高度

$$柱面抹灰工程量=(0.6+1)\times2\times2.2\times4=28.16\text{m}^2$$

第三节 零星抹灰

一、工程量清单项目设置及工程量计算规则

零星抹灰工程量清单项目设置及工程量计算规则见表5-4。

表5-4 零星抹灰(编码:011203)

项目编码	项目名称	项目特征	计量单位	工程量计算规则	工作内容
011203001	零星项目一般抹灰	1. 基层类型、部位 2. 底层厚度、砂浆配合比 3. 面层厚度、砂浆配合比 4. 装饰面材料种类 5. 分格缝宽度、材料种类	m^2	按设计图示尺寸以面积计算	1. 基层清理 2. 砂浆制作、运输 3. 底层抹灰 4. 抹面层 5. 抹装饰面 6. 勾分格缝
011203002	零星项目装饰抹灰				
011203003	零星项目砂浆找平	1. 基层类型、部位 2. 找平的砂浆厚度、配合比			1. 基层清理 2. 砂浆制作、运输 3. 抹灰找平

二、项目名称释文

1. 零星项目一般抹灰

零星项目抹灰包括墙裙、里窗台抹灰、阳台抹灰、挑檐抹灰等。

(1)墙裙、里窗台均为室内易受碰撞、易受潮湿部位。一般用1∶3水泥砂浆作底层,用1∶(2～2.5)的水泥砂浆罩面压光。其水泥强度等级不宜太高,一般选用42.5R级早强性水泥。墙

裙、里窗台抹灰是在室内墙面、天棚、地面抹灰完成后进行。其抹面一般凸出墙面抹灰层5～7mm。

(2)阳台抹灰是室外装饰的重要部分，要求各个阳台上下成垂直线，左右成水平线，进出一致，各个细部划一，颜色一致。抹灰前要注意清理基层，把混凝土基层清扫干净并用水冲洗，用钢丝刷子将基层刷到露出混凝土新槎。

(3)挑檐是指天沟、遮阳板、雨篷等挑出墙面用作挡雨、避阳的结构物。

2. 零星项目装饰抹灰

零星项目装饰抹灰包括墙裙、里窗台、阳台及挑檐等处进行的装饰抹灰项目。

挑檐抹灰的构造如图5-6所示。

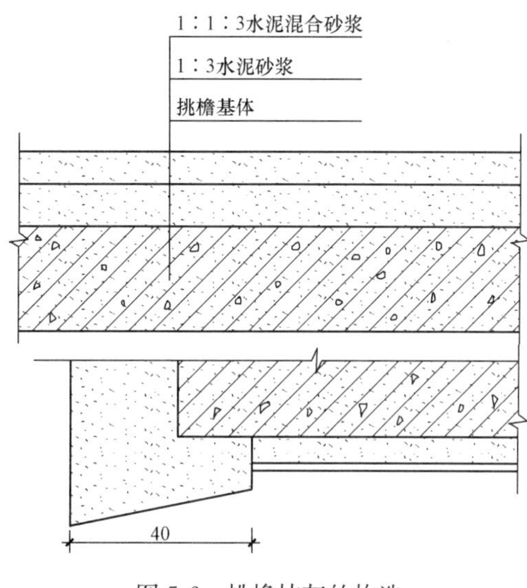

图5-6　挑檐抹灰的构造

3. 零星项目砂浆找平

零星项目砂浆找平适用于少量分散的饰面找平处理。

三、项目特征描述

(1)零星项目一般抹灰、零星项目装饰抹灰项目特征描述提示：

1)应注明基层的类型、部位。如墙裙使用灰土垫层。

2)应注明底层和面层的厚度及砂浆配合比。

3)应注明装饰面的材料种类。如陶瓷砖。

4)应注明分格缝的宽度和使用的分格材料，如20mm塑料条分格。

5)零星项目抹石灰砂浆、水泥砂浆、混合砂浆、聚合物水泥砂浆、麻刀石灰浆、石膏灰浆等按表5-4中零星项目一般抹灰编码列项，水刷石、斩假石、干粘石、假面砖等按表5-4中零星项目装饰抹灰编码列项。

6)墙、柱(梁)面≤0.5m^2的少量分散的抹灰应按表5-1中零星抹灰项目编码列项。

(2)零星项目砂浆找平项目特征描述提示：

1)应注明基层的类型、部位。

2)应注明找平的砂浆厚度、配合比。如20mm的1∶5水泥砂浆。

四、工程量计算

【例5-4】 如图5-7所示为雨篷示意图，试根据其计算规则计算雨篷周边水泥砂浆抹灰工程量。

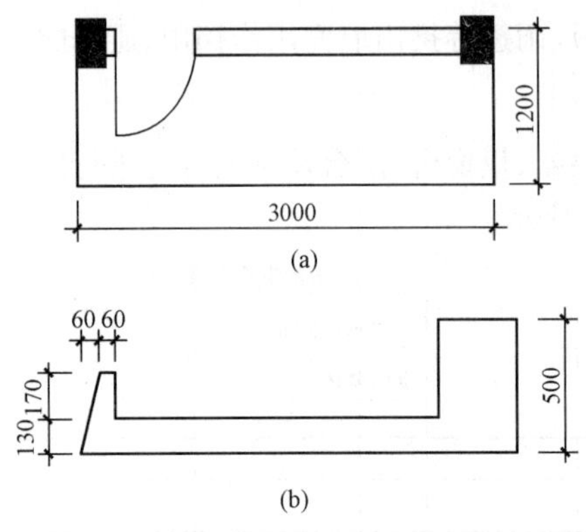

图5-7 雨篷示意图
(a)平面图;(b)剖面图

【解】 本例为零星抹灰中零星项目一般抹灰，项目编码为011203001，则其工程量计算如下：

计算公式：零星抹灰工程量＝图示长度×展开宽度

$$零星抹灰工程量=[\sqrt{0.06^2+(0.13+0.17)^2}+0.06]\times(1.20\times2+3)$$
$$=1.98m^2$$

第四节 墙面块料面层

一、工程量清单项目设置及工程量计算规则

墙面块料面层工程量清单项目设置及工程量计算规则见表5-5。

表5-5 **墙面块料面层(编码:011204)**

项目编码	项目名称	项目特征	计量单位	工程量计算规则	工作内容
011204001	石材墙面	1. 墙体类型 2. 安装方式 3. 面层材料品种、规格、颜色 4. 缝宽、嵌缝材料种类 5. 防护材料种类 6. 磨光、酸洗、打蜡要求	m^2	按镶贴表面积计算	1. 基层清理 2. 砂浆制作、运输 3. 粘结层铺贴 4. 面层安装 5. 嵌缝 6. 刷防护材料 7. 磨光、酸洗、打蜡
011204002	碎拼石材墙面				
011204003	块料墙面				
011204004	干挂石材钢骨架	1. 骨架种类、规格 2. 防锈漆品种遍数	t	按设计图示以质量计算	1. 骨架制作、运输、安装 2. 刷漆

二、项目名称释义

1. 石材墙面

石材墙面镶贴块料常用的材料有天然大理石饰面板、花岗石饰面板、人造石饰面材料等。

(1)大理石饰面板。大理石是一种变质岩,是由石灰岩变质而成,颜色有纯黑、纯白、纯灰等色泽和各种混杂花纹色彩。

(2)花岗石饰面板。花岗石是各类岩浆岩的统称,如花岗石、安山岩、辉绿岩、辉长岩等。

(3)人造石饰面板。人造石饰面材料是用天然大理石、花岗石之碎石、石屑、石粉为填充材料,由不饱和聚酯树脂为胶粘剂(也可用水泥为胶粘剂),经搅拌成形、研磨、抛光而制成。其中常用的是树脂型人造大理石和预制水磨石饰面板。树脂型人造大理石采用不饱和聚酯为胶粘剂,与石英砂、大理石、方解石粉等搅拌混合,浅铸成形固化,经脱模、烘干、抛光等工艺制成。

2. 拼碎石材墙面

碎拼石材墙面是指使用裁切石材剩下的边角余料经过分类加工作为填充材料,由不饱和树脂(或水泥)为胶粘剂,经搅拌成型、研磨、抛光等工序组合而成的墙面装饰项目。常见碎拼石材墙面一般为碎拼大理石墙面。

在生产大理石光面和镜面饰面板材时,裁剪的边角余料经过适当的分类加工后可用以制作碎拼大理石墙面、地面等,使建筑饰面丰富多彩。

大理石边角余料按其形状不同可分为三种:

(1)非规格块料:长方形或正方形,尺寸不一,每边均切割整齐,使用时大小搭配,镶拼粘贴于墙面。

(2)水裂状块料:成几何形状多边形,大小不一,每边均切割整齐,使用时搭配成图案,镶拼粘贴于墙面。

(3)毛边碎块料:不定型的碎块,使用时大小搭配,颜色搭配,镶拼粘贴于墙面。

以上三种类型的大理石碎块的板面均应是光面或镜面的,其厚度不超过20mm,最大边长≤30cm。

3. 块料墙面

块料墙面包括釉面砖墙面、陶瓷锦砖墙面等。

(1)釉面砖又可称为瓷砖、瓷片,是一种薄型精陶制品,多用于建筑内墙面装饰。

(2)陶瓷锦砖是用于装饰与保护建筑物地面及墙面的由多块小砖拼贴成联的陶瓷砖。其按表面性质分为有釉和无釉两种,按砖联可分为单色、混色和拼花,有正方形、长方形和其他形状。

4. 干挂石材钢骨架

干挂石材是采用金属挂件将石材饰面直接悬挂在主体结构上,形成一种完整的围护结构体系。钢骨架常采用型钢龙骨、轻钢龙骨、铝合金龙骨等材料。常用干挂石材钢骨架的连接方式有两种:第一种是角钢在槽钢的外侧,这种连接方式成本较高,占用空间较大,适合室外使用;第二种是角钢在槽钢的内侧,这种连接方式成本较低,占用空间小,适合室内使用。

三、项目特征描述

1. 项目特征描述提示

(1)石材墙面、拼碎石材墙面、块料面层项目特征描述提示:

1)应注明墙体类型,如砖墙。

2)应注明石材安装方式,如砂浆或粘结剂粘贴、挂贴、化学螺栓或普通螺栓,型钢骨架干挂应注明型钢规格间距。如果有多种规格间距可表述为按设计图号及大样编码。

3)应注明面层材料的品种、规格。在描述碎块项目的面层材料特征时可不用描述规格、颜色。

4)应注明缝宽及其嵌缝材料。

5)应描述防护材料的种类。

6)应注明磨光、酸洗、打蜡要求,即表面擦净、抛光。

(2)碎拼石材墙面、块料墙面项目特征描述提示:

1)应注明找平层和结合层砂浆种类及厚度。

2)如设计要求在砂浆中加入防水剂,还应注明防水剂的种类和用量。

(3)干挂石材钢骨架项目特征描述提示:

1)应注明骨架的种类规格。

2)应注明防护材料种类和遍数。

2. 釉面砖种类与特点

釉面砖的种类与特点见表5-6。

表5-6 釉面砖的种类和特点

种类		特点
白色釉面砖		色纯白,釉面光亮,镶于墙面,清洁大方
彩色釉面砖	有光彩色	釉面光亮晶莹,色彩丰富雅致
	无光彩色	釉面半无光,不显眼,色泽一致,色调柔和
装饰釉面砖	花釉砖	是在同一砖上,施以多种彩釉,经高温烧成。色釉互相渗透,花纹千姿百态,有良好装饰效果
	结晶釉砖	晶花辉映,纹理多姿
	斑纹釉砖	斑纹釉面,丰富多彩
	大理石釉砖	具有天然大理石花纹,颜色丰富,美观大方
图案砖	白地图案砖	在白色釉面砖上装饰各种彩色图案,经高温烧成。纹样清晰,色彩明朗,清洁优美
	色地图案砖	在有光或无光彩色釉面砖上,装饰各种图案,经高温烧成。产生浮雕、缎光、绒毛、彩漆等效果。做内墙饰面,别具风格
瓷砖画及色釉陶瓷字	瓷砖画	以各种釉面砖拼成各种瓷砖画,或根据已有画稿烧制釉面砖拼装成各种瓷砖画,清洁优美
	色釉陶瓷字	以各种彩釉、瓷土烧制而成,色彩丰富,光亮美观,永不褪色

3. 外墙面砖种类与规格

外墙面砖的种类规格见表5-7。

表 5-7　　外墙面砖的种类规格　　mm

名　　称	一般规格	说　　明
表面无釉外墙面砖（又称墙面砖）	200×100×12 150×75×12	有白、浅黄、深黄、红、绿等色
表面有釉外墙面砖（又称彩釉砖）	75×75×8 108×108×8	有粉红、蓝、绿、金砂釉、黄白等色
线　　砖	100×100×150 100×100×10	表面有突起线纹，有釉并有黄绿等色
外墙立体面砖（又称立体彩釉砖）	100×100×10	表面有釉，做成各种立体图案

四、工程量计算

【例 5-5】 某变电室，外墙面尺寸如图 5-8 所示，M：1500mm×2000mm；C—1：1500mm×1500mm；C—2：1200mm×800mm；门窗侧面宽度 100mm，外墙水泥砂浆粘贴规格 194mm×94mm 瓷质外墙砖，灰缝 5mm，试根据其计算规则计算其工程量。

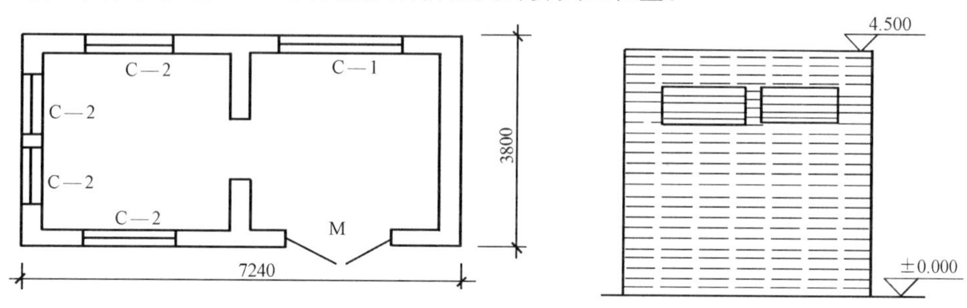

图 5-8　某变电室外墙面尺寸

【解】 本例为块料墙面工程，项目编码为 011204003，其工程量按镶贴表面积计算，则其工程量计算如下：

工程量$=(7.24+3.80)\times2\times4.50-(1.50\times2.00)-(1.50\times1.50)-(1.20\times0.80)\times4+[2.00\times2+1.50\times3+(1.2+0.8\times2)\times4]\times0.10$

$=92.24\text{m}^2$

【例 5-6】 如图 5-9 所示为某单位大厅墙面示意图，墙面长度为 4m，高度为 3m，其中，角钢为 L 40×4，高度方向布置 8 根，长度方向布置 8 根，试根据其计算规则计算墙面镶贴块料工程量。

【解】 本例为墙面镶贴块料中石材墙面，项目编码为 011204001，则其工程量计算如下：

计算公式：墙面镶贴块料面层工程量＝图示设计净长×图示设计净高

干挂石材钢骨架工程量＝图示设计规格的型材×相应型材线质量

(1)白麻花岗石工程量$=(3-0.18\times3-0.2-0.02\times3)\times4=8.8\text{m}^2$

(2)灰麻花岗石工程量$=(0.2+0.18+0.04\times3)\times4=2\text{m}^2$

(3)黑金砂石材墙面工程量$=0.18\times2\times4=1.44\text{m}^2$

(4)干挂石材钢骨架工程量$=(4\times8+3\times8)\times2.422\times10^{-3}=0.136\text{t}$

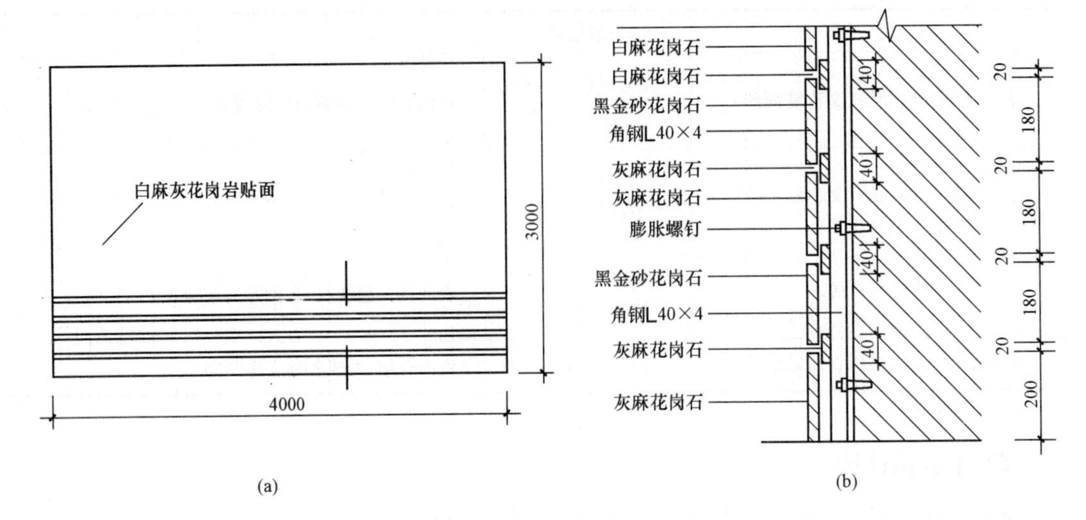

图5-9 某单位大厅墙面示意图

(a)平面图;(b)剖面图

第五节 柱(梁)面镶贴块料

一、工程量清单项目设置及工称量计算规则

柱(梁)面镶贴块料工程量清单项目设置及工程量计算规则见表5-8。

表5-8 柱(梁)面镶贴块料

项目编码	项目名称	项目特征	计量单位	工程量计算规则	工作内容
011205001	石材柱面	1. 柱截面类型、尺寸 2. 安装方式 3. 面层材料品种、规格、颜色 4. 缝宽、嵌缝材料种类 5. 防护材料种类 6. 磨光、酸洗、打蜡要求	m²	按镶贴表面积计算	1. 基层清理 2. 砂浆制作、运输 3. 粘结层铺贴 4. 面层安装 5. 嵌缝 6. 刷防护材料 7. 磨光、酸洗、打蜡
011205002	块料柱面				
011205003	拼碎块柱面				
011205004	石材梁面	1. 安装方式 2. 面层材料品种、规格、颜色 3. 缝宽、嵌缝材料种类 4. 防护材料种类 5. 磨光、酸洗、打蜡要求			
011205005	块料梁面				

二、项目名称释义

(1)石材柱面。石材柱面的构造做法与石材墙面基本相同,常用的石材柱面的镶贴块料有天然大理石、花岗石、人造石等。

(2)块料柱面。块料柱面的构造要求及施工方法与块料墙面基本相同,常见的块料柱面有釉面砖柱面、陶瓷锦砖柱面等。

(3)碎拼石材柱面。碎拼石材柱面的构造做法与碎拼石材墙面基本相同,常见的碎拼石材柱面一般为碎拼大理石柱面。

(4)石材梁面。石材梁面的构造要求与做法与石材墙面基本相同,石材梁面的灌缝应饱满,嵌缝应严密,且应选用平整、方正、未出现碰损、污染现象的石材。

(5)块料梁面。块料梁面的构造要求及做法与块料墙面基本相同。块料梁面选料时应剔除色纹、暗缝、隐伤的板材,加工孔洞、开槽时应仔细操作。

三、项目特征描述

(1)石材柱面、块料柱面、拼碎块柱面项目特征描述提示:

1)应注明柱截面的类型、尺寸。如方形柱 700mm×700mm。

2)应注明安装方式,如砂浆粘结、挂贴。

3)应注明面层材料的品种、规格、颜色。如 600mm×600mm 芝麻白花岩石。在描述碎块项目的面层材料特征时可不用描述规格、颜色。

4)应注明缝宽、嵌缝材料的种类。如白水泥浆勾缝。

5)应注明防护材料的种类。

6)应注明磨光、酸洗、打蜡的要求。

(2)石材梁面、块料梁面项目特征描述提示:

1)应注明安装方式,如化学螺栓型网骨架干挂。

2)应注明面层材料的品种、规格、颜色。如 300mm×300mm 大理石釉面砖。

3)应注明缝宽、嵌缝材料的种类。如 10mm 白水泥浆勾缝。

4)应注明防护材料的种类。

5)应注明磨光、酸洗、打蜡的要求。

四、工程量计算

【例 5-7】 某单位大厅、柱长 1200mm,柱宽 1100mm,柱高 3100mm 的干挂石材柱面,试根据其计算规则计算干挂石材柱面工程量。

【解】 本例为柱面镶贴块料中石材柱面,项目编码为 011205001,则其工程量计算如下:

计算公式:柱面镶贴块料面层工程量=柱面周长×柱高

$$干挂石材柱面工程量=(1.2+1.1)\times2\times3.1=14.26m^2$$

第六节　镶贴零星块料

一、工程量清单项目设置及工程量计算规则

镶贴零星块料工程量清单项目设置及工程量计算规则见表 5-9。

表 5-9 镶贴零星块料(编码:011206)

项目编码	项目名称	项目特征	计量单位	工程量计算规则	工作内容
011206001	石材零星项目	1. 基层类型、部位 2. 安装方式 3. 面层材料品种、规格、颜色 4. 缝宽、嵌缝材料种类 5. 防护材料种类 6. 磨光、酸洗、打蜡要求	m^2	按镶贴表面积计算	1. 基层清理 2. 砂浆制作、运输 3. 面层安装 4. 嵌缝 5. 刷防护材料 6. 磨光、酸洗、打蜡
011206002	块料零星项目				
011206003	拼碎块零星项目				

二、项目名称释义

(1)石材零星项目。石材零星是指小面积(0.5m^2)以内少量分散的石材零星面层项目。

(2)块料零星项目。块料零星项目是指小面积(0.5m^2)以内少量分散的釉面砖面层、陶瓷锦砖面层等项目。

(3)拼碎石材零星项目。拼碎石材零星项目是指小面积(0.5m^2)以内的少量分散拼碎石材面层项目。

三、项目特征描述

石材、块料、拼碎块零星项目项目特征描述提示:

(1)应注明基层类型、部位。

(2)应注明石材安装方式,如砂浆(粘结剂)粘贴、挂贴、化学螺栓(普通螺栓)型钢骨架干挂、化学螺栓(普通螺栓)干挂。

(3)应注明面层材料品种、规格,如 200mm×200mm 非网纹大理石。

(4)应注明缝宽及其嵌缝材料种类。

(5)应注明防护材料种类。

(6)应注明磨光、酸洗、打蜡要求,如清洁表面。

四、工程量计算

【例 5-8】 某单位大门砖柱 4 根,砖柱块料面层设计尺寸如图 5-10 所示,面层水泥砂浆贴玻璃马赛克,试根据其计算规则计算压顶及柱脚工程量。

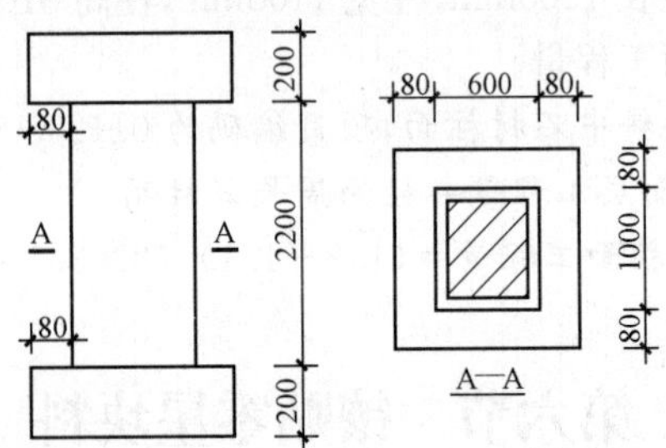

图 5-10 某大门砖柱块料面层尺寸

【解】 本例为块料零星项目,项目编码为 011206002,则其工程量计算如下:

计算公式：块料零星项目工程量＝按设计图示尺寸展开面积计算

压顶及柱脚工程量＝[(0.76＋1.16)×2×0.2＋(0.68＋1.08)×2×0.08]×2×4＝8.40m²

第七节　墙饰面

一、工程量清单项目设置及工程量计算规则

墙饰面工程量清单项目设置及工程量计算规则见表5-10。

表5-10　墙饰面(编码：011207)

项目编码	项目名称	项目特征	计量单位	工程量计算规则	工作内容
011207001	墙面装饰板	1. 龙骨材料种类、规格、中距 2. 隔离层材料种类、规格 3. 基层材料种类、规格 4. 面层材料品种、规格、颜色 5. 压条材料种类、规格	m²	按设计图示墙净长乘以净高以面积计算。扣除门窗洞口及单个＞0.3m²的孔洞所占面积	1. 基层清理 2. 龙骨制作、运输、安装 3. 钉隔离层 4. 基层铺钉 5. 面层铺贴
011207002	墙面装饰浮雕	1. 基层类型 2. 浮雕材料种类 3. 浮雕样式		按设计图示尺寸以面积计算	1. 基层清理 2. 材料制作、运输 3. 安装成型

二、项目名称释义

1. 墙面装饰板

常用的墙面装饰板有金属饰面板、塑料饰面板及镜面玻璃装饰板等。

(1)金属饰面板。常用金属饰面板的产品品种及规格可参见表5-11。

表5-11　常用金属饰面板产品品种及规格

名　　称	说　　明
彩色涂层钢板	多以热轧钢板和镀锌钢板为原板，表面层压聚氯乙烯或聚丙烯酸酯、环氧树脂、醇酸树脂等薄膜，亦可涂覆有机、无机或复合涂料。可用于墙面、屋面板等。 厚度有0.35mm、0.4mm、0.5mm、0.6mm、0.7mm、0.8mm、0.9mm、1.0mm、1.5mm和2.0mm；长度有1800mm、2000mm；宽度有450mm、500mm和1000mm
彩色不锈钢板	在不锈钢板上进行技术和艺术加工，使其具有多种色彩的不锈钢板，其特点：能耐200℃的温度；耐盐雾腐蚀性优于一般不锈钢板；弯曲90°彩色层不损坏；彩色层经久不褪色。适用于高级建筑墙面装饰。 厚度有0.2mm、0.3mm、0.4mm、0.5mm、0.6mm、0.7mm和0.8mm；长度有1000～2000mm；宽度有500～1000mm

续表

名　称	说　明
镜面不锈钢板	用不锈钢板经特殊抛光处理而成。用于高级公用建筑墙面、柱面及门厅装饰。其规格尺寸(mm×mm):400×400、500×500、600×600、600×1200,厚度为0.3×0.6(mm×mm)
铝合金板	产品有:铝合金花纹板、铝质浅花纹板、铝及铝合金波纹板、铝及铝合金压型板、铝合金装饰板等
塑铝板	塑铝板是以铝合金片与聚乙烯复合材复合加工而成。可分为镜面塑铝板、镜纹塑铝板和非镜面塑铝板三种

(2)塑料饰面板。常用塑料饰面板的产品品种、规格及特性见表5-12。

表5-12　塑料装饰板的产品品种、规格及特性

产品名称	说　明	特　性	规格/(mm×mm×mm)
塑料镜面板	塑料镜面板是由聚丙烯树脂,以大型塑料注射机、真空成型设备等加工而成。表面经特殊工艺,喷镀成金、银镜面效果	该板无毒、无味,可弯曲,质轻,耐化学腐蚀,有金、银等色。表面光亮如镜潋滟明快,富丽堂皇	(1~2)×1000×1830
塑料彩绘板	塑料彩绘板系以PS(聚苯乙烯)或SAN(苯乙烯-丙烯腈)经加工压制而成。表面特殊工艺印刷成各种彩绘图案	该板无毒无味,图案美观,颜色鲜艳,强度高,韧性好,耐化学腐蚀,有激光效果	3×1000×1830
塑料晶晶板	塑料晶晶板系以PS或SAN树脂通过设备压制加工而成	该板无毒、无味,强度高,硬度高,韧性好,透光不透影,有激光效果,耐化学腐蚀	(3~8)×1200×1830
塑料晶晶彩绘板	以PS或SAN树脂通过高级设备压制加工而成,表面经特殊工艺,印有各种彩绘图案	图案美观,色彩鲜艳,无毒无味,强度高,硬度高,韧性好,透光不透影,有激光效果,耐化学腐蚀	3×1000×1830

(3)镜面玻璃装饰板。建筑内墙装修所用的镜面玻璃有白色、茶色两种。在构造、材质上,与一般玻璃镜均有所不同,它是以高级浮法平板玻璃,经镀银、镀铜、镀漆等特殊工艺加工而成;与一般镀银玻璃镜、真空镀铝玻璃镜相比,具有镜面尺寸大、成像清晰逼真、抗盐雾及抗热性能好、使用寿命长等特点。

镜面及装饰玻璃的规格与性能见表5-13。

表 5-13 镜面及装饰玻璃的规格及性能

品 名	规格/(mm×mm×mm)	性 能
压花玻璃(一种一面或两面有凹凸花纹的半透明装饰玻璃)	(600,700,800)×400×3 800×(600,700)×3 900×(300,400,500,600,700,750,800,900,1000,1100,1200,1600,1800)×3 900×(1200,1600,1800)×5	抗拉强度:60.0MPa; 抗压强度:70.0MPa; 抗弯强度:40.0MPa; 透光率:60%~70%; 弯曲度:0.3%
压花真空镀铝玻璃	900×600×3	—
立体感压花玻璃	1200×600×5	—
彩色膜压花玻璃	900×600×3	—
磨花玻璃	1200×(600,650)×(3,4,5) (800,900)×600×3	—
磨砂玻璃(又称毛玻璃、暗玻璃)	900×600×3 2000×800×(3,5,6) 2000×1800×6 2200×1000×6	透光不透明,光线通过玻璃后成漫射,消除了眩光,不刺激目力
退火釉面玻璃	长度:150~1000; 宽度:150~800; 厚度:5~6; 色泽:红、绿、黄、黑、灰等各种色调; 型号:普通、异型、特异型	比宽度:2.5g/cm^3; 抗弯强度:45.0MPa; 抗拉强度:45.0MPa; 线膨胀系数:(8.4~9.0)×10^{-8}℃
钢化釉面玻璃		比宽度:2.5g/cm^3; 抗弯强度:25.0MPa; 抗拉强度:23.0MPa; 线膨胀系数:(8.4~9.0)×10^{-8}℃
蓝色镜面玻璃	2000×1000×5 2200×2000×(3,5,6)	可见光透光率:70%以上; 太阳辐射透光率:70%以下
茶色镜面玻璃	2000×1000×5 2200×2000×(3,5,6)	可见光透光率:50%左右; 太阳辐射透光率:75%以下
刻画艺术玻璃	按要求加工	经深雕浅刻、磨铲抛光,呈有层次的画面玻璃,成为随光线变化而变幻的装饰艺术品
彩色镜面玻璃	2600×1200×(3,5) 花色品种多样,规格可生在此范围内任选	反射率:30%~60%。 化学稳定性:在5%HCl和5%NaOH溶液中浸泡24h,镀层的性能无明显变化。 耐擦洗性:用软纤维或动物毛刷擦洗无明显变化。 耐急冷急热性:在-40℃~+50℃温度间急冷急热,镀层无明显变化

续表

品　名	规格/(mm×mm×mm)	性　能
喷化玻璃	2100×1200×(3,5) 1500×(1000,2000)×5 2200×1000×6 2500×1800×(5～10)	—
彩色压花玻璃	760×600×3 900×870×3	有黄、绿、蓝、紫等各种色
彩色玻璃	100×650×3 1300×660×5	有红、黄、茶各色,有透明和不透明两种
浮法玻璃	1200×1500×3(茶玻) 2000×1500×5(茶玻) 2200×1500×5(茶玻) 2400×1300×5(茶玻) 2000×1500×10(茶玻) 2000×1500×5(白玻) 1200×800×3(压花)	—
平板玻璃	1500×1000×5(茶玻) 1400×1000×5(茶玻) 1300×1000×5(茶玻) 1400×1500×5(压花)	—

2. 墙面装饰浮雕

墙面装饰浮雕是指在墙面上雕刻出物像浮凸的一种雕塑形式。浮雕依附于建筑墙面,且其使用范围、表现手法、应用材料越来越多样化、越来越广泛。墙面装饰浮雕的设计应考虑建筑的风格、功能和地理位置。

三、项目特征描述

(1)墙面装饰板项目特征描述提示:

1)应注明龙骨材料种类、规格和中距。

2)隔离层应注明材料种类、规格。

3)应注明基层材料种类、规格。

4)应注明面层材料品种、规格、颜色。如白色水泥砂浆面层。

5)压条应注明材料种类、规格。

(2)墙面装饰浮雕项目特征描述提示:

1)应注明基层类型。如1∶5灰土垫层。

2)应注明浮雕材料种类、样式。

四、工程量计算

【例5-9】 某工程,墙面为50mm×1000mm的塑料板,木龙骨(成品)40mm×30mm,间距为

40mm，基层为中密度板，面层为天花榉木夹板。试根据其计算规则计算墙面饰面工程量。

【解】 本例为墙饰面工程，项目编码为011207001，则其工程量计算如下：

墙面饰面工程量＝设计图示墙净长×设计图示净高－门窗洞口－孔洞（单个0.3m^2以上）

$$墙面饰面工程量＝0.5×1.0＝0.5m^2$$

【例5-10】 某公园景墙长3m，高2.8m，宽0.4m，正面采用砂岩浮雕设计，成品尺寸为2500mm×2200mm，试计算其工程量。

【解】 本例为墙面装饰浮雕工程，项目编码为011207002，其工程量按设计图示尺寸以面积计算，则其工程量计算如下：

$$墙面装饰浮雕工程量＝2.5×2.2＝5.50m^2$$

第八节　柱（梁）饰面

一、工程量清单项目设置及工程量计算规则

柱（梁）饰面工程量清单项目设置及工程量计算规则见表5-14。

表5-14　　柱（梁）饰面

项目编码	项目名称	项目特征	计量单位	工程量计算规则	工作内容
011208001	柱（梁）面装饰	1. 龙骨材料种类、规格、中距 2. 隔离层材料种类 3. 基层材料种类、规格 4. 面层材料品种、规格、颜色 5. 压条材料种类、规格	m^2	按设计图示饰面外围尺寸以面积计算。柱帽、柱墩并入相应柱饰面工程量内	1. 清理基层 2. 龙骨制作、运输、安装 3. 钉隔离层 4. 基层铺钉 5. 面层铺贴
011208002	成品装饰柱	1. 柱截面、高度尺寸 2. 柱材质	1. 根 2. m	1. 以根计量，按设计数量计算 2. 以m计量，按设计长度计算	柱运输、固定、安装

二、项目名称释义

柱（梁）面装饰的构造及做法与墙饰面相同，其所用材料要参见本章第七节“墙饰面”的相关内容。

成品装饰柱由柱头、柱体、柱基等部分组成。成品装饰柱除具有承受重量，还有美化装饰作用。它和墙面、屋顶及室内外其他设计构成一个整体，例如GRC成品装饰柱。

三、项目特征描述

（1）柱（梁）面装饰项目特征描述提示：

1）应注明龙骨材料的种类、规格、中距。

2）应注明隔离层材料种类。

3）应注明基层材料种类、规格。如木工板10mm厚。

4)应列出面层材料品种、规格、颜色。如胡桃木3mm厚。

5)应描述压条材料种类、规格。

(2)成品装饰柱项目特征描述提示:应注明柱截面、材质、高度尺寸。

四、工程量计算

【例5-11】 如图5-10所示为某大厅砖柱,砖柱面为面层水泥砂浆贴玻璃马赛克。试根据其计算规则计算柱面贴块料工程量。

【解】 本例为柱(梁)饰面工程中柱(梁)面装饰,项目编码为011208001,则其工程量计算如下:

计算公式:柱饰面工程量=图示柱外围周长尺寸×图示设计高度

$$柱面贴块料工程量=(0.6+1)\times 2\times 2.2=7.04m^2$$

$$柱面总工程量=(0.6+1.0)\times 2\times 2.2\times 4=28.16m^2$$

第九节 幕墙工程

一、工程量清单项目设置及工程量计算规则

幕墙工程工程量清单项目设置及工程量计算规则见表5-15。

表5-15 幕墙工程(编码:011209)

项目编码	项目名称	项目特征	计量单位	工程量计算规则	工作内容
011209001	带骨架幕墙	1. 骨架材料种类、规格、中距 2. 面层材料品种、规格、颜色 3. 面层固定方式 4. 隔离带、框边封闭材料品种、规格 5. 嵌缝、塞口材料种类	m^2	按设计图示框外围尺寸以面积计算。与幕墙同种材质的窗所占面积不扣除	1. 骨架制作、运输、安装 2. 面层安装 3. 隔离带、框边封闭 4. 嵌缝、塞口 5. 清洗
011209002	全玻(无框玻璃)幕墙	1. 玻璃品种、规格、颜色 2. 粘结塞口材料种类 3. 固定方式		按设计图示尺寸以面积计算。带肋全玻幕墙按展开面积计算	1. 幕墙安装 2. 嵌缝、塞口 3. 清洗

二、项目名称释义

1. 带骨架幕墙

带骨架幕墙包括玻璃幕墙、金属板幕墙和石材幕墙等。

(1)玻璃幕墙。

1)全隐框玻璃幕墙。全隐框玻璃幕墙的构造是在铝合金构件组成的框格上固定玻璃框,玻璃框的上框挂在铝合金整个框格体系的横梁上,其余三边分别用不同方法固定在立柱及横梁上(图5-11)。

2)半隐框玻璃幕墙。

①竖隐横不隐玻璃幕墙。这种玻璃幕墙只有立柱隐在玻璃后面,玻璃安放在横梁的玻璃镶嵌槽内,镶嵌槽外加盖铝合金压板,盖在玻璃外面(图5-12)。

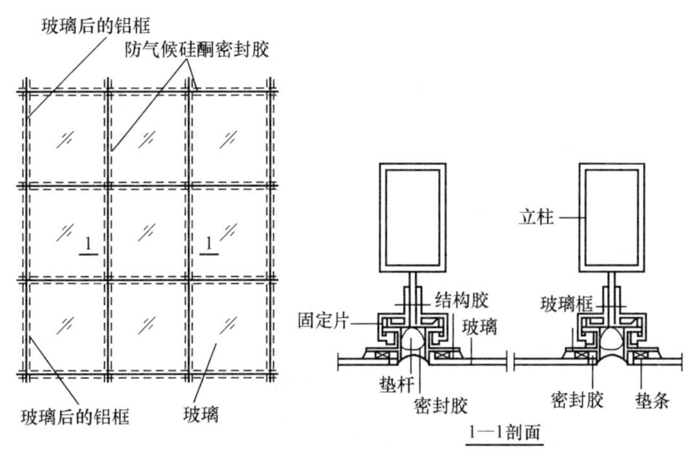

图 5-11 全隐框玻璃幕墙的构造

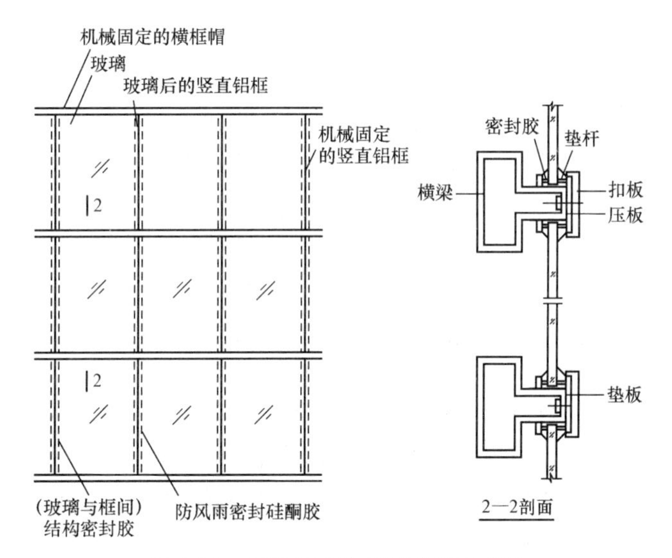

图 5-12 竖隐横不隐玻璃幕墙的构造

②横隐竖不隐玻璃幕墙。竖边用铝合金压板固定在立柱的玻璃镶嵌槽内，形成从上到下整片玻璃由立柱压板分隔成长条形画面(图 5-13)。

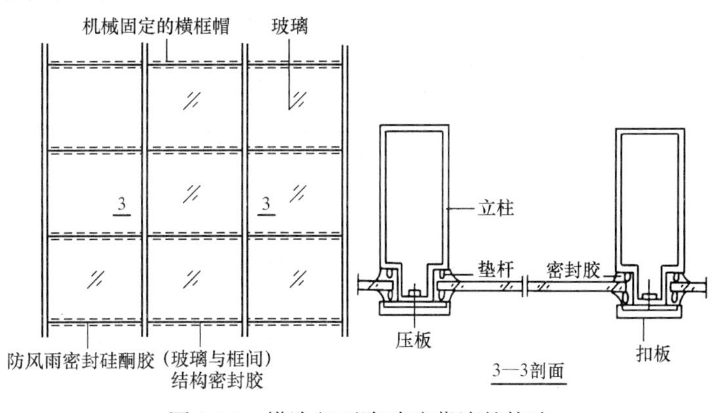

图 5-13 横隐竖不隐玻璃幕墙的构造

3)挂架式玻璃幕墙。挂架式玻璃幕墙的构造如图5-14所示。

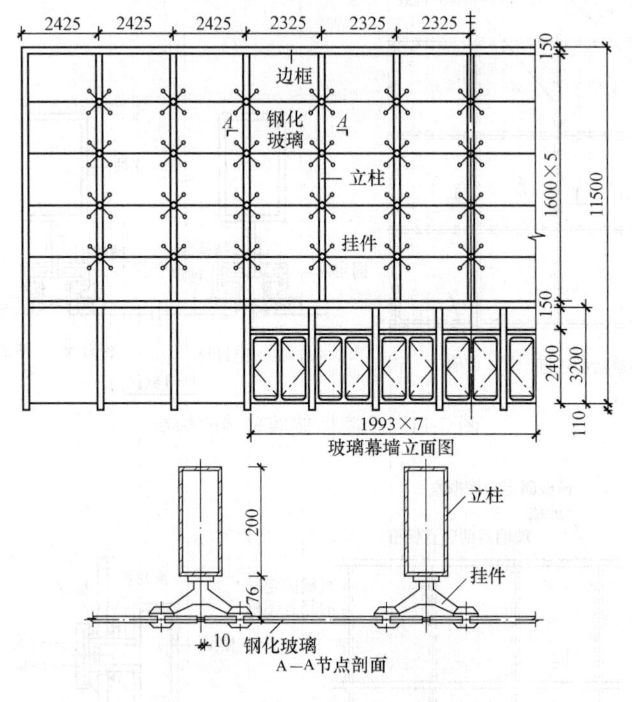

图5-14　挂架式玻璃幕墙的构造

(2)金属板幕墙。金属板幕墙一般悬挂在承重骨架的外墙面上。它具有典雅庄重,质感丰富以及坚固、耐久、易拆卸等优点,适用于各种工业与民用建筑。

1)按材料分类。金属板幕墙按材料可分为单一材料板和复合材料板两种。

①单一材料板。单一材料板为一种质地的材料,如钢板、铝板、铜板、不锈钢板等。

②复合材料板。复合材料板是由两种或两种以上质地的材料组成的,如铝合金板、搪瓷板、烤漆板、镀锌板、色塑料膜板、金属夹心板等。

2)按板面形状分类。金属幕墙按板面形状可分为光面平板、纹面平板、波纹板、压型板、立体盒板等,如图5-15所示。

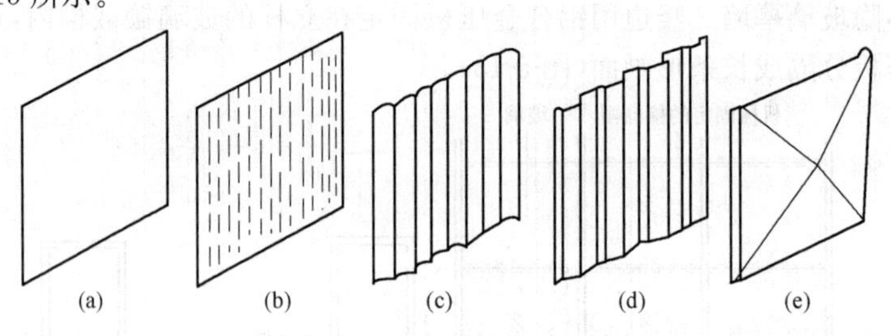

图5-15　金属幕墙板

(a)光面平板;(b)纹面平板;(c)波形板;(d)压型板;(e)立体盒板

(3)石材幕墙。石材幕墙干挂法构造分类基本上可分为以下几类:直接干挂式、骨架干挂式、单元干挂式和预制复合板干挂式。前三类多用于混凝土结构基体;后者多用于钢结构工程。

石材幕墙的构造如图5-16～图5-19所示。

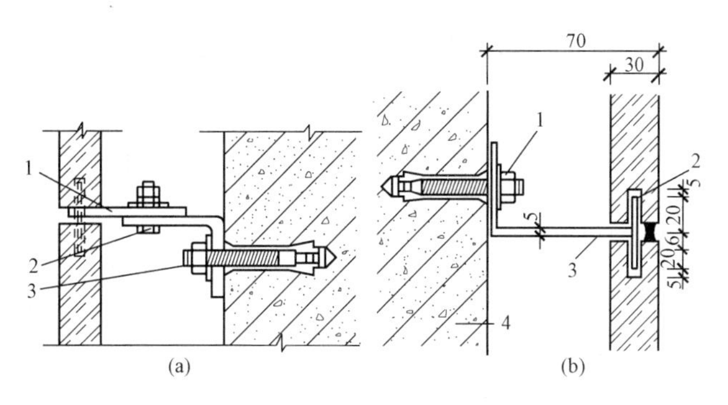

图 5-16　直接式干挂石材幕墙的构造
(a)二次直接法；
1—舌头；2—不锈钢螺栓；3—敲击式重荷锚栓；
(b)直接做法；
1—敲击式重荷锚栓；2—2 厚不锈钢板，填焊固定；
3—不锈钢挂件；4—钢筋混凝土墙外刷防水涂料

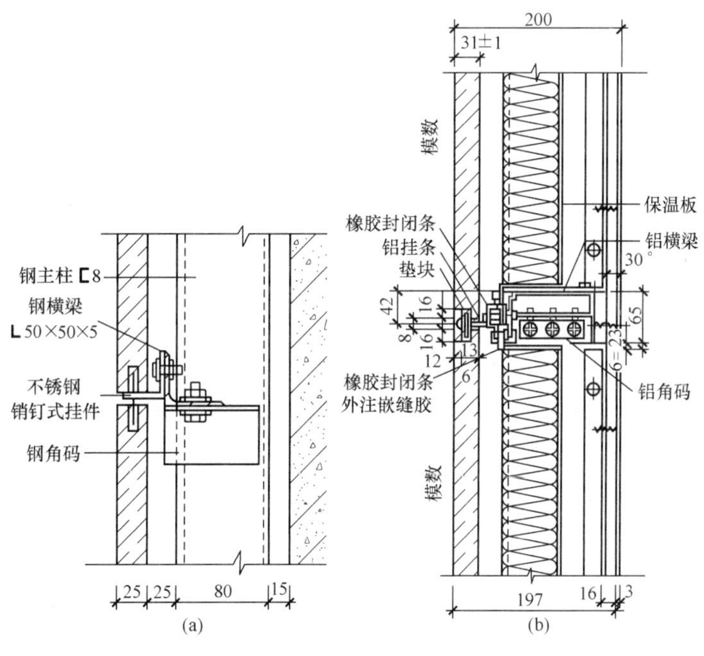

图 5-17　骨架式干挂石材幕墙的构造
(a)不设保温层；(b)设保温层

2. 全玻(无框玻璃)幕墙

全玻幕墙是指面板和肋板均为玻璃的幕墙。面板和肋板之间用透明硅酮胶粘结，幕墙完全透明，能创造出一种独特的通透视觉装饰效果。当玻璃高度小于 4m 时，可以不加玻璃肋；当玻璃高度大于 4m 时，就应用玻璃肋来加强，玻璃肋的厚度应不小于 19mm。全玻幕墙可分为坐地式和悬挂式两种。坐地式玻璃幕墙的构造简单、造价较低，主要靠底座承重，缺点是玻璃在自重作用下容易产生弯曲变形，造成视觉上的图像失真。在玻璃高度大于 6m 时，就必须采用悬挂式，即用特殊的金属夹具将大块玻璃悬挂吊起(包括玻璃肋)，构成没有变形的大面积连续玻璃幕

墙。用这种方法可以消除由自重引起的玻璃挠曲,创造出既美观通透又安全可靠的空间效果。

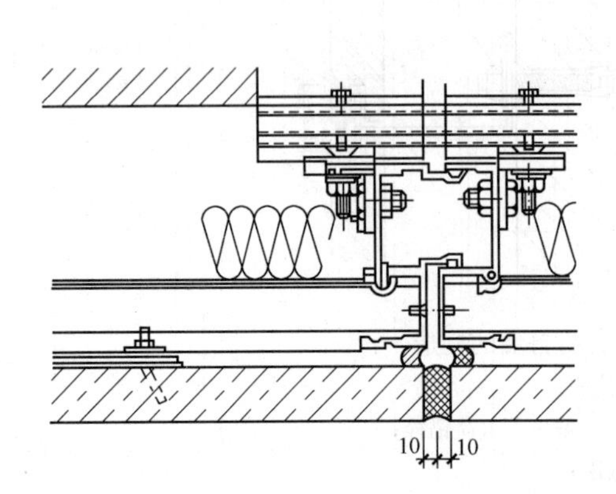

图 5-18 单元体石材幕墙的构造

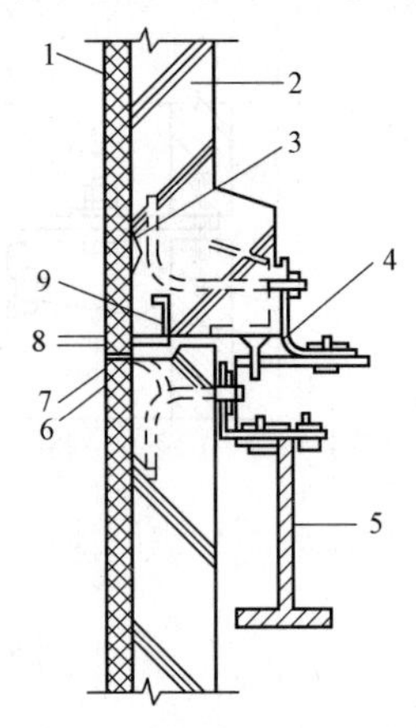

图 5-19 预制复合板干挂石材幕墙的构造

1—花岗石;2—预制钢筋混凝土板;3—不锈钢连接环;4—连接器具;5—钢大梁;6—支承材料;7—一次封水;8—环状二次封水;9—不锈钢连接环

三、项目特征描述

(1)带骨架幕墙项目特征描述提示:

1)应注明骨架材料种类、规格、中距。

2)应注明面层材料品种、规格、颜色。如 1500mm×1500mm 镀锌中控玻璃 15mm 厚。

3)应注明面层固定方式。

4)应注明隔离带、框边封闭材料品种、规格。

5)应注明嵌缝、塞口材料种类。

(2)全玻(无框玻璃)幕墙项目特征描述提示:

1)应注明玻璃品种、规格、颜色。如 500mm×500mm 磨砂玻璃。

2)应注明粘结塞口材料种类。

3)应注明固定方式,如粘贴、干挂、镶嵌。

四、工程量计算

【例 5-12】 如图 5-20 所示为带骨架幕墙示意图,试根据其计算规则计算带骨架幕墙工程量。

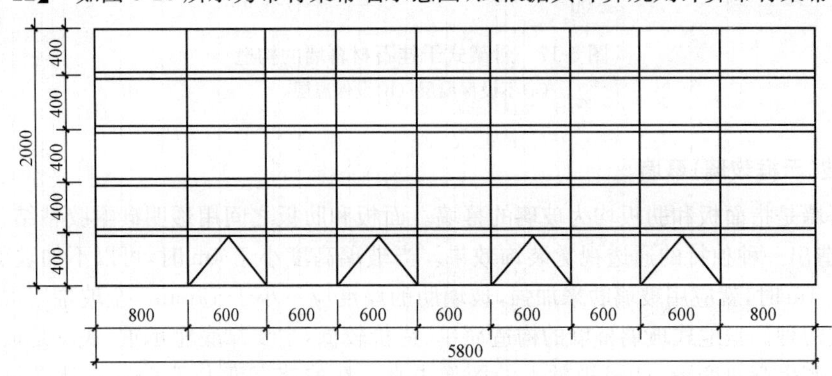

图 5-20 带骨架幕墙示意图

【解】 本例为幕墙工程中带骨架幕墙，项目编码为011209001，则其工程量计算如下：

计算公式：带骨架幕墙工程量＝图示长度×图示高度

带骨架幕墙工程量＝5.8×2.0＝11.6m^2

第十节 隔 断

一、工程量清单项目设置及工程量计算规则

隔断工程量清单项目设置及工程量计算规则见表5-16。

表5-16 隔断(编码:011210)

项目编码	项目名称	项目特征	计量单位	工程量计算规则	工作内容
011210001	木隔断	1. 骨架、边框材料种类、规格 2. 隔板材料品种、规格、颜色 3. 嵌缝、塞口材料品种 4. 压条材料种类	m^2	按设计图示框外围尺寸以面积计算。不扣除单个≤0.3m^2的孔洞所占面积；浴厕门的材质与隔断相同时，门的面积并入隔断面积内	1. 骨架及边框制作、运输、安装 2. 隔板制作、运输、安装 3. 嵌缝、塞口 4. 装钉压条
011210002	金属隔断	1. 骨架、边框材料种类、规格 2. 隔板材料品种、规格、颜色 3. 嵌缝、塞口材料品种			1. 骨架及边框制作、运输、安装 2. 隔板制作、运输、安装 3. 嵌缝、塞口
011210003	玻璃隔断	1. 边框材料种类、规格 2. 玻璃品种、规格、颜色 3. 嵌缝、塞口材料品种		按设计图示框外围尺寸以面积计算。不扣除单个0.3m^2以上的孔洞所占面积	1. 边框制作、运输、安装 2. 玻璃制作、运输、安装 3. 嵌缝、塞口
011210004	塑料隔断	1. 边框材料种类、规格 2. 隔板材料品种、规格、颜色 3. 嵌缝、塞口材料品种			1. 骨架及边框制作、运输、安装 2. 隔板制作、运输、安装 3. 嵌缝、塞口
011210005	成品隔断	1. 隔断材料品种、规格、颜色 2. 配件品种、规格	1. m^2 2. 间	1. 以平方米计量，按设计图示框外围尺寸以面积计算 2. 以间计量，按设计间的数量计算	1. 隔断运输、安装 2. 嵌缝、塞口

续表

项目编码	项目名称	项目特征	计量单位	工程量计算规则	工作内容
011210006	其他隔断	1. 骨架、边框材料种类、规格 2. 隔板材料品种、规格、颜色 3. 嵌缝、塞口材料品种	m^2	按设计图示框外围尺寸以面积计算。不扣除单个≤0.3m^2的孔洞所占面积	1. 骨架及边框安装 2. 隔板安装 3. 嵌缝、塞口

二、项目名称释义

1. 木隔断

木隔断通常有两种，一种是木饰面隔断；另一种是硬木花格隔断。木制隔断经常用于办公场所。

(1)木饰面隔断。木饰面隔断一般采用木龙骨上固定木板条、胶合板、纤维板等面板，做成不到顶的隔断。木龙骨与楼板、墙应有可靠的连接，面板固定在木龙骨上后，用木压条盖缝，最后按设计要求罩面或贴面。

(2)硬木花格隔断。硬木花格隔断常用的木材多为硬质杂木，它自重轻，加工方便，制作简单，可以雕刻成各种花纹，做工精巧、纤细。

硬木花格隔断一般用板条和花饰组合，花饰镶嵌在木质板条的裁口中，可采用榫接、销接、钉接和胶接，外边钉有木压条，为保证整个隔断具有足够的刚度，隔断中立有一定数量的板条贯穿隔断的全高和全长，其两端与上下梁、墙应有牢固的连接。

2. 金属隔断

隔断高度为1.3～1.6m，用高密度板做骨架，防火装饰板罩面，用金属(镀铬铁质、铜质、不锈钢等)连接件组装而成。这种隔断便于工业化生产，壁薄体轻，面板色泽淡雅、易擦洗、防火性好，并且能节约办公用房面积，便于内部业务沟通，是一种流行的办公室隔断。

3. 玻璃隔断

玻璃隔断是将玻璃安装在框架上的空透式隔断。这种隔断可到顶或不到顶，其特点是空透、明快，而且在光的作用下色彩有变化，可增强装饰效果。玻璃隔断按框架的材质不同有落地玻璃木隔断、铝合金框架玻璃隔断、不锈钢圆柱框玻璃隔断。

4. 塑料隔断

塑料材质的隔断，防水，但不耐高温，不耐刮，易变形及污染，塑料或铝收边，无整体感，质感不好，容易变形，颜色选择少。多用于卫生间干湿分区。

5. 成品隔断

成品隔断(墙)的一个最大的优点是可拆装及重新安装，这种拆装后重新安装，且仍保持其建筑物理学性能的特点，不是纯粹靠“设计”出来的。成品隔断(墙)系统设计的精密性用一个简单的测试方法即可判断，用手指敲击隔断墙墙体或用门大力撞击门框，发出的声音应该非常干净，极少有杂音，杂音越多说明系统内部存在大量尺寸误差点，越成熟的优质产品这种误差点就越少。

三、项目特征描述

(1)木隔断、金属隔断、玻璃隔断、塑料隔断、其他隔断项目特征描述提示：

1)应注明骨架、边框材料的种类、规格。如 50 型轻钢龙骨。

2)应注明隔板或玻璃的品种、规格及颜色。

3)应注明嵌缝、塞口材料品种。

(2)成品隔断项目特征描述提示:

1)应注明隔断材料品种、规格、颜色。

2)应注明配件品种、规格。

四、工程量计算

【例 5-13】 如图 5-21 所示,龙骨截面为 40mm×35mm,间距为 500mm×1000mm 的玻璃隔断,木压条镶嵌花玻璃,门洞尺寸为 900mm×2000mm,安装艺术门扇,钢筋混凝土柱面钉木龙骨,中密度板基层,三合板面层,刷调和漆三遍,装饰后断面为 400mm×400mm。试根据其计算规则计算玻璃隔断工程量。

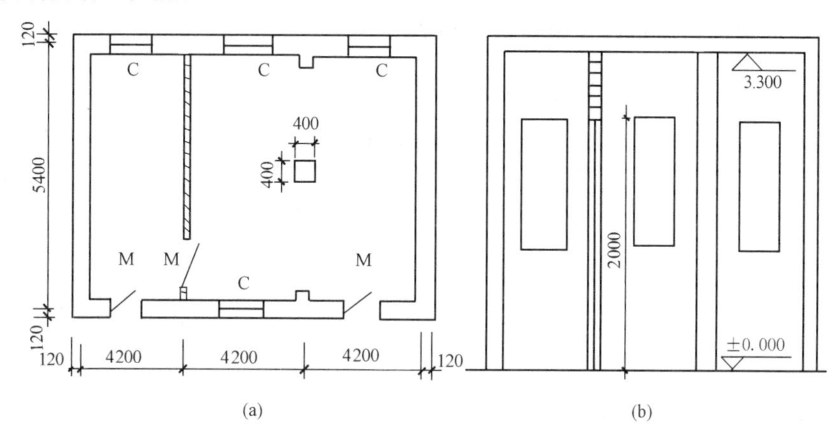

图 5-21　某房屋示意图

(a)平面图;(b)剖面图

【解】 本例为玻璃隔断,项目编码为 011210003,则其工程量计算如下:

计算公式:玻璃隔断工程量=图示长度×高度－不同材质门窗面积

玻璃隔断工程量=(5.40－0.24)×3.3－0.9×2.0=15.23m^2

第六章

天棚工程工程量清单计价

第一节　天棚抹灰

一、工程量清单项目设置及工程量计算规则

天棚抹灰工程量清单项目设置计及工程量计算规则见表6-1。

表6-1　天棚抹灰(编码:011301)

项目编码	项目名称	项目特征	计量单位	工程量计算规则	工作内容
011301001	天棚抹灰	1. 基层类型 2. 抹灰厚度、材料种类 3. 砂浆配合比	m^2	按设计图示尺寸以水平投影面积计算。不扣除间壁墙、垛、柱、附墙烟囱、检查口和管道所占的面积,带梁天棚的梁两侧抹灰面积并入天棚面积内,板式楼梯底面抹灰按斜面积计算,锯齿形楼梯底板抹灰按展开面积计算	1. 基层清理 2. 底层抹灰 3. 抹面层

二、项目名称释义

天棚抹灰即天花板抹灰,从抹灰级别上可分为普、中、高三个等级;从抹灰材料可分为石灰麻刀灰浆、水泥麻刀砂浆、涂刷涂料等;从天棚基层可分为混凝土基层、板条基层、钢丝网基层抹灰、密肋井字梁天棚抹灰等。

(1)板条天棚抹灰:在板条天棚基层上按设计要求的抹灰材料进行的施工称为板条天棚抹灰。

(2)混凝土天棚抹灰:在混凝土基层上按设计要求的抹灰材料进行的施工称为混凝土天棚抹灰。

(3)钢丝网天棚抹灰:在钢丝网天棚基层上按设计要求的抹灰材料进行的施工称为钢丝网天棚抹灰。

(4)密肋井字梁天棚抹灰:是指小梁的混凝土天棚,平面面积上,梁的间距离肋断面小的天棚抹灰。

三、项目特征描述

1. 项目特征描述提示

(1)基层应说明是现浇板、预制板或其他类型板。

(2)应说明抹灰厚度材料种类。

(3)应注明砂浆配合比。

2. 天棚抹灰工程常用配合比对照

(1)一般抹灰砂浆配合比见表 6-2。

表 6-2　一般抹灰砂浆配合比

抹灰砂浆组成材料	配合比(体积比)	应用范围
石灰∶砂	1∶2～1∶3	用于砖石墙面层(潮湿部分除外)
水泥∶石灰∶砂	1∶0.3∶3～1∶1∶6	墙面混合砂浆打底
	1∶0.5∶1～1∶1∶4	混凝土天棚抹灰混合砂浆打底
	1∶0.5∶4～1∶3∶9	板条天棚抹灰
石灰∶水泥∶砂	1∶0.5∶4.5～1∶1∶6	用于檐口、勒脚、女儿墙外脚以及比较潮湿处
水泥∶砂	1∶2.5～1∶3	用于浴室、潮湿车间等墙裙、勒脚或地面基层
	1∶1.5～1∶2	用于地面天棚或墙面面层
	1∶0.5～1∶1	用于混凝土地面随时压光
水泥∶石膏∶砂∶锯末	1∶1∶3∶5	用于吸声粉刷
白灰∶麻刀筋	100∶2.5(质量比)	用于木板条天棚面
白灰膏∶麻刀筋	100∶1.3(质量比)	—
白灰膏∶纸筋	100∶3.8(质量比)	—
纸筋∶白灰膏	3.6kg∶$1m^3$	—

(2)常用水泥砂浆用料配合比见表 6-3。

表 6-3　常用水泥砂浆用料配合比

配合比(体积比)		1∶1	1∶2	1∶2.5	1∶3	1∶3.5	1∶4
名称	单位	每 $1m^3$ 水泥砂浆数量					
42.5 级水泥	kg	812	517	438	379	335	300
天然砂	m^3	0.81	1.05	1.12	1.17	1.21	1.24
天然净砂	kg	999	1305	1387	1448	1494	1530
水	kg	360	350	350	350	340	340

(3)常用石灰砂浆用料配合比见表 6-4。

表 6-4　常用石灰砂浆配合比

配合比(体积比)		1∶1	1∶2	1∶2.5	1∶3	1∶3.5
名称	单位	每 $1m^3$ 石灰砂浆数量				
生石灰	kg	399	274	235	207	184
石灰膏	m^3	0.64	0.44	0.38	0.33	0.30
天然砂	m^3	0.85	1.01	1.05	1.09	1.10
天然净砂	kg	1047	1247	1035	1351	1363
水	kg	460	380	360	350	360

(4)常用混合砂浆用料配合比见表6-5。

表6-5 常用混合砂浆用料配合比

配合比(体积比)		1∶0.3∶3	1∶0.5∶4	1∶1∶2	1∶1∶4	1∶1∶6	1∶3∶9
名称	单位	每1m³混合砂浆数量					
42.5级水泥	kg	361	282	397	261	195	121
生石灰	kg	56	74	208	136	140	190
石灰膏	m³	0.09	0.12	0.33	0.22	0.16	0.30
天然砂	m³	1.03	1.08	0.84	1.03	1.03	1.10
天然净砂	kg	1270	1331	1039	1275	1275	1362
水	kg	350	350	390	360	340	360

四、工程量计算

【例6-1】 如图6-1所示为现浇井字梁天棚面麻刀石灰浆面层抹灰示意图,试根据其计算规则计算天棚面层抹灰工程量。

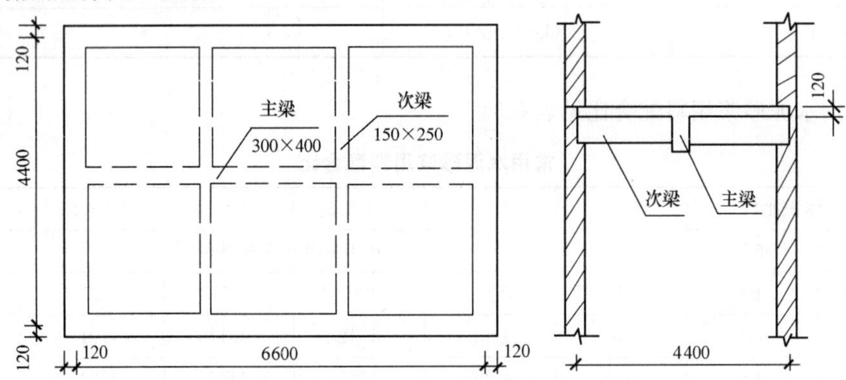

图6-1 现浇井字梁天棚面麻刀石灰浆面层抹灰示意图

【解】 本例为天棚抹灰,项目编码为011301001,则其工程量计算如下:

计算公式:天棚面层工程量=房间净长×房间净宽+梁侧等展开面积

天棚面层工程量$=(6.60-0.24)\times(4.40-0.24)+(0.40-0.12)\times(6.6-0.12\times2)\times2+(0.25-0.12)\times(4.4-0.12\times2-0.3)\times2\times2-(0.25-0.12)\times0.15\times4$

$=31.95m^2$

第二节 天棚吊顶

一、工程量清单项目设置及工程量计算规则

天棚吊顶工程量清单项目设置及工程量计算规则见表6-6。

表 6-6 天棚吊顶(编码:011302)

<table>
<tr><th>项目编码</th><th>项目名称</th><th>项目特征</th><th>计量单位</th><th>工程量计算规则</th><th>工作内容</th></tr>
<tr><td>011302001</td><td>吊顶天棚</td><td>1. 吊顶形式、吊杆规格、高度
2. 龙骨材料种类、规格、中距
3. 基层材料种类、规格
4. 面层材料品种、规格
5. 压条材料种类、规格
6. 嵌缝材料种类
7. 防护材料种类</td><td rowspan="6">m^2</td><td>按设计图示尺寸以水平投影面积计算。天棚面中的灯槽及跌级、锯齿形、吊挂式、藻井式天棚面积不展开计算。不扣除间壁墙、检查口、附墙烟囱、柱垛和管道所占面积,扣除单个>0.3m^2的孔洞、独立柱及与天棚相连的窗帘盒所占的面积</td><td>1. 基层清理、吊杆安装
2. 龙骨安装
3. 基层板铺贴
4. 面层铺贴
5. 嵌缝
6. 刷防护材料</td></tr>
<tr><td>011302002</td><td>格栅吊顶</td><td>1. 龙骨材料种类、规格、中距
2. 基层材料种类、规格
3. 面层材料品种、规格
4. 防护材料种类</td><td rowspan="5">按设计图示尺寸以水平投影面积计算</td><td>1. 基层清理
2. 安装龙骨
3. 基层板铺贴
4. 面层铺贴
5. 刷防护材料</td></tr>
<tr><td>011302003</td><td>吊筒吊顶</td><td>1. 吊筒形状、规格
2. 吊筒材料种类
3. 防护材料种类</td><td>1. 基层清理
2. 吊筒制作安装
3. 刷防护材料</td></tr>
<tr><td>011302004</td><td>藤条造型悬挂吊顶</td><td rowspan="2">1. 骨架材料种类、规格
2. 面层材料品种、规格</td><td rowspan="2">1. 基层清理
2. 龙骨安装
3. 铺贴面层</td></tr>
<tr><td>011302005</td><td>织物软雕吊顶</td></tr>
<tr><td>011302006</td><td>装饰网架吊顶</td><td>网架材料品种、规格</td><td>1. 基层清理
2. 网架制作安装</td></tr>
</table>

二、项目名称释义

1. 吊顶天棚

吊顶又称天棚、平顶、天花板,是室内装饰工程的一个重要组成部分,具有保温、隔热、隔声和吸声作用,也是安装照明、暖卫、通风空调、通信和防火、报警管线设备的隐蔽层。

(1)构造。吊顶从其形式来划分,有直接式和悬吊式两种,目前以悬吊式吊顶的应用最为广泛。悬吊式吊顶的构造主要由基层、悬吊件、龙骨和面层组成。

1)基层为建筑物结构件,主要为混凝土楼(顶)板或屋架。

2)悬吊件是悬吊式天棚与基层连接的构件,一般埋在基层内,属于悬吊式天棚的支承部分。其材料可以根据天棚不同的类型选用镀锌铁丝、钢筋、型钢吊杆(包括伸缩式吊杆)等。

3)龙骨是固定天棚面层的构件,并将承受面层的质量传递给支承部分,如图 6-2 所示。

4)面层是天棚的装饰层,使天棚达到既具有吸声、隔热、保温、防火等功能,又具有美化环境的效果。

(2)吊顶形式。悬吊式吊顶常用的形式有活动式装配吊顶、隐蔽式装配吊顶、金属装饰板吊顶、开敞式吊顶和整体式吊顶等。

1)活动式装配吊顶:一般和铝合金龙骨或轻钢龙骨配套使用,是将新型的轻质装饰板明摆浮搁在龙骨上,便于更换(又称明龙骨吊顶)。龙骨可以是外露的,也可以是半露的。

2)隐蔽式装配吊顶:是指龙骨不外露,罩面板表面呈整体的形式(又称暗龙骨吊顶)。罩面板与龙骨的固定有三种方式:用螺钉拧在龙骨上;用胶粘剂粘在龙骨上;将罩面板加工成企口形式,用龙骨将罩面板连接成一个整体。使用较多的是用螺钉拧在龙骨上。

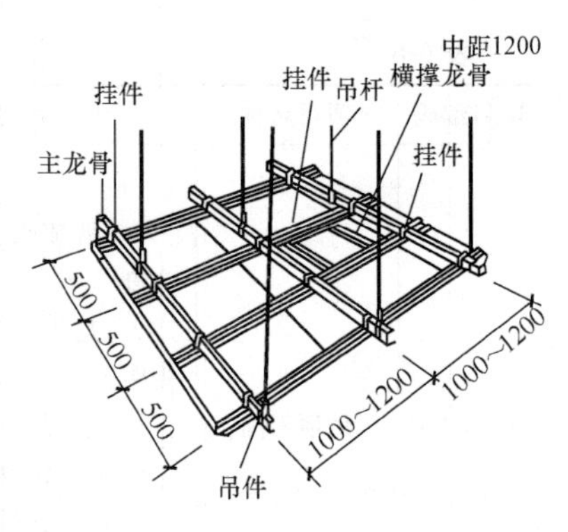

图 6-2　吊顶构造

3)金属装饰板吊顶:包括各种金属条板、金属方板和金属格栅安装的吊顶。它是以加工好的金属条板卡在铝合金龙骨上,或是将金属条板、方板、格栅用螺钉或自攻螺钉将条板固定在龙骨上。这种金属板安装完毕,不需要在表面再做其他装饰。

4)开敞式吊顶:吊顶的单体构件,一般同室内灯光照明的布置结合起来,有的甚至全部用灯具组成吊顶,并加以艺术造型,使其变成装饰品。

(3)材料。

1)木龙骨。吊顶工程中使用木龙骨是传统式的做法,其所用木质龙骨材料,应按规定选材并实施在构造上的防潮处理,同时也应涂刷防腐防虫药剂。

2)吊顶轻钢龙骨。一般可用于工业与民用建筑物的装饰、吸声天棚吊顶。

3)铝合金龙骨。用于活动式装配吊顶的明龙骨,大部分用金属材料挤压成型,断面加工成"⊥"形式。

4)贴塑装饰吸声板。一种复合性多功能吊顶材料,以半硬性玻棉、矿(岩)棉板为基材,表面覆贴加制凹凸花板的聚氯乙烯半硬质薄塑料装饰板而成。

2. 格栅吊顶

格栅吊顶包括木格栅吊顶和金属格栅吊顶等。

(1)木格栅吊顶。采用木质板材组装为室内开敞式吊顶时,由于木质材料容易加工成型并方便施工,所以在小型装饰性吊顶工程中较为普遍。根据装饰示意图,可以设计成各种艺术造型形式的单体构件,组合悬吊后使天棚既形成整体又不作罩面封闭,既具有独特的美观效果又可以使室内空间顶部的照明、通风和声学功能得到较好地满足与改善。其格栅式吊顶,也可以利用板块及造型体的尺寸和形状变化,组成各种图案的格栅,如均匀的方格形格栅,纵横疏密或大小尺寸规律布置的叶片形格栅(图 6-3),大小方盒子或圆盒子(或方圆结合)形单元体组成的格栅(图 6-4),以及单板与盒子体相配合组装的格栅(图 6-5)等。

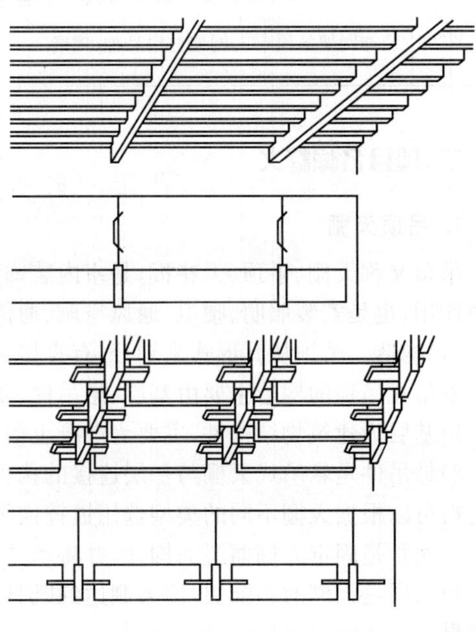

图 6-3　叶片形木格栅吊顶

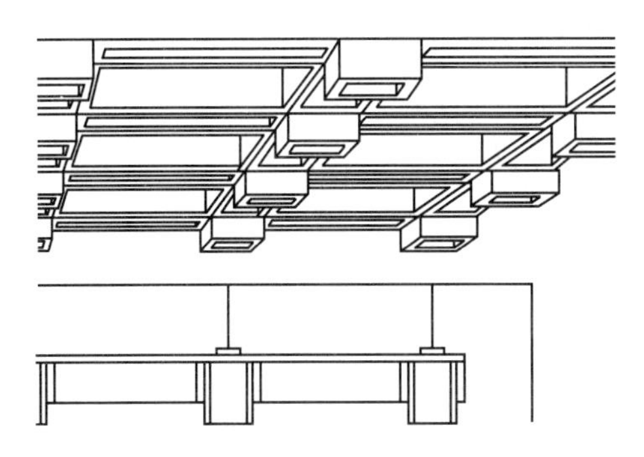

图 6-4　大小方(或圆)盒子式木格栅吊顶

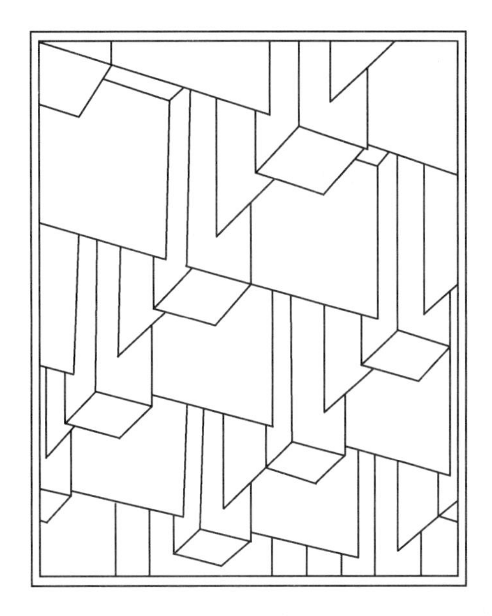

图 6-5　单板与盒子形相结合的木格栅吊顶

吊顶木格栅的造型形式、平面布局图案、与天棚灯具的配合,以及所使用的木质材料品种等,均取决于装饰设计。它们可以是原木锯材,也可以是木胶合板、防火板,以及各种新型木质装饰板材。可以根据设计图纸于有关厂家订制,也可以视工程需要在现场预制和加工,但所用材料应符合国家标准的相关规定。

(2)金属格栅吊顶。

1)空腹型金属格栅。材质以铝合金为主,一般是以双层 0.5mm 厚度的薄板加工而成;有的产品采用铝合金、镀锌钢板或不锈钢板的单板,施工时纵横分格安装,其单板如图 6-6 所示。

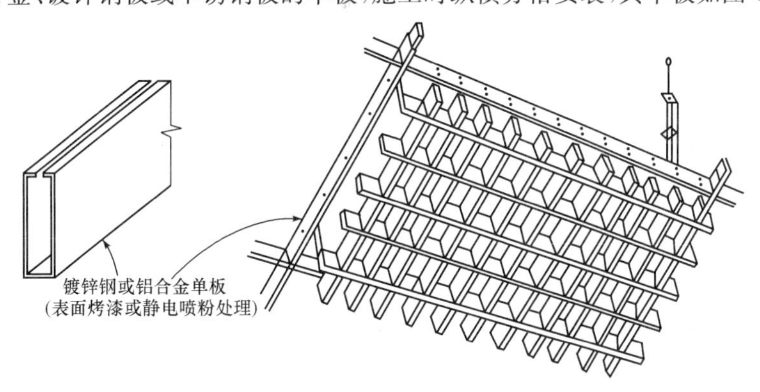

图 6-6　金属单板及其吊顶格栅示意图

2)花片型金属格栅。采用 1mm 厚度的金属板,以其不同形状及组成的图案分为不同系列,如图 6-7 所示。这种格栅吊顶在自然光或人工照明条件下,均可取得特殊的装饰效果,并具有质轻、结构简单和安装方便等优点。

3. 吊筒吊顶

吊筒吊顶以材料来分有木(竹)质吊筒、金属吊筒、塑料吊筒等,以形状来分有圆形、矩形、扁钟形吊筒等。

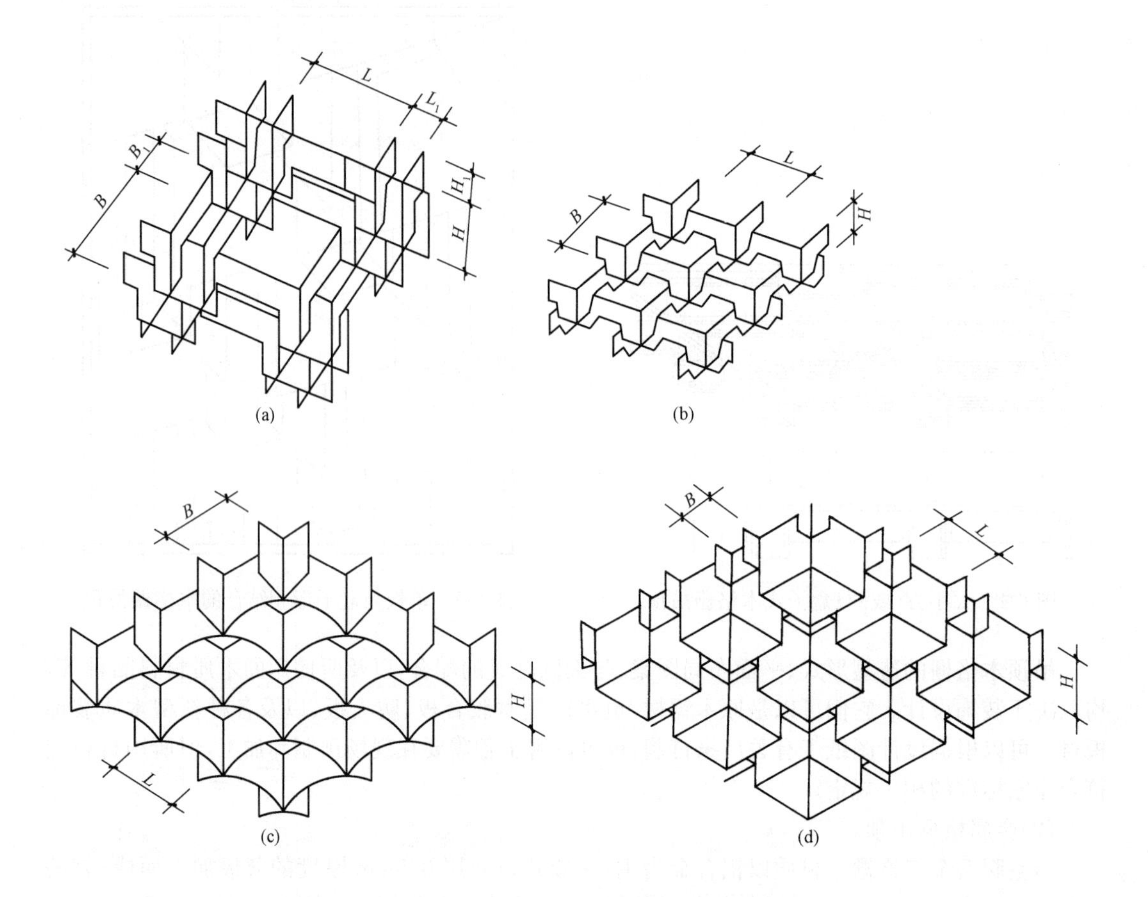

图 6-7　金属花片格栅的不同系列图形

(a)$L=170$,$L_1=80$,$B=170$,$B_1=80$,$H=50$,$H_1=25$;(b)$L=100$,$B=100$,$H=50$;

(c)$L=100$,$B=100$,$H=50$;(d)$L=150$;$B=150$,$H=50$

(本图规格尺寸主要参照北京市建筑轻钢结构厂产品)

4. 藤条造型悬挂吊顶

天棚顶面呈条形状的吊顶,多用于体育馆、博物馆、机场等大型公共场所。

5. 织物软雕吊顶

用绢纱、布幔等织物或充气薄膜装饰室内空间的顶部。这类顶棚可以自由地改变顶棚的形状,别具装饰风格,可以营造多种环境气氛,有丰富的装饰效果。例如:在卧室上空悬挂的帐幔顶棚能增加静谧感,催人入睡;在娱乐场所上空悬挂彩带布幔作顶棚能增添活泼热烈的气氛,在临时的、流动的展览馆用布幔做成顶棚,可以有效地改善室内的视觉环境,并起到调整空间尺度、限定界面等作用,但软质织物一般易燃烧,设计时宜选用阻燃织物。

6. 装饰网架吊顶

采用不锈钢管、铜合金管等材料制作成的空间网架结构状的吊顶。这类吊顶具有造型简洁新颖、结构韵律美、通透感强等特点。若在网架的顶部铺设镜面玻璃,并于网架内部布置灯具,则可丰富顶棚的装饰效果。装饰网架顶棚造价较高,一般用于门厅、门廊、舞厅等需要重点装饰的部位。

三、项目特征描述

(一)项目特征描述提示

1. 天棚吊顶

天棚吊顶项目特征描述提示：

(1)应说明吊顶形式：上人型或不上人型，平面、迭级或其他特殊形式。

(2)应描述龙骨的材料种类、规格、中距。

(3)应描述基层材料种类、规格和品牌。

(4)应描述面层材料种类、规格和品牌，如 240mm×1200mm×5mm 白色穿孔水泥石棉板。

(5)有防护或罩面材料的，应描述其种类、涂刷遍数、部位。

(6)应注明嵌缝材料的种类。

(7)应注明压条材料种类规格。

(8)如施工图设计标注做法见标准图集时，可注明标准图集编号、页号及节点大样或做法说明。

2. 格棚吊顶

格棚吊顶项目特征描述提示：

(1)应说明龙骨形式为上人型或不上人型，并描述龙骨的材料种类、规格(型号)、中距。

(2)应注明基层面层材料种类规格。

(3)有防护材料和油漆的，应说明防护材料或油漆的品种和涂刷遍数、部位。

(4)如施工图设计标注做法见标准图集时，可注明标准图集编号、页号及节点大样或做法说明。

3. 吊筒吊顶

吊筒吊顶项目特征描述提示：

(1)应描述吊筒的材料种类、形状、规格。

(2)应描述防护材料种类。

4. 藤条造型悬挂吊顶、织物软雕吊顶

藤条选型悬挂吊顶、织物软雕吊顶项目特征描述提示：

(1)应说明骨架材料的种类、规格，如 ϕ22mm×0.8mm 不锈钢管。

(2)应说明面层材料的品种、颜色。

5. 装饰网架吊顶

装饰网架吊顶项目特征描述提示：应说明网架材料的品种、规格及连接方式。

(二)吊顶间距尺寸

吊顶间距尺寸如图 6-8、表 6-7 所示。

表 6-7 吊点最大间距尺寸 mm

条板间距	2 个吊点	3 个以上吊点
100	1700	2000
150	1850	2200
200	2000	2350

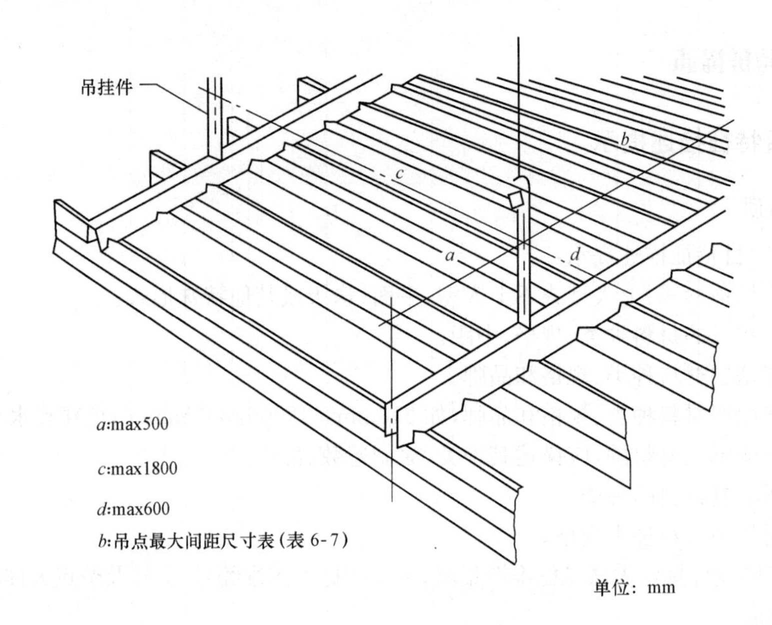

图 6-8　格片式吊顶示意图

(三)天棚吊顶木材用量参考表

天棚吊顶木材用量参考表见表 6-8。

表 6-8　　天棚吊顶木材用量参考表

项　　目	规格/mm	单　位	每 $100m^2$ 用量
搁　栅	70×120	m^3	0.803
	70×130	m^3	0.891
	70×140	m^3	0.968
	70×150	m^3	1.045
	80×140	m^3	1.122
	80×150	m^3	1.199
	80×160	m^3	1.287
	90×150	m^3	1.342
	90×160	m^3	1.403
吊顶搁栅	40×40	m^2	0.475
	40×60	m^3	0.713
吊　木	40×40	m^3	0.330

四、工程量计算

【例 6-2】 如图 6-9 所示为某宾馆标准客房吊顶示意图，房间净长为 4000mm，净宽为 3200mm，窗帘盒断面如图 6-10 所示，其标准客房间 20 间。试根据其计算规则计算其工程量。

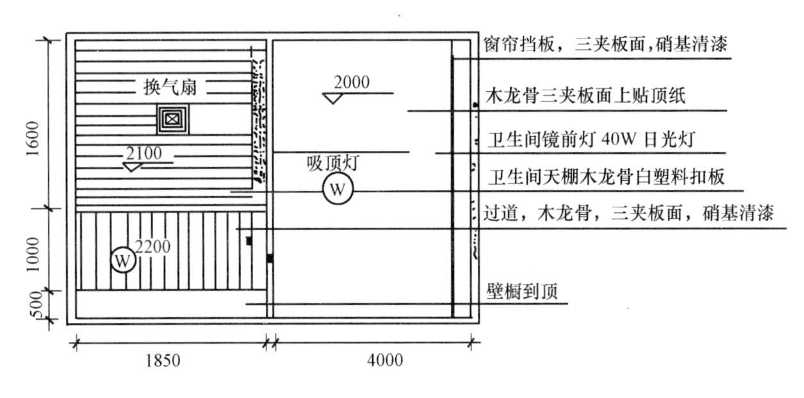

图 6-9　某宾馆标准客房吊顶示意图

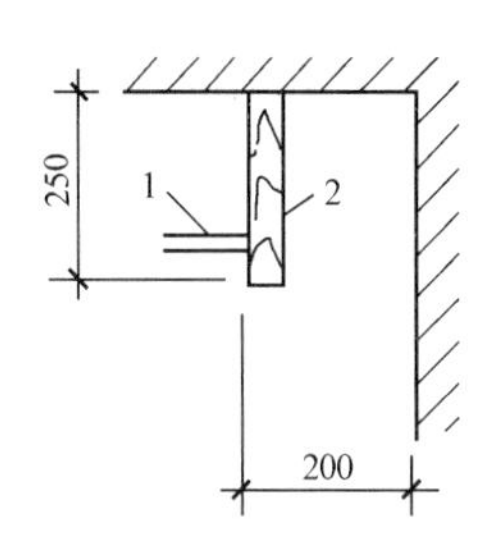

图 6-10　标准客房窗帘盒断面

1—天棚;2—窗帘盒

【解】 本例为天棚吊顶工程,项目编码为 011302001,则其工程量计算如下:

计算公式:天棚吊顶工程量＝房间净长×房间净宽

(1)房间天棚工程量。

$$木龙骨工程量=4\times3.2\times20=256\text{m}^2$$

$$三夹板及裱糊墙面工程量=(4-0.2)\times3.2\times20=243.2\text{m}^2$$

(2)过道天棚工程量。

$$木龙骨、三夹板面、硝基漆工程量=(1.85-0.12)\times(1.1-0.12)\times20=33.91\text{m}^2$$

(3)卫生间天棚工程量。

$$卫生间天棚工程量=(1.6-0.12)\times(1.85-0.12)\times20=51.21\text{m}^2$$

第三节　采光天棚

一、工程量清单项目设置及工程量计算规则

采光天棚工程量清单项目设置及工程量计算规则见表 6-9。

表 6-9　　采光天棚(011303)

项目编码	项目名称	项目特征	计量单位	工程量计算规则	工作内容
011303001	采光天棚	1. 骨架类型 2. 固定类型、固定材料品种、规格 3. 面层材料品种、规格 4. 嵌缝、塞口材料种类	m^2	按框外围展开面积计算	1. 清理基层 2. 面层制安 3. 嵌缝、塞口 4. 清洗

二、项目名称释义

采光天棚,例如钢结构采光天棚,即骨架由钢管或型钢焊接制作,玻璃通过焊接在钢结构上的不锈钢点驳爪连接,形式为隐框结构,制作工艺采用半单元式,即在工厂将玻璃板块加工成形后包装至工地,再一一拼装。

三、项目特征描述

采光天棚项目特征描述提示：

(1)应描述骨架类型。

(2)应注明固定类型、固定材料品种和规格。

(3)应注明面层材料品种、规格。

(4)应注明嵌缝、塞口材料的种类。

四、工程量计算

【例6-3】 某暖棚12m，宽3m，棚顶采用钢结构等边三角屋架玻璃采光天棚，试根据其计算规则计算暖棚采光天棚工程量。

【解】 本例为采光天棚，项目编码为011303001，其工程量按框外围展开面积计算，则其工程量计算如下：

$$采光天棚工程量=(3\times3/2)\times1/2\times2+3\times12\times2=76.5\text{m}^2$$

第四节　天棚其他装饰

一、工程量清单项目设置及工程量计算规则

天棚其他装饰工程量清单项目设置及工程量计算规则见表6-10。

表6-10　　天棚其他装饰(编码:011304)

项目编码	项目名称	项目特征	计量单位	工程量计算规则	工作内容
011304001	灯带(槽)	1. 灯带形式、尺寸 2. 格栅片材料品种、规格 3. 安装固定方式	m^2	按设计图示尺寸以框外围面积计算	安装、固定
011304002	送风口、回风口	1. 风口材料品种、规格 2. 安装固定方式 3. 防护材料种类	个	按设计图示数量计算	1. 安装、固定 2. 刷防护材料

二、项目名称释义

(1)灯带。灯带是指把LED灯用特殊的加工工艺焊接在铜线或者带状柔性线路板上面，再连接上电源发光，因其发光时形状如一条光带而得名。灯带的主要特征及优点是：

1)柔软，能像电线一样卷曲。

2)能够剪切和延接。

3)灯泡与电路被完全包覆在柔性塑料中，绝缘、防水性能好，使用安全。

4)耐气候性强。

5)不易破裂、使用寿命长。

6)易于制作图形、文字等造型。

(2)送风口、回风口。

1)送风口：送风口的布置应根据室内温湿度精度、允许风速并结合建筑物的特点、内部装修、

工艺布置及设备散热等因素综合考虑。具体来说：对于一般的空调房间，就是要均匀布置，保证不留死角。一般一个柱网布置4个风口。

2)回风口：回风口是将室内污浊空气抽回，一部分通过空调过滤送回室内，另一部分通过排风口排出室外。

三、项目特征描述

1. 灯带

灯带项目特征描述提示：

(1)应描述灯带形式、尺寸，如成品分类铝格栅。

(2)应描述格栅片材料品种、规格、品牌，如银色反光罩和分类铝格栅，规格1200mm×600mm×95mm。

(3)应说明灯带的安装固定方式。

2. 送风口、回风口

送风口、回风口项目特征描述提示：

(1)应描述风口材料品种、规格、品牌，如铝合金送风口，规格600mm×600mm。

(2)应描述风口的安装固定方式，如自攻螺丝固定。

(3)木质风口需刷防护材料的，应说明防护材料品种及涂刷遍数，即刷防火涂料两遍。

四、工程量计算

【例6-4】 如图6-11所示为某房间天花布置图。试根据其计算规则计算格栅灯带、回风口工程量。

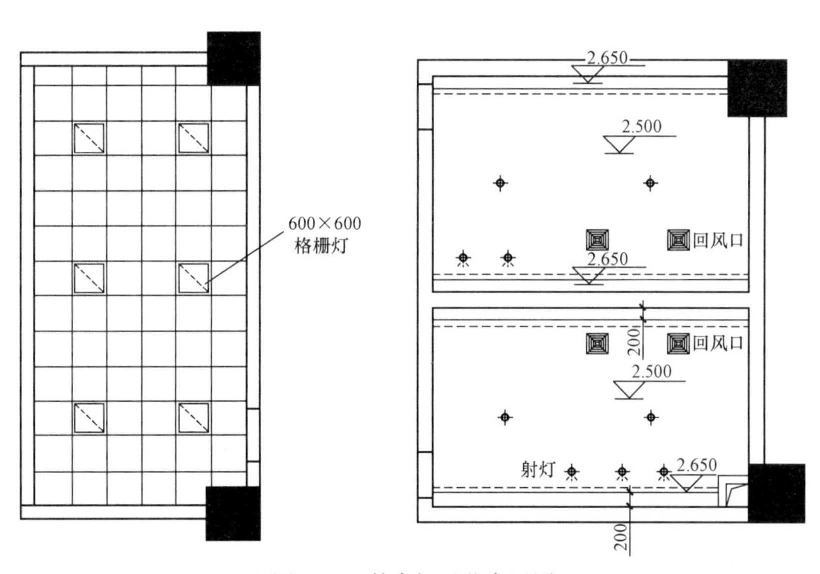

图6-11 某房间天花布置图

【解】 本例为天棚其他装饰，项目编码为011304001，则其工程量计算如下：

计算公式：灯带工程量＝灯带图示长度×图示宽度

(1)格栅灯带工程量＝0.6×0.6×6＝2.16m²

(2)回风口工程量＝4个

第七章

门窗工程工程量清单计价

第一节　木　　门

一、工程量清单项目设置及工程量计算规则

木门工程量清单项目设置及工程量计算规则见表 7-1。

表 7-1　　木门(编码:010801)

项目编码	项目名称	项目特征	计量单位	工程量计算规则	工作内容
010801001	木质门	1. 门代号及洞口尺寸 2. 镶嵌玻璃品种、厚度	1. 樘 2. m^2	1. 以樘计量,按设计图示数量计算 2. 以平方米计量,按设计图示洞口尺寸以面积计算	1. 门安装 2. 玻璃安装 3. 五金安装
010801002	木质门带套				
010801003	木质连窗门				
010801004	木质防火门				
010801005	木门框	1. 门代号及洞口尺寸 2. 框截面尺寸 3. 防护材料种类	1. 樘 2. m	1. 以樘计量,按设计图示数量计算 2. 以米计量,按设计图示框的中心线以延长米计算	1. 木门框制作、安装 2. 运输 3. 刷防护材料
010801006	门锁安装	1. 锁品种 2. 锁规格	个(套)	按设计图示数量计算	安装

二、项目名称释义

(1)木质门。木质门即由木质材料(如锯材、胶合材等)为主要材料制作门框、门套、门扇的门,简称木门。锯材由原木锯制而成的成品材或半成品材;胶合材以木材为原料通过胶合压制成的柱形材和各种板材的总称。

(2)木质连窗门。木质连窗门是指带有窗的门。

(3)木质防火门。木质防火门的材料多选用云杉,也有采用胶合板等人造板,经化学阻燃处理制成,其填芯材料及五金件均与钢质防火门相同。木质防火门的加工工艺与普通木门相似,制作与安装要求不高,故而造价低廉,具有较广泛的实用性。

(4)木门框。木门框是指设在门四周的装饰造型,它承受着整个木门的质量,并可以和整体装修风格相呼应。在家居装修过程中,门的选择和安装很重要,作为门的配件,也要对木门框的安装十分重视。

(5)门锁安装。门锁安装示意图,如图 7-1 所示。

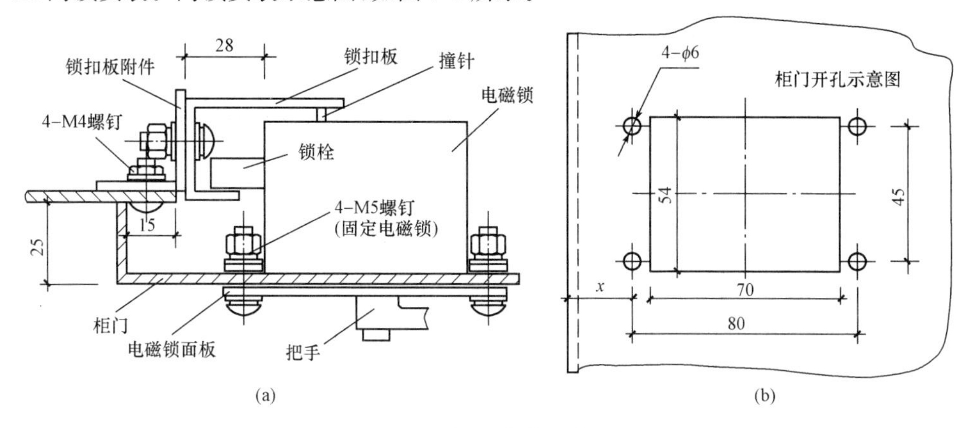

图 7-1　门锁安装示意图

三、项目特征描述

1. 项目特征描述提示

(1)木质门、木质门带套、木质连窗门、木质防火门项目特征描述提示:

1)应注明门代号及洞口尺寸。如 M2180mm×2000mm;

2)应说明镶嵌玻璃品种、厚度。如 10mm 厚的毛玻璃。

(2)木门框项目特征描述提示:

1)应说明门代号及洞口尺寸。

2)应说明框截面尺寸。

3)应注明防护材料种类。

(3)门锁安装项目特征描述提示:应说明锁的品种、规格。

2. 木门的基本构造

门是由门框(门樘)和门扇两部分组成。当门的高度超过 2.1m 时,还要增加门上窗(又称亮子或么窗);门的构造形式如图 7-2 所示。各种门的门框构造基本相同,但门扇却各不一样。

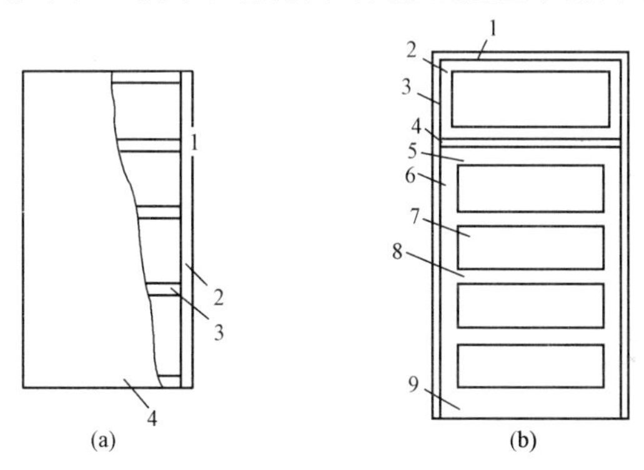

图 7-2　门的构造形式

(a)蒙板门;

1—门扇;2—竖枋;3—横枋;4—木夹板;

(b)镶板门;

1—框冒头;2—上窗梃;3—门框梃;4—中贯档;5—上冒头;

6—门扇梃;7—门心板;8—门扇中冒头;9—门扇下冒头

3. 常见木门及钢木门形式

常见木门及钢木门形式见表7-2。

表7-2　　常见木门及钢木门形式

名　称	图　形	名　称	图　形
夹板门	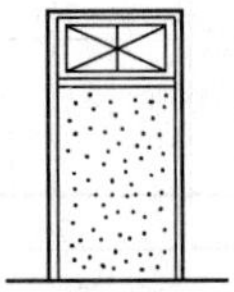	木板门	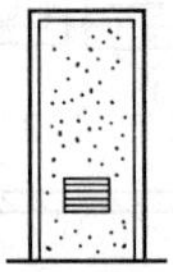
夹板门	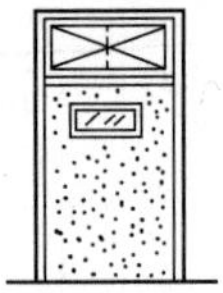	镶板（胶合板式纤维板）门	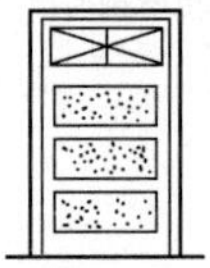
夹板门	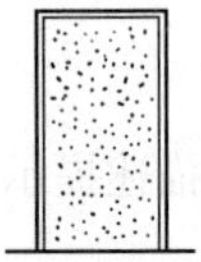	半截玻璃门	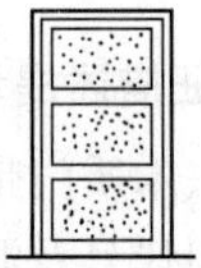
夹板门	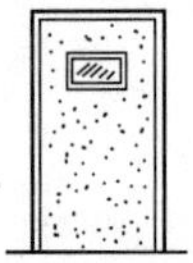	半截玻璃门	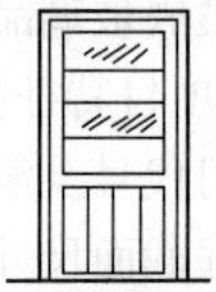
半截玻璃门		拼板门	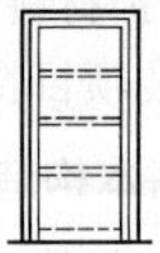
双扇门		拼板门	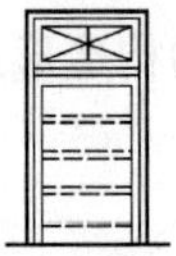
弹簧门		推拉门	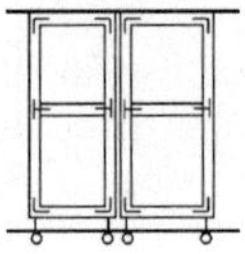
联窗门	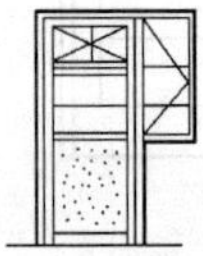	推拉门	
钢木大门	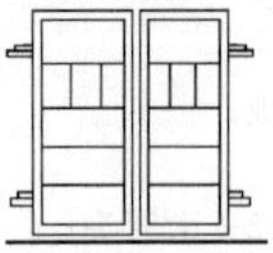	平开木大门	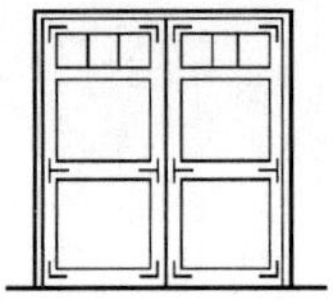

四、工程量计算

【例 7-1】 某办公用房木质连窗门，不带纱扇，刷底油一遍，门上安装普通门锁，设计洞口尺寸如图 7-3 所示，共 10 樘，试根据其计算规则计算连窗门工程量。

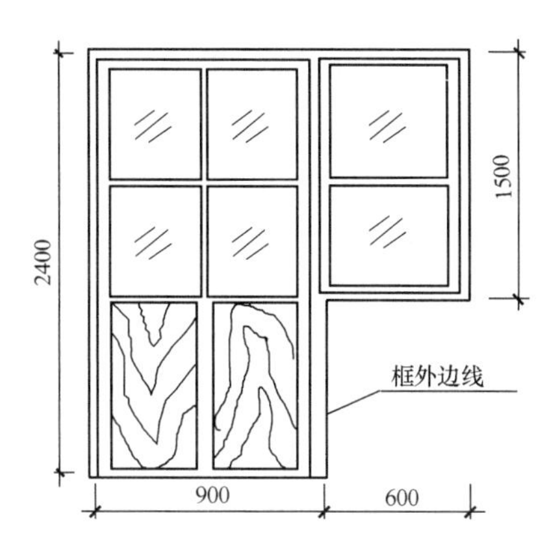

图 7-3　某办公用房设计洞口尺寸

【解】 本例为木门工程中木质连窗门，项目编码为 010801003，则其工程量计算如下：

计算公式：木质连窗门工程量＝设计图示樘数或门洞口尺寸计算所得面积。

木质连窗门工程量＝10 樘　或　木质连窗门工程量＝$(2.4\times0.9+1.5\times0.6)\times10=30.6\text{m}^2$

第二节　金属门

一、工程量清单项目设置及工程量计算规则

金属门工程量清单项目设置及工程量计算规则见表 7-3。

表 7-3　　**金属门（编码：010802）**

<table>
<tr><th>项目编码</th><th>项目名称</th><th>项目特征</th><th>计量单位</th><th>工程量计算规则</th><th>工作内容</th></tr>
<tr><td>010802001</td><td>金属（塑钢）门</td><td>1. 门代号及洞口尺寸
2. 门框或扇外围尺寸
3. 门框、扇材质
4. 玻璃品种、厚度</td><td rowspan="4">1. 樘
2. m²</td><td rowspan="4">1. 以樘计量，按设计图示数量计算
2. 以平方米计量，按设计图示洞口尺寸以面积计算</td><td rowspan="2">1. 门安装
2. 五金安装
3. 玻璃安装</td></tr>
<tr><td>010802002</td><td>彩板门</td><td>1. 门代号及洞口尺寸
2. 门框或扇外围尺寸</td></tr>
<tr><td>010802003</td><td>钢质防火门</td><td rowspan="2">1. 门代号及洞口尺寸
2. 门框或扇外围尺寸
3. 门框、扇材质</td><td rowspan="2">1. 门安装
2. 五金安装</td></tr>
<tr><td>010802004</td><td>防盗门</td></tr>
</table>

二、项目名称释义

(1)金属(塑钢)门。金属门是常见的居室门类型,一般采用铝合金型材或在钢板内填充发泡剂,所用配件选用不锈钢或镀锌材质,表面贴PVC。这种门给人的感觉过于冰冷,多用于卫生间的装修。常见的有防火门、防盗门、平开门、推拉门、卷帘门、伸缩门、实腹门、空腹门等。

(2)彩板门。涂色镀锌钢板门,又称彩板组角钢门,是用涂色镀锌钢板制作的一种彩色金属门。原材料是合金化镀锌卷板,双面锌层厚度180～220g/m^2,经180°弯折,锌层不脱落。镀锌卷板经过脱脂、化学辊涂预处理后,辊涂环氧底漆、聚酯面漆和罩光漆,漆层与基板结合牢固。颜色有红、绿、棕、蓝、乳白等几种。其型号为$FePO_3GZ_{200}SCEU$,142/Jg厚0.7～1.1mm。

(3)钢质防火门。钢质防火门采用优质冷轧钢板作为门扇、门框的结构材料,经冷加工成形。内部填充的耐火材料通常为硅酸铝耐火纤维毡、毯(陶瓷棉)。乙、丙级防火门也可填充岩棉、矿棉耐火纤维。乙、丙级防火门可加设面积不大于0.1m^{2}的视窗,视窗玻璃采用夹丝玻璃或透明复合防火玻璃。

钢质防火门的构造如图7-4所示。耐火极限:甲级≥1.2h,乙级≥0.9h,丙级≥0.6h。

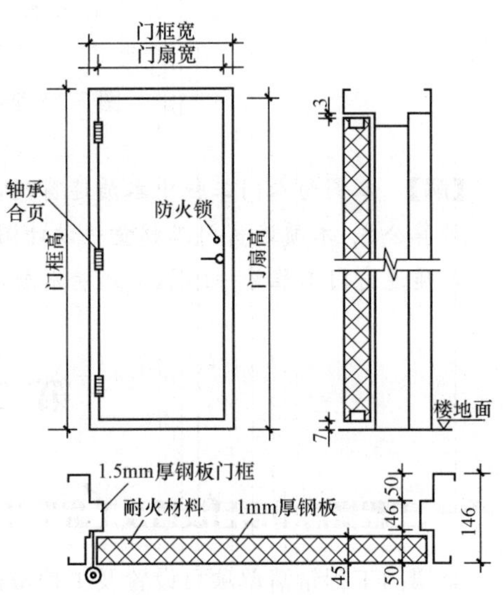

图7-4 钢质防火门的构造

(4)防盗门。防盗门的全称为"防盗安全门"。它兼备防盗和安全的性能。按照《防盗安全门通用技术条件》规定,合格的防盗门在15min内利用凿子、螺丝刀、撬棍等普通手工具和手电钻等便携式电动工具无法撬开或在门扇上开起一个615mm^{2}的开口,或在锁定点150mm^{2}的半圆内打开一个38mm^{2}的开口。并且防盗门上使用的锁具必须是经过公安部检测中心检测合格的带有防钻功能的防盗门专用锁。防盗门可以用不同的材料制作,但只有达到标准检测合格,领取安全防范产品准产证的门才能称为防盗门。防盗门的最大特点是保安性强,具有坚固耐用、开启灵活、外形美观等特点。防盗门适用于民用建筑和住宅、高层建筑和机要室、财务部门等处。

三、项目特征描述

1. 金属(塑钢)门

金属(塑钢)门项目特征描述提示:

(1)应注明门代号及洞口尺寸。

(2)应注明门框或扇外围尺寸。

(3)应注明门框、扇材质。

(4)应说明玻璃品种、厚度。

2. 彩板门

彩板门项目特征描述提示:

(1)应注明门代号及洞口尺寸。

(2)应注明门框或扇外围尺寸。

3. 钢质防火门、防盗门

钢质防火门、防盗门项目特征描述提示：

(1)应注明门代号及洞口尺寸。

(2)应注明门框或扇外围尺寸。

(3)应注明门框、扇材质。

四、工程量计算

【例 7-2】 如图 7-5 所示为某商店金属门，共计 3 樘，其门洞尺寸为 1300mm×2600mm，试根据其计算规则计算金属门工程量。

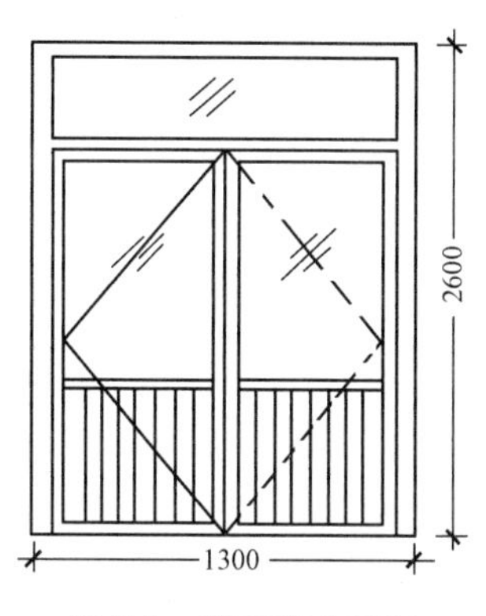

图 7-5　某商店金属门

【解】 本例为金属门工程中金属门，项目编码为 010802001，其工程量计算如下：

计算公式：金属门工程量＝设计图示樘数或以门洞尺寸计算所得面积

金属门工程量＝3 樘　或　金属门工程量＝$1.3\times2.6\times3=10.14m^2$

第三节　金属卷帘(闸)门

一、工程量清单项目设置及工程量计算规则

金属卷帘(闸)门工程量清单项目设置及工程量计算规则见表 7-4。

表 7-4　　金属卷帘(闸)门(编码:010803)

项目编码	项目名称	项目特征	计量单位	工程量计算规则	工作内容
010803001	金属卷帘(闸)门	1. 门代号及洞口尺寸 2. 门材质 3. 启动装置品种、规格	1. 樘 2. m^2	1. 以樘计量，按设计图示数量计算 2. 以平方米计量，按设计图示洞口尺寸以面积计算	1. 门运输、安装 2. 启动装置、活动小门、五金安装
010803002	防火卷帘(闸)门				

二、项目名称释义

(1)金属卷闸门。卷闸门由铝合金材料组成,门顶以水平线为轴线进行转动,可以将全部门扇转包到门顶上。卷闸门由帘板、卷筒体、导轨、电气传动等部分组成。

(2)防火卷帘门。防火卷帘门是由帘板、导轨、卷筒、驱动机构和电气设备等部件组成。帘板以1.5mm厚钢板轧成C形板串联而成,卷筒安装在门上方左端或右端,启闭方式可分为手动和自动两种。常见防火卷帘门的性能见表7-5。

表7-5　　常见防火卷帘门的性能

<table>
<tr><th>品　名</th><th>说　　明</th><th>性能指标</th></tr>
<tr><td>防火卷帘门</td><td>帘板是以1.5mm厚钢板轧成C形板串联而成,启闭方式有电动、手动两种</td><td>耐火性能:经83min耐火试验,背火面未出现火焰,完整性未破坏
隔烟性能:压差为0.1MPa时,其空气渗透量为0.81m³/(min·m²)</td></tr>
<tr><td>JJ-6防火卷帘门</td><td>GJM-1型(钢质电动)
GJM-2型(钢质手动)
SJM-1型(不锈钢电动)
SJM-2型(不锈钢手动)
材质:冷轧钢板和不锈钢板</td><td>耐火极限:1.2h</td></tr>
<tr><td>单片式防火卷帘门</td><td rowspan="2">帘片是以1.2～1.5mm钢板或镀锌板制成,表面喷漆,复合式内填硅酸铝纤维毡</td><td rowspan="2">耐火极限:2.35h
热辐射值:0.42W/cm²
抗风压强度:1kPa
空气渗透量≤1m³/(h·m²)
可与自动防火报警系统联动,实现感温、感烟自动关闭</td></tr>
<tr><td>复合式防火卷帘门</td></tr>
</table>

三、项目特征描述

金属卷帘(闸)门、防火卷帘(闸)门项目特征描述提示:

(1)应说明门代号及洞口尺寸。

(2)应说明门材质。

(3)应注明启动装置品种、规格。

四、工程量计算

【例7-3】 某工程防火卷帘门为1樘,其设计尺寸为1500mm×1800mm,试根据其计算规则计算金属卷帘门工程量。

【解】 本例为金属卷帘门,项目编码为010803001,则其工程量计算如下:

计算公式:金属卷帘门工程量=设计图示樘数或以门洞口尺寸计算所得面积

金属格栅门工程量=1樘　或　金属格栅门工程量=1.5×1.8=2.7m²

【例7-4】 某工程采用图7-6所示金属卷闸门,试根据其计算规则计算其工程量。

【解】 本例为金属卷闸门,项目编码为010803001,其工程量按设计图示洞口尺寸以面积计算,则其工程量计算如下:

金属闸门工程量=3×(3+0.6)=10.8m²

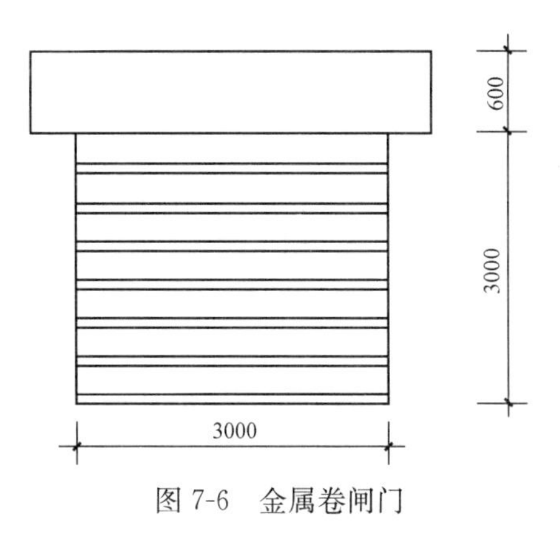

图 7-6　金属卷闸门

第四节　厂库房大门、特种门

一、工程量清单项目设置及工程量计算规则

厂库房大门、特种门工程量清单项目设置及工程量计算规则见表 7-6。

表 7-6　　厂库房大门、特种门(编码:010804)

项目编码	项目名称	项目特征	计量单位	工程量计算规则	工作内容
010804001	木板大门	1. 门代号及洞口尺寸 2. 门框或扇外围尺寸 3. 门框、扇材质 4. 五金种类、规格 5. 防护材料种类	1. 樘 2. m^2	1. 以樘计量,按设计图示数量计算 2. 以平方米计量,按设计图示洞口尺寸以面积计算	1. 门(骨架)制作、运输 2. 门、五金配件安装 3. 刷防护材料
010804002	钢木大门				
010804003	全钢板大门			1. 以樘计量,按设计图示数量计算 2. 以平方米计量,按设计图示门框或扇以面积计算	
010804004	防护铁丝门				
010804005	金属格栅门	1. 门代号及洞口尺寸 2. 门框或扇外围尺寸 3. 门框、扇材质 4. 启动装置的品种、规格		1. 以樘计量,按设计图示数量计算 2. 以平方米计量,按设计图示洞口尺寸以面积计算	1. 门安装 2. 启动装置、五金配件安装
010804006	钢制花饰大门	1. 门代号及洞口尺寸 2. 门框或扇外围尺寸 3. 门框、扇材质		1. 以樘计量,按设计图示数量计算 2. 以平方米计量,按设计图示门框或扇以面积计算	1. 门安装 2. 五金配件安装
010804007	特种门			1. 以樘计量,按设计图示数量计算 2. 以平方米计量,按设计图示洞口尺寸以面积计算	

二、项目名称释义

(1)“木板大门”项目适用于厂库房的平开、推拉、带观察窗、不带观察窗等各类型木板大门。

(2)“钢木大门”项目适用于厂库房的平开、推拉、单面铺木板、双面铺木板、防风型、保暖型等各类型钢木大门。

(3)“全钢板大门”项目适用于厂库房的平开、推拉、折叠、单面铺钢板、双面铺钢板等各类型全钢板门。

(4)“防护特丝门”项目适用于钢管骨架特丝门、角钢骨架铁丝门、木骨架铁丝门等。

(5)金属格栅门。格栅门是指由多片(根)栅条制作的门,金属格栅门常采用钢质花栅门,当所用材料为冷轧薄壁异型钢材时,又称花栅异型材拉闸门。它由空腹式双排槽型轨道,配以优质尼龙制作的滑轮,单列向心球轴承作支承等零配件组合而成。金属格栅门造型新颖、外形平整美观、结构紧凑、刚性强、耐腐蚀、开关轻巧省力。

钢质花栅异型材拉闸门的构造,如图7-7所示。钢质花栅门主要采用冷轧异型钢材。它由五种门料料型制作。

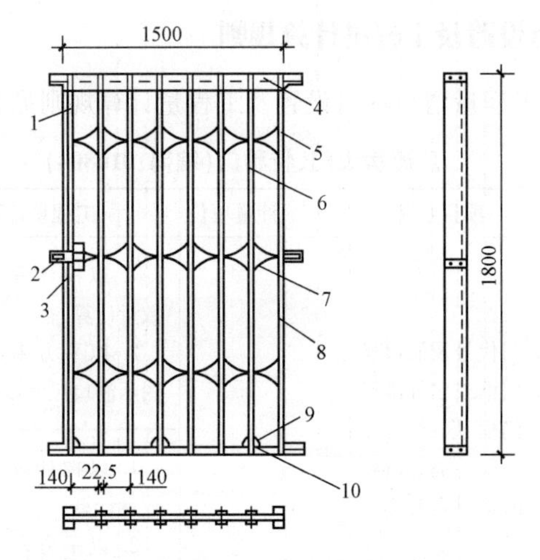

图7-7 钢质花栅异型材拉闸门的构造

1—锁勾槽;2—锁;3—拉手柄;4—C槽;5—侧槽;
6—短方管;7—S方管;8—平锥头铆钉;9—滑轮;10—轨道

(6)“特种门”项目适用于各种防射线门、密闭门、保温门、隔声门、冷藏库门、冷藏冻结间门等特殊使用功能门。

三、项目特征描述

1. 木板大门、钢木大门、金钢板大门、防护铁丝门

木板大门、钢木大门、全钢板大门、防护铁丝门项目特征描述提示:

(1)应注明门代号及洞口尺寸。

(2)应说明门框或扇外围尺寸。

(3)应说明门框、扇材质。

(4)五金应注明种类、规格。

(5)防护材料应注明种类。

2. 金属格栅门

金属格栅门项目特征描述提示：

(1)应注明门代号及洞口尺寸。

(2)应注明门框及扇外围尺寸。

(3)应注明门框、扇材质。

(4)有启动装置的应注明品种及规格。

3. 钢质花饰大门、特种门

钢质花饰大门、特种门项目特征描述提示：

(1)应注明门代号及洞口尺寸。

(2)应说明门框或扇外围尺寸。

(3)应注明门框、扇材质。

四、工程量计算

【例 7-5】 某食品厂 3 个冷藏库，均采用手动平开式冷藏库门，设计尺寸 1500mm×3100mm。试根据其计算规则计算其工程量。

【解】 本例冷藏库门属于特种门，项目编码为 010804007，其工程量按设计图示洞口尺寸以面积计算，则其工程量计算如下：

$$冷藏库门工程量=1.5\times3.1\times3=13.95\text{m}^2$$

第五节　其他门

一、工程量清单项目设置及工程量计算规则

其他门工程量清单项目设置及工程量计算规则见表 7-7。

表 7-7　　其他门(编码:010805)

<table>
<tr><th>项目编码</th><th>项目名称</th><th>项目特征</th><th>计量单位</th><th>工程量计算规则</th><th>工作内容</th></tr>
<tr><td>010805001</td><td>电子感应门</td><td rowspan="2">1. 门代号及洞口尺寸
2. 门框或扇外围尺寸
3. 门框、扇材质
4. 玻璃品种、厚度
5. 启动装置的品种、规格
6. 电子配件品种、规格</td><td rowspan="4">1. 樘
2. m²</td><td rowspan="4">1. 以樘计量，按设计图示数量计算
2. 以平方米计量，按设计图示洞口尺寸以面积计算</td><td rowspan="4">1. 门安装
2. 启动装置、五金、电子配件安装</td></tr>
<tr><td>010805002</td><td>旋转门</td></tr>
<tr><td>010805003</td><td>电子对讲门</td><td rowspan="2">1. 门代号及洞口尺寸
2. 门框或扇外围尺寸
3. 门材质
4. 玻璃品种、厚度
5. 启动装置的品种、规格
6. 电子配件品种、规格</td></tr>
<tr><td>010805004</td><td>电动伸缩门</td></tr>
</table>

续表

项目编码	项目名称	项目特征	计量单位	工程量计算规则	工作内容
010805005	全玻自由门	1. 门代号及洞口尺寸 2. 门框或扇外围尺寸 3. 框材质 4. 玻璃品种、厚度	1. 樘 2. m^2	1. 以樘计量，按设计图示数量计算 2. 以平方米计量，按设计图示洞口尺寸以面积计算	1. 门安装 2. 五金安装
010805006	镜面不锈钢饰面门	1. 门代号及洞口尺寸 2. 门框或扇外围尺寸 3. 框、扇材质 4. 玻璃品种、厚度			
010805007	复合材料门				

二、项目名称释义

(1)电子感应门。电子感应门多以铝合金型材制作而成，其感应系统是采用电磁感应的方式，具有外观新颖、结构精巧、运行噪声小、功耗低、启动灵活、可靠、节能等特点，适用于高级宾馆、饭店、医院、候机楼、车间、贸易楼、办公大楼的自动门安装设备。

(2)旋转门。金属转门主要用于宾馆、机场、商店、银行等中、高级公共建筑中的正门。转门能达到节省能源、防尘、防风、隔声的效果，对控制人流量起到一定作用。

金属转门按型材结构分，有铝质和钢质两种。铝结构采用铝合金型材制作；钢结构采用不锈钢或20#碳素结构钢无缝异型管制成。按开启方式划分，有手推式和自动式两种。按转壁分，有双层铝合金装饰板和单层弧形玻璃。按扇形划分，有单体和多扇形组合体(图7-8)，扇体有四扇固定、四扇折叠移动和三扇等形式(图7-9)。

图7-8　金属转门扇形及组合体示意图

旋转门采用合成橡胶密封固定玻璃，活扇与转壁之间采用聚丙烯毛刷条，具有良好的密闭、抗震和耐老化性能。门扇一般逆时针旋转，转动平稳、灵活，清洁和维修方便。转门需关闭时，可方便地固定门扇。手推式旋转门在旋转主轴下部设有调节阻尼装置，以控制门扇因惯性产生偏快的转速，以保持旋转平稳。自动式旋转门可根据要求调节旋转速度。

(3)电子对讲门。电子对讲门多安装于住宅、楼寓及要求安全防卫场所的入口，具有选呼、对讲、控制等功能，一般由门框、门扇、门铰链、闭门器、电控锁等组成。

(4)电动伸缩门。电动伸缩门多用在小区、公园、学校、厂区等场所。一般分为有轨和无轨两种，通常采用铝型材或不锈钢。电动伸缩门具有启动方便，安装简单等特点。

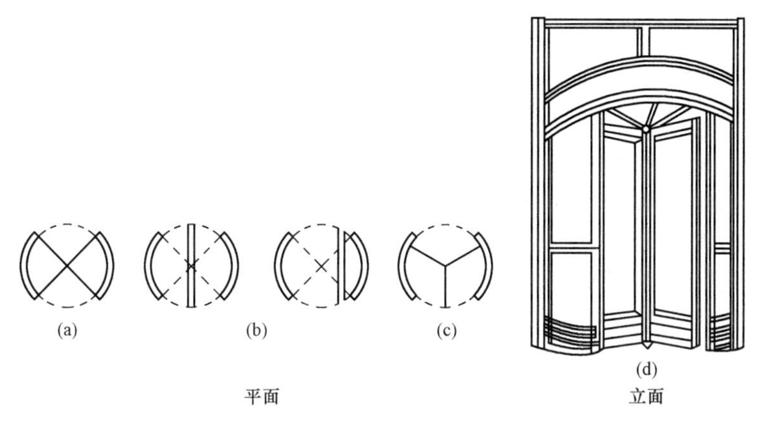

图 7-9　转门的形式

(a)四扇固定；(b)四扇折叠移动；(c)三扇；(d)旋转门立面

(5)全玻门(带扇框)。全玻门是指门窗冒头之间全部镶嵌玻璃的门，有带亮子和不带亮子之分，如图 7-10 所示。

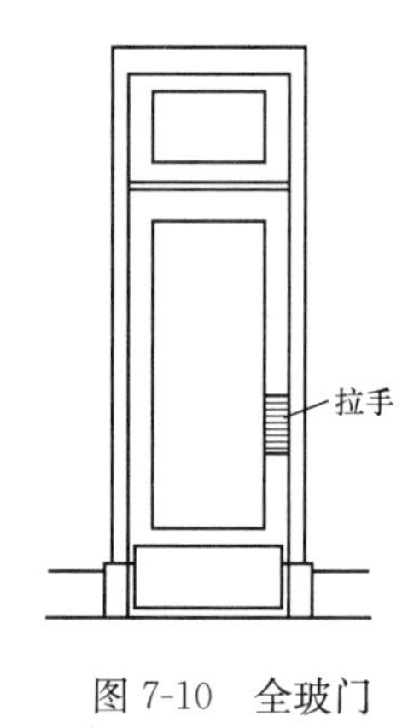

图 7-10　全玻门

(6)全玻自由门。全玻自由门是指门扇冒头之间全部镶嵌玻璃，开启后能自动关闭的弹簧门。

(7)镜面不锈钢饰面门。镜面不锈钢饰面门是用不锈钢薄板经特殊抛光处理制成的门，具有耐火、耐潮、不变形等特点。

(8)门芯多以松木、杉木或进口填充材料等粘合而成，则贴密度板和实木木皮，经高温热压后制成，并用实木线条封边。一般高级的实木复合门，其门芯多为优质白松，表面则为实木单板。由于白松密度小、质量轻，且较容易控制含水率，因而成品门的质量都较轻，也不易变形、开裂。另外，实木复合门还具有保湿、耐冲击、阻燃等特性，而且隔声效果同实木门基本相同。

三、项目特征描述

1. 电子感应门、旋转门

电子感应门、旋转门项目特征描述提示：

(1)应注明门代号及洞口尺寸。

(2)应注明门框或扇外围尺寸及材料。

(3)门上有玻璃的,应注明玻璃的品种、厚度。
(4)启动装置应注明品种、规格。
(5)应注明电子配件的品种、规格。

2. 电子对讲门、电动伸缩门

电子对讲门、电动伸缩门项目特征描述提示:
(1)应注明门代号及洞口尺寸。
(2)应注明门框或扇外围尺寸及材料。
(3)应说明门的材质。
(4)门上有玻璃的,应注明玻璃的品种、厚度。
(5)启动装置应注明品种、规格。
(6)应注明电子配件的品种、规格。

3. 全玻自由门

全玻自由门项目特征描述提示:
(1)应注明门代号及洞口尺寸。
(2)门框或扇外围应注明尺寸。
(3)应说明框材质。
(4)门上有玻璃的,应注明玻璃品种、厚度。

4. 镜面不锈钢饰面门、复合材料门

镜面不锈钢饰面门、复合材料门项目特征描述:
(1)应注明门代号及洞口尺寸。
(2)应注明门框或扇外围尺寸及材料。
(3)门上有玻璃的,应注明玻璃的品种、厚度。

四、工程量计算

【例7-6】 如图7-11所示为某商店全玻自由门(不包含纱窗),其设计洞口尺寸为1500mm×2700mm,共计6樘,试根据其计算规则计算全玻自由门工程量。

【解】 本例为全玻自由门,项目编码为010805005,则其工程量计算如下:

计算公式:全玻自由门工程=按设计图示樘数或以门洞口尺寸计算所得面积

全玻自由门工程量=6樘 或 全玻自由门工程量$=1.5\times2.7\times6=24.3\text{m}^2$

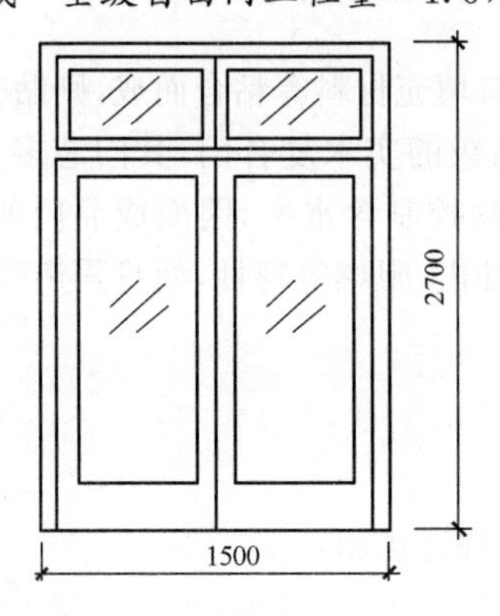

图7-11 某商店全玻自由门

第六节 木 窗

一、工程量清单项目设置及工程量计算规则

木窗工程量清单项目设置及工程量计算规则见表 7-8。

表 7-8　　木窗(编码:010806)

项目编码	项目名称	项目特征	计量单位	工程量计算规则	工作内容
010806001	木质窗	1. 窗代号及洞口尺寸 2. 玻璃品种、厚度	1. 樘 2. m^2	1. 以樘计量,按设计图示数量计算 2. 以平方米计量,按设计图示洞口尺寸以面积计算	1. 窗安装 2. 五金、玻璃安装
010806002	木飘(凸)窗			1. 以樘计量,按设计图示数量计算 2. 以平方米计量,按设计图示尺寸以框外围展开面积计算	
010806003	木橱窗	1. 窗代号 2. 框截面及外围展开面积 3. 玻璃品种、厚度 4. 防护材料种类			1. 窗制作、运输、安装 2. 五金、玻璃安装 3. 刷防护材料
010806004	木纱窗	1. 窗代号及框的外围尺寸 2. 窗纱材料品种、规格		1. 以樘计量,按设计图示数量计算 2. 以平方米计量,按框的外围尺寸以面积计算	1. 窗安装 2. 五金安装

二、项目名称释义

(1)木质窗。传统的窗户也就是木质窗户,作为窗户的使用已经不多见了。日晒雨淋的环境下,木质结构很容易腐朽,出现金属窗户后,木质窗户已经成为历史。但木质窗户的木纹质感强,天然木材独具的温馨感觉和出色的耐用度都为人们所喜爱。因此,现代的家居装修设计将木质窗户作为室内的装饰窗户或是隔断,使它得以延续至今。

常见木窗的构造如图 7-12 所示,其形式见表 7-9。

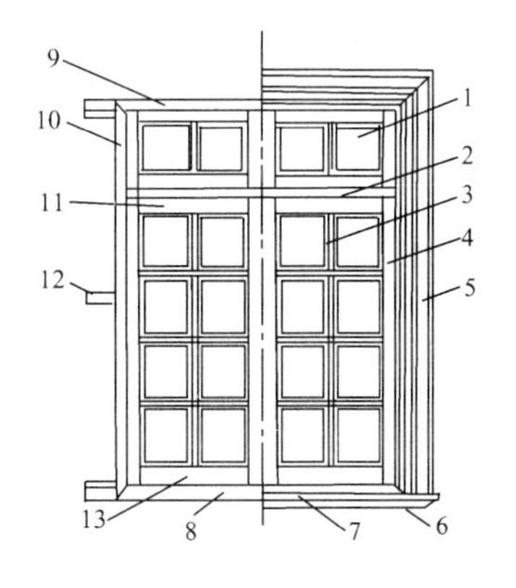

图 7-12　常见木窗的构造

1—亮子;2—中贯档;3—窗棂;4—扇梃;5—贴脸板(包框装饰);6—窗盘线;7—窗台板;8—窗框(樘)下冒头;9—窗框上冒头;10—框梃;11—窗扇上冒头;12—木砖;13—窗扇下冒头

(2)木飘窗。飘窗,一般呈矩形或梯形向室外凸起,三面都装有玻璃。大块采光玻璃和宽敞的窗台,使人们有了更广阔的视野,更赋予生活以浪漫的色彩。

(3)木橱窗。用来摆放有价值的大型商品,外形类似窗户(比较像看窗户里面的某个东西),所以命名为橱窗。

表 7-9　　常见木窗形式

名　称	图　形	名　称	图　形
平开窗	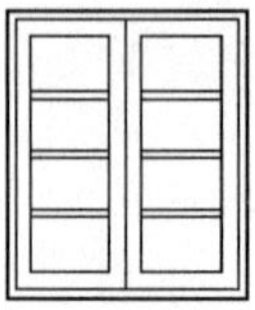	推拉窗	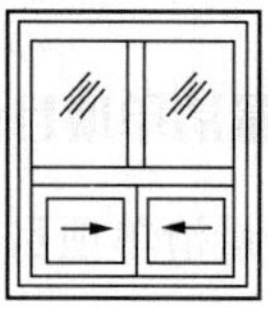
立转窗	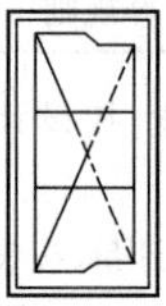	百叶窗	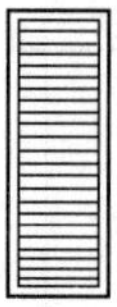
提拉窗	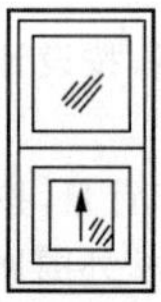	中悬窗	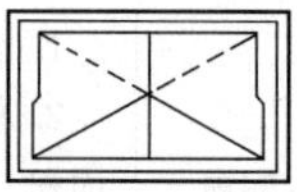

(4)木纱窗。纱窗的主要作用是"防蚊"。现在的纱窗比以前多了更多的花样,出了隐形纱窗和可拆卸纱窗,不再像过去那样费力地将纱窗拆下了。

三、项目特征描述

1. 板窗、木飘(凸)窗

木质窗、木飘(凸)窗项目特征描述提示:

(1)应注明窗代号及洞口尺寸。如C1500mm×500mm。

(2)应说明玻璃的品种、厚度。如10mm厚毛玻璃。

2. 木橱窗

木橱窗项目特征描述提示:

(1)应说明窗代号。

(2)应注明框截面及外围展开面积。

(3)应说明玻璃品种、厚度。

(4)防护材料应注明种类。

3. 木纱窗

木纱窗项目特征描述提示:

(1)应注明窗代号及框的外围尺寸。

(2)窗纱材料应说明品种、规格。

四、工程量计算

【例 7-7】 某房屋窗户设计为矩形木质窗,制作时刷一遍广红油窗,其设计洞口尺寸为

1200mm×1500mm，共计10樘，试根据其计算规则计算木质窗工程量。

【解】 本例为木窗工程中木质窗，项目编码为010806001，则其工程量计算如下：

计算公式：木质窗工程量＝设计图示樘数或以窗洞口尺寸计算所得面积

木质窗工程量＝10樘　或　木质窗工程量＝1.2×1.5×10＝18m^2

第七节　金属窗

一、工程量清单项目设置及工程量计算规则

金属窗工程量清单项目设置及工程量计算规则见表7-10。

表7-10　　金属窗（编码：010807）

<table>
<tr><th>项目编码</th><th>项目名称</th><th>项目特征</th><th>计量单位</th><th>工程量计算规则</th><th>工作内容</th></tr>
<tr><td>010807001</td><td>金属（塑钢、断桥）窗</td><td rowspan="2">1. 窗代号及洞口尺寸
2. 框、扇材质
3. 玻璃品种、厚度</td><td rowspan="6">1. 樘
2. m^2</td><td rowspan="2">1. 以樘计量，按设计图示数量计算
2. 以平方米计量，按设计图示洞口尺寸以面积计算</td><td rowspan="2">1. 窗安装
2. 五金、玻璃安装</td></tr>
<tr><td>010807002</td><td>金属防火窗</td></tr>
<tr><td>010807003</td><td>金属百叶窗</td><td>1. 窗代号及洞口尺寸
2. 框、扇材质
3. 玻璃品种、厚度</td><td>1. 以樘计量，按设计图示数量计算
2. 以平方米计量，按设计图示洞口尺寸以面积计算</td><td rowspan="3">1. 窗安装
2. 五金安装</td></tr>
<tr><td>010807004</td><td>金属纱窗</td><td>1. 窗代号及框的外围尺寸
2. 框材质
3. 窗纱材料品种、规格</td><td>1. 以樘计量，按设计图示数量计算
2. 以平方米计量，按框的外围尺寸以面积计算</td></tr>
<tr><td>010807005</td><td>金属格栅窗</td><td>1. 窗代号及洞口尺寸
2. 框外围尺寸
3. 框、扇材质</td><td>1. 以樘计量，按设计图示数量计算
2. 以平方米计量，按设计图示洞口尺寸以面积计算</td></tr>
<tr><td>010807006</td><td>金属（塑钢、断桥）橱窗</td><td>1. 窗代号
2. 框外围展开面积
3. 框、扇材质
4. 玻璃品种、厚度
5. 防护材料种类</td><td>1. 以樘计量，按设计图示数量计算
2. 以平方米计量，按设计图示尺寸以框外围展开面积计算</td><td>1. 窗制作、运输、安装
2. 五金、玻璃安装
3. 刷防护材料</td></tr>
</table>

续表

项目编码	项目名称	项目特征	计量单位	工程量计算规则	工作内容
010807007	金属(塑钢、断桥)飘(凸)窗	1. 窗代号 2. 框外围展开面积 3. 框、扇材质 4. 玻璃品种、厚度	1. 樘 2. m^2	1. 以樘计量,按设计图示数量计算 2. 以平方米计量,按设计图示尺寸以框外围展开面积计算	1. 窗安装 2. 五金、玻璃安装
010807008	彩板窗	1. 窗代号及洞口尺寸 2. 框外围尺寸 3. 框、扇材质 4. 玻璃品种、厚度		1. 以樘计量,按设计图示数量计算 2. 以平方米计量,按设计图示洞口尺寸或框外围以面积计算	
010807009	复合材料窗				

二、项目名称释义

(1)金属窗。包括金属推拉窗、金属平开窗、金属固定窗等。

1)金属推拉窗。推拉窗是指窗扇在窗框平面内沿水平方向移动开启和关闭的窗。常用的金属推拉窗有推拉铝合金窗,其种类和规格见表 7-11。

表 7-11　推拉铝合金窗的种类和规格

种　类	双　扇	三　扇	四　扇
洞口尺寸	*b*/mm		
h/mm	1200、1500、1800	2100、2400	2700、3000
900 1200 1400 1500	6	61	75
1800 2100		82	69

2)金属平开窗。平开窗是指合页(铰链)装于窗侧边,平开窗扇向内或向外旋转开启的窗。常用的金属平开窗有平开钢窗和平开铝合金窗。平开钢窗的种类和规格见表 7-12,平开铝合金窗的种类和规格见表 7-13。

表 7-12　　平开钢窗的种类和规格

扇数		单扇	双扇	三扇	四扇
亮子	高/mm	宽/mm			
		600	900、1000、1200	1500、1800	1800、2100、2400
无亮子	600、900、1200	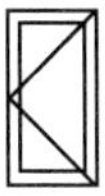	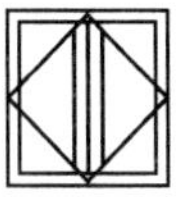	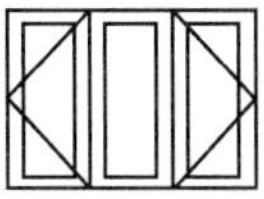	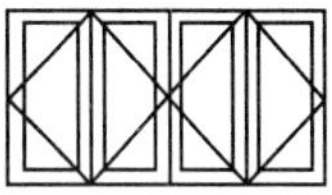
上亮子	1500、1800、2100	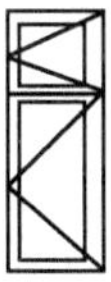	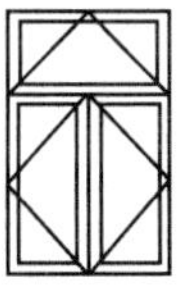	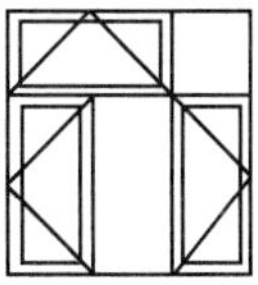	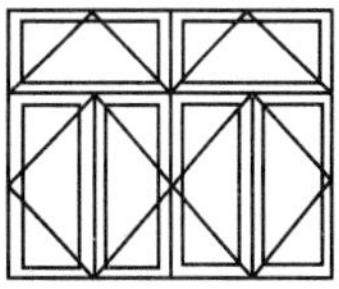
上下亮子	2100、2400、2700、3000			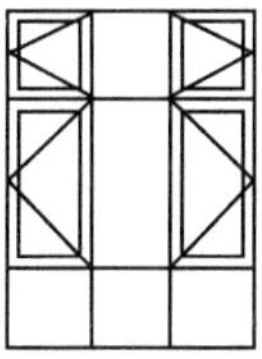	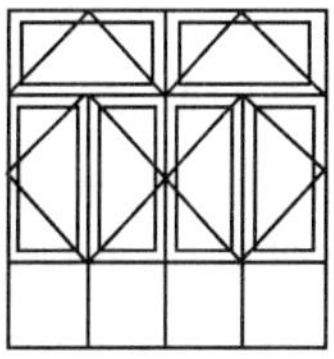

表 7-13　　平开铝合金窗的种类和规格

种类	单扇	双扇	三扇
洞口尺寸	b/mm		
h/mm	600	900、1200	1500、1800、2100
600 900 1200 1400	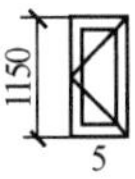 1150 5	 39	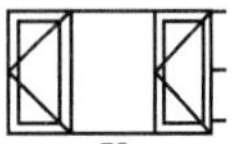 78
1500 1800 2100	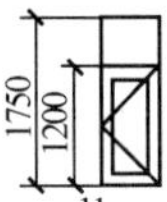 1750 1200 11	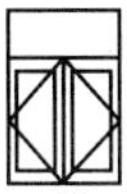 48	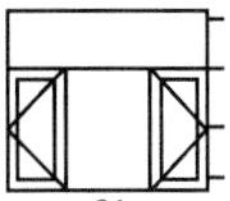 81

3)金属固定窗。金属固定窗是指窗框洞口内直接镶嵌玻璃的不能开启的金属窗。固定窗如图7-13所示。

(2)塑钢窗。塑钢窗是在硬PVC塑料窗组装时在硬PVC窗型材截面空腔中衬入加强型钢、塑钢结合,用以提高窗骨架的刚度。塑钢窗的宽度900～2400mm、高度900～2100mm,厚度60mm、75mm。

窗洞口宽度＝窗框宽度＋40mm,窗洞口高度＝窗框高度＋40mm。

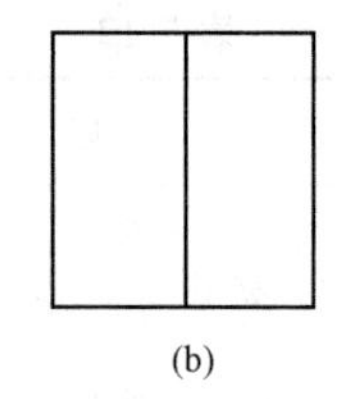
(a)　　(b)

图7-13　固定窗
(a)三孔;(b)双孔

塑钢(PVC)窗的品种见表7-14。

表7-14　　塑钢(PVC)窗的品种

型　号	名　　称	系　列	颜　色	使用部位
SG	塑钢固定窗	60	白	户外
$SP_{1\sim5}$	塑钢平开窗	60	白	户外
STLC	塑钢推拉窗	60、75	白	户外

(3)金属防火窗。金属防火窗是指用钢窗框、钢窗扇、防火玻璃组成的,能起隔离和阻止火势蔓延的窗。

(4)金属百叶窗。金属百叶窗以铝合金百叶窗最为常见。铝合金百叶窗是以铝镁合金制作的百页片,通过梯形尼龙绳串联而成。百页片的角度,可根据室内光线明暗的要求及通风量大小的需要,拉动尼龙绳进行调节(百页片可同时翻转180°)。铝合金百叶窗启闭灵活,使用方便且经久不锈、造型富装饰性。其色彩有淡蓝、乳白、天蓝、淡果绿等;其宽度一般在650～5000mm之间,高度在650～4000mm之间进行选择和订制。这种铝合金帘式百叶窗,作为遮阳与室内装潢设施已广泛应用于高层建筑和民用住宅。

1)烘(喷)漆:选用优质氨基平光漆,烘漆牢固,色彩丰富。

2)喷塑:具有耐酸、耐油、耐碱、耐老化、耐冲击和绝缘等优点,比喷漆的牢固性更佳。

3)电化:将百页片氧化,经化学处理后,获得所需要的色泽,其色彩渗透于铝片内,即耐冲击又使窗片保持原重。

4)喷花:表面经喷花工艺,装饰出各种图案及标志,使表面更具美感和特色。

(5)金属格栅窗。金属格栅窗是指具有金属龙骨的玻璃窗,具有一定防护功能。

(6)彩板窗。彩板窗是指以冷轧镀锌板为基板,涂敷耐候型高抗蚀面层,由现代化工艺制成的彩色涂层建筑外用卷板(简称"彩板")作为生产的门窗。

三、项目特征描述

1. 金属(塑钢、断桥)窗、金属防火窗、金属百叶窗

金属(塑钢、断桥)窗、金属防火窗、金属百叶窗项目特征描述提示:

(1)应注明窗代号及洞口尺寸。

(2)应说明框、扇材质。

(3)窗上有玻璃的,应注明玻璃的品种、厚度。

2. 金属纱窗

金属纱窗项目特征描述提示:

(1)应说明窗代号及框的外围尺寸。

(2)应说明框材质。

(3)窗纱应注明材料品种、规格。

3. 金属格栅窗

金属格栅窗项目特征描述提示:

(1)应注明窗代号及洞口尺寸。

(2)应说明框外围尺寸。

(3)框、扇应注明材质。

4. 金属(塑钢、断桥)橱窗

金属(塑钢、断桥)橱窗项目特征描述提示:

(1)应注明窗代号。

(2)应说明框外围展开面积。

(3)框、扇应注明材质。

(4)橱窗上有玻璃的,应注明比例的品种、厚度。

(5)应说明防护材料种类。

5. 金属(塑钢、断桥)飘(凸)窗、彩板窗、复合材料窗

金属(塑钢、断桥)飘(凸)窗、彩板窗、复合材料窗项目特征描述提示:

(1)应注明窗代号。

(2)应说明框外围展开面积。

(3)应说明框、扇材质。

(4)玻璃应注明品种、厚度。

四、工程量计算

【例 7-8】 某工程窗洞口尺寸为1200mm×1500mm,安装金属百叶窗,共计20樘,试根据其计算规则计算金属百叶窗工程量。

【解】 本例为金属窗工程中金属百叶窗,项目编码为010807003,则其工程量计算如下:

计算公式:金属百叶窗工程量=设计图示樘数或以窗洞口尺寸计算所得面积

金属百叶窗工程量=20樘　或　金属百叶窗工程量=1.2×1.5×20=36m^2

第八节　门窗套

一、工程量清单项目设置及工程量计算规则

门窗套工程量清单项目设置及工程量计算规则见表7-15。

表 7-15 门窗套(编码:010808)

<table>
<tr><th>项目编码</th><th>项目名称</th><th>项目特征</th><th>计量单位</th><th>工程量计算规则</th><th>工作内容</th></tr>
<tr><td>010808001</td><td>木门窗套</td><td>1. 窗代号及洞口尺寸
2. 门窗套展开宽度
3. 基层材料种类
4. 面层材料品种、规格
5. 线条品种、规格
6. 防护材料种类</td><td rowspan="5">1. 樘
2. m^2
3. m</td><td rowspan="5">1. 以樘计量,按设计图示数量计算
2. 以平方米计量,按设计图示尺寸以展开面积计算
3. 以米计量,按设计图示中心以延长米计算</td><td rowspan="3">1. 清理基层
2. 立筋制作、安装
3. 基层板安装
4. 面层铺贴
5. 线条安装
6. 刷防护材料</td></tr>
<tr><td>010808002</td><td>木筒子板</td><td rowspan="2">1. 筒子板宽度
2. 基层材料种类
3. 面层材料品种、规格
4. 线条品种、规格
5. 防护材料种类</td></tr>
<tr><td>010808003</td><td>饰面
夹板筒子板</td></tr>
<tr><td>010808004</td><td>金属门窗套</td><td>1. 窗代号及洞口尺寸
2. 门窗套展开宽度
3. 基层材料种类
4. 面层材料品种、规格
5. 防护材料种类</td><td>1. 清理基层
2. 立筋制作、安装
3. 基层板安装
4. 面层铺贴
5. 刷防护材料</td></tr>
<tr><td>010808005</td><td>石材门窗套</td><td>1. 窗代号及洞口尺寸
2. 门窗套展开宽度
3. 粘结层厚度、砂浆配合比
4. 面层材料品种、规格
5. 线条品种、规格</td><td>1. 清理基层
2. 立筋制作、安装
3. 基层抹灰
4. 面层铺贴
5. 线条安装</td></tr>
<tr><td>010808006</td><td>门窗木贴脸</td><td>1. 门窗代号及洞口尺寸
2. 贴脸板宽度
3. 防护材料种类</td><td>1. 樘
2. m</td><td>1. 以樘计量,按设计图示数量计算
2. 以米计量,按设计图示尺寸以延长米计算</td><td>安装</td></tr>
<tr><td>010808007</td><td>成品
木门窗套</td><td>1. 门窗代号及洞口尺寸
2. 门窗套展开宽度
3. 门窗套材料品种、规格</td><td>1. 樘
2. m^2
3. m</td><td>1. 以樘计量,按设计图示数量计算
2. 以平方米计量,按设计图示尺寸以展开面积计算
3. 以米计量,按设计图示中心以延长米计算</td><td>1. 清理基层
2. 立筋制作、安装
3. 板安装</td></tr>
</table>

二、项目名称释义

(1)木门窗套。木门窗套是在门窗洞的两个立边垂直面,可突出外墙形成边框也可与外墙平齐,既要立边垂直平整又要满足与墙面平整,故此质量要求很高。门窗套可起保护墙体边线的功能，门套还起着固定门扇的作用，而窗套则可在装饰过程中修补窗框密封不实、通风漏气的毛病。

（2）木筒子板。在一些高级装饰的房间中的门窗洞口周边墙面（外门窗在洞口内侧墙面）、过厅门洞的周边或装饰性洞口周围，用装饰板饰面的做法，称为筒子板。门窗木筒子板的面板一般用五夹板或木板制作。

（3）饰面夹板筒子板。筒子板设置在室内门窗洞口处，又称“堵头板”，其面板一般用五层胶合板（五夹板）制作并采用镶钉方法。窗樘筒子板的构造如图 7-14 所示，门头筒子板及其构造如图 7-15 所示。

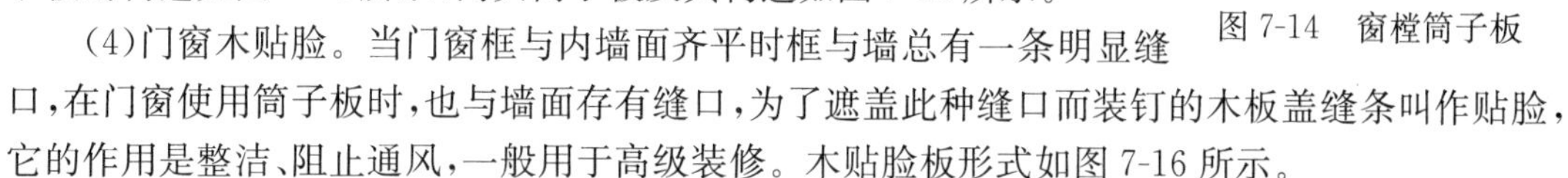

图 7-14　窗樘筒子板

（4）门窗木贴脸。当门窗框与内墙面齐平时框与墙总有一条明显缝口，在门窗使用筒子板时，也与墙面存有缝口，为了遮盖此种缝口而装钉的木板盖缝条叫作贴脸，它的作用是整洁、阻止通风，一般用于高级装修。木贴脸板形式如图 7-16 所示。

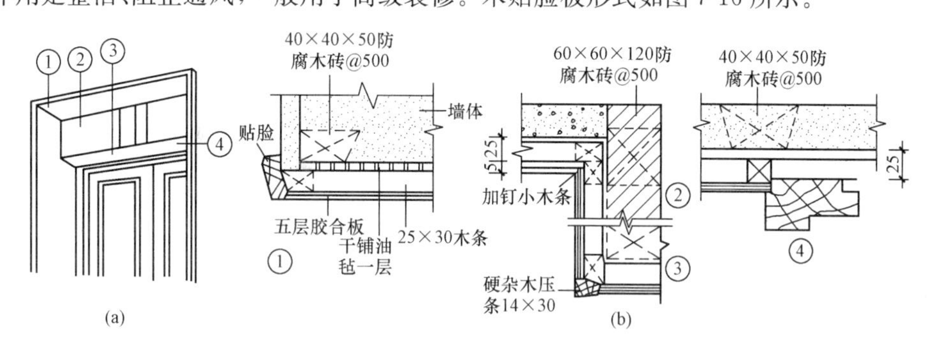

图 7-15　门头筒子板及其构造

（a）门头贴脸、筒子板示意；（b）门头筒子板的构造

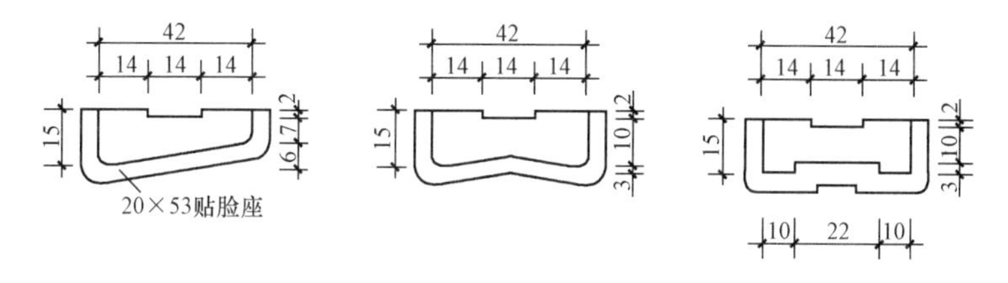

图 7-16　木贴脸板形式

三、项目特征描述

1. 木门窗套

木门窗套项目特征描述提示：

（1）应注明窗代号及洞口尺寸。

（2）应注明门窗套展开宽度。

（3）应注明基层、面层材料种类、品种、规格。

（4）线条应说明品种、规格。

（5）应注明防护材料种类。

2. 木筒子板、饰面夹板筒子板

木筒子板、饰面夹板筒子板项目特征描述提示:

(1)筒子板应注明宽度。

(2)应说明基层材料的种类。

(3)说明面层材料品种、规格。

(4)应注明线条品种、规格。

(5)应注明防护材料种类。

3. 金属门窗套

金属门窗套项目特征描述提示:

(1)应注明窗代号及洞口尺寸。

(2)应注明门窗套展开宽度。

(3)基层材料应注明种类。

(4)面层材料应注明品种、规格。

(5)防护材料应说明种类。

4. 石材门窗套

石材门窗套项目特征描述提示:

(1)应说明窗代号及洞口尺寸。

(2)应注明门窗套展开宽度。

(3)粘结层应说明厚度、砂浆配合比。

(4)面层材料应注明品种、规格。

(5)应注明线条品种、规格。

5. 门窗木贴脸

门窗木贴脸项目特征描述提示:

(1)门窗应注明代号及洞口尺寸。

(2)贴脸板应注明宽度。

(3)防护材料应说明种类。

6. 成品木窗

成品木门窗套项目特征描述提示:

(1)应说明门窗代号及洞口尺寸。

(2)应说明门窗套展开宽度。

(3)应注明门窗套材料品种、规格。

四、工程量计算

【例7-9】 如图7-17所示为某住宅榉木夹板贴面示意图,其门洞尺寸为1100mm×2100mm,共计30樘,内外贴细木工板门套,贴脸(不带龙骨),试根据其计算规则计算门窗套和门窗木贴脸工程量。

【解】 本例为门窗套工程中木门窗套和门窗木贴脸,项目编码分别为010808001和010808006,则其工程量计算如下:

计算公式:门窗套工程量=设计图示展开宽度×设计图示长度

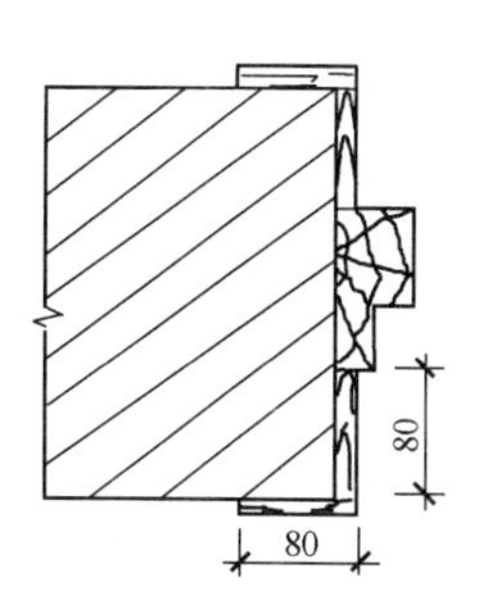

图 7-17 榉木夹板贴面示意图

(1)门窗套工程量＝(1.1＋2.1×2)×0.08×2×30

＝25.44m²

(2)门窗木贴脸工程量＝(1.1＋0.08×2＋2.1×2)×0.08×2×30＝26.21m²

第九节 窗台板

一、工程量清单项目设置及工程量计算规则

窗台板工程量清单项目设置及工程量计算规则见表 7-16。

表 7-16 窗台板(编码:010809)

<table>
<tr><th>项目编码</th><th>项目名称</th><th>项目特征</th><th>计量单位</th><th>工程量计算规则</th><th>工作内容</th></tr>
<tr><td>010809001</td><td>木窗台板</td><td rowspan="3">1. 基层材料种类
2. 窗台面板材质、规格、颜色
3. 防护材料种类</td><td rowspan="4">m²</td><td rowspan="4">按设计图示尺寸以展开面积计算</td><td rowspan="3">1. 基层清理
2. 基层制作、安装
3. 窗台板制作、安装
4. 刷防护材料</td></tr>
<tr><td>010809002</td><td>铝塑窗台板</td></tr>
<tr><td>010809003</td><td>金属窗台板</td></tr>
<tr><td>010809004</td><td>石材窗台板</td><td>1. 粘结层厚度、砂浆配合比
2. 窗台板材质、规格、颜色</td><td>1. 基层清理
2. 抹找平层
3. 窗台板制作、安装</td></tr>
</table>

二、项目名称释义

(1)木窗台板。窗台板一般设置在窗内侧沿处,用于临时摆设台历、杂志、报纸、钟表等物件,以增加室内装饰效果。窗台板常用木材、水泥、水磨石、大理石、塑钢、铝合金等制作。窗台板宽度一般为 100～200mm,厚度为 20～50mm。

木窗台板是在窗下槛内侧面装设的木板,板两端伸出窗头线少许,挑出墙面 20～40mm,板厚一般为 30mm 左右,板下可设窗肚板(封口板)或钉各种线条。

常见木窗台板构的造如图 7-18 所示。

(2)铝塑窗台板。铝塑窗台板是指用铝塑材料制作的窗台板,其作用及构造要求与木窗台板基本相同。

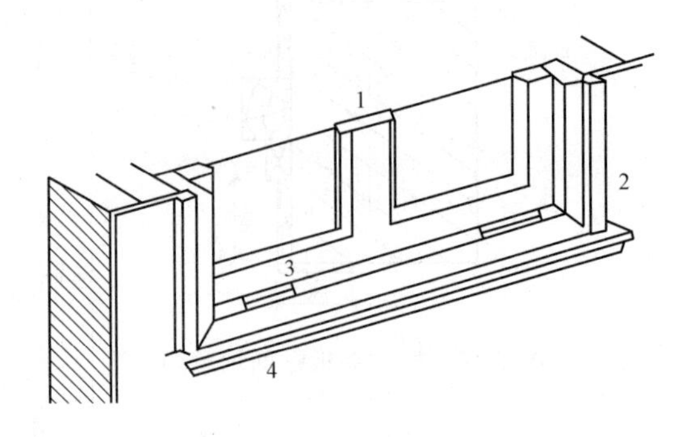

图7-18 常见木窗台板的构造

1—窗扇;2—贴脸;3—羊眼;4—窗台板

(3)金属窗台板。金属窗台板是指用金属材料制作而成的窗台板,其作用及构造要求与木窗台板基本相同。

1)水磨石窗台板应用范围为600～2400mm,窗台板净跨比洞口少10mm,板厚为40mm。应用于240mm墙时,窗台板宽140mm;应用于360mm墙时,窗台板宽为200mm或260mm;应用于490mm墙时,窗台板宽度为330mm。

2)水磨石窗台板的安装采用角铁支架,其中距为500mm,混凝土窗台梁端部应伸入墙120mm,若端部为钢筋混凝土柱时,应留插铁。

3)窗台板的露明部分均应打蜡。

4)大理石或磨光花岗石窗台板,厚度为35mm,采用1∶3水泥砂浆固定。

(4)石材窗台板。石材窗台板是指用水磨石或磨光花岗石制作而成的窗台板,其作用及构造要求与木窗台板基本相同。

三、项目特征描述

(1)木窗台板、铝塑窗台板、金属窗台板、石材窗台板项目特征描述提示:

1)基层应注明材料种类。

2)窗台面板应注明材质、规格、颜色。

3)应注明防护材料种类。

(2)石材窗台板项目特征描述提示:

1)粘结层应注明厚度、砂浆配合比。

2)窗台板应注明材质、规格、颜色。

四、工程量计算

【例7-10】 如图7-18所示为木窗台板示意图,其尺寸为1200mm×1500mm,共计2樘,试根据其计算规则计算窗台板工程量。

【解】 本例为窗台板工程中木窗台板,项目编码为010809001,则其工程量计算如下:

计算公式:木窗台板工程量=设计图示展开宽度×设计图示长度

木窗台板工程量$=1.2\times1.5\times2=3.6\text{m}^2$

第十节　窗帘、窗帘盒、轨

一、工程量清单项目设置及工程量计算规则

窗帘、窗帘盒、轨工程量清单项目设置及工程量计算规则见表 7-17。

表 7-17　　窗帘、窗帘盒、轨(编码:010810)

<table>
<tr><th>项目编码</th><th>项目名称</th><th>项目特征</th><th>计量单位</th><th>工程量计算规则</th><th>工作内容</th></tr>
<tr><td>010810001</td><td>窗帘</td><td>1. 窗帘材质
2. 窗帘高度、宽度
3. 窗帘层数
4. 带幔要求</td><td>1. m
2. m²</td><td>1. 以米计量,按设计图示尺寸以成活后长度计算
2. 以平方米计量,按图示尺寸以成活后展开面积计算</td><td>1. 制作、运输
2. 安装</td></tr>
<tr><td>010810002</td><td>木窗帘盒</td><td rowspan="3">1. 窗帘盒材质、规格
2. 防护材料种类</td><td rowspan="4">m</td><td rowspan="4">按设计图示尺寸以长度计算</td><td rowspan="4">1. 制作、运输、安装
2. 刷防护材料</td></tr>
<tr><td>010810003</td><td>饰面夹板、塑料窗帘盒</td></tr>
<tr><td>010810004</td><td>铝合金窗帘盒</td></tr>
<tr><td>010810005</td><td>窗帘轨</td><td>1. 窗帘轨材质、规格
2. 轨的数量
3. 防护材料种类</td></tr>
</table>

二、项目名称释义

1. 窗帘盒

窗帘盒设置在窗的上口,主要用来吊挂窗帘,并对窗帘导轨等构件起遮挡作用,具有美化居室的作用。窗帘盒的长度一般以窗帘拉开后不影响采光面积为准,一般为:洞口宽度+300mm左右(洞口两侧各 150mm 左右);深度(即出挑尺寸)与所选用的窗材料的厚薄和窗帘的层数有关,一般为 120~200mm,保证在拉扯每层窗帘时互不牵动。窗帘盒材料有木材、金属板、塑料板等。

木窗帘盒分为明窗帘盒(即单体窗帘盒)和暗装窗帘盒。窗帘盒里悬挂窗帘,简单地用木棍或钢筋棍,而普遍采用的是窗帘轨道,轨道有单轨、双轨或三轨。目前有的采用 $\phi19$~$\phi25$ 不锈钢管替代窗帘轨。拉窗帘又有手动和电动之分。图 7-19 和图 7-20 分别为普通常用的单轨明、暗窗帘盒示意图。

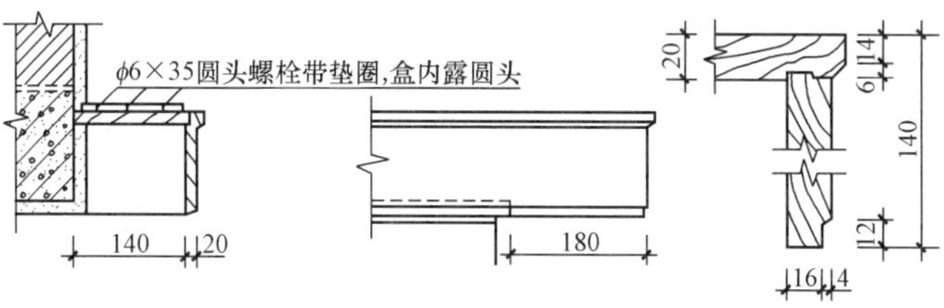

图 7-19　单轨明窗帘盒

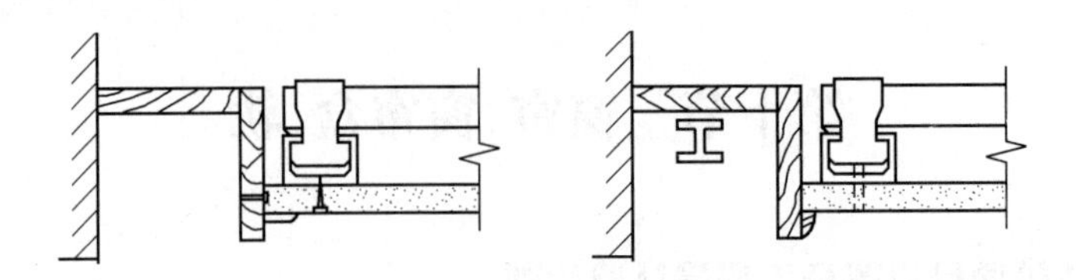

图 7-20 单轨暗窗帘盒

2. 窗帘轨

窗帘轨的滑轨通常采用铝镁合金辊压制品及轧制型材,或着色镀锌铁板、镀锌钢板及钢带、不锈钢钢板及钢带、聚氯乙烯金属层积板等材料制成,支架材料与滑轨相同,美观大方。滚轮、滑轮等零件采用工程塑料,滚动灵活,开启方便,经久耐用;用双圈金属挂环悬挂窗帘,装卸方便。窗帘轨是各类高级建筑和民用住宅的铝合金窗、塑料窗、钢窗、木窗等理想的配套设备。滑轨是商品化成品,有单向、双向拉开等,在建筑工程中往往只安装窗帘滑轨。

窗帘轨品种、规格及特点见表 7-18。

表 7-18　　窗帘轨品种、规格及特点

名　称	品　种	规格(轨道长度 m)	结构特点
CLG 型 CLG-1 型 CLG-2 型	手动单开式(无拉绳) 拉绳单开式 拉绳双开式	0.8、0.9、1.0、1.2 1.2、1.5、1.6 1.7～3.0(以 0.1 进级)	轨道采用薄钢板(带)制成。表面烤漆,零件镀锌,滚轮、滑轮等零件系用工程塑料,滚动灵活,开闭窗帘轻巧方便。有双圈金属拉环悬挂窗帘布,装卸方便
BC-Ⅰ型 BC-Ⅱ型	窗帘轨(单轨) 窗帘轨(双轨)	1.2、1.5、1.8 2.1～3.3(以 0.3 进级)	主要结构采用优质冷轧钢板压制而成。表面涂漆,部分零件镀锌,滑轮、吊轮、滑块等零件系用工程塑料。单轨挂一道窗帘,双轨挂纱、绒两道窗帘。开启闭合轻便、无噪声
U 形铝合金封闭式	U 形(单向、双向)	0.8～4.42(以 0.3 进级)	轨道耐腐蚀、耐用,活动部件采用工程塑料,耐磨,滑动性好,传动轻巧,有特别"挂钩"悬挂窗帘,装卸方便

三、项目特征描述

(1)窗帘项目特征描述提示:

1)应说明窗帘材质。如棉、化纤、麻。

2)应说明窗帘高度、宽度。

3)应说明窗帘层数。窗帘若为双层,必须描述每层材质。

4)应注明带幔要求。

(2)木窗帘盒,饰面夹板、塑料窗帘盒,铝合金窗帘盒项目特征描述提示:

1)应说明窗帘盒材质、规格。

2)应注明防护材料种类。

(3)窗帘轨项目特征描述提示：

1)窗帘轨应注明材质、规格。

2)应注明轨的数量。

3)应注明防护材料种类。

四、工程量计算

【例 7-11】 某工程木窗，共 6 樘，制作安装细木工夹板明式窗帘盒，长度为 2.30m，带铝合金窗帘轨（双轨），试根据其计算规则计算木窗帘盒、窗帘轨工程量。

【解】 本例为窗帘盒、窗帘轨工程中木窗帘盒和窗帘轨，项目编码分别为 010810002 和 010810005，则其工程量计算如下：

计算公式：窗帘盒、窗帘轨工程量＝设计图示长度

$$木窗帘盒工程量=2.3\times6=13.8\text{m}$$

$$窗帘轨工程量=2.3\times6=13.8\text{m}$$

第八章

油漆、涂料、裱糊工程工程量清单计价

第一节　门油漆

一、工程量清单项目设置及工程量计算规则

门油漆工程量清单项目设置及工程量计算规则见表 8-1。

表 8-1　　　　门油漆（编码：011401）

项目编码	项目名称	项目特征	计量单位	工程量计算规则	工作内容
011401001	木门油漆	1. 门类型 2. 门代号及洞口尺寸 3. 腻子种类 4. 刮腻子遍数 5. 防护材料种类 6. 油漆品种、刷漆遍数	1. 樘 2. m^2	1. 以樘计量，按设计图示数量计算 2. 以平方米计量，按设计图示洞口尺寸以面积计算	1. 基层清理 2. 刮腻子 3. 刷防护材料、油漆
011401002	金属门油漆				1. 除锈、基层清理 2. 刮腻子 3. 刷防护材料、油漆

二、项目名称释义

1. 木门清漆

（1）清漆木门施涂工序为：砂纸磨光木材面→选用颜料或调和漆配成油色，刷水色→刷清油→满批腻子、嵌补→刷两遍清油→刷清漆。

（2）混色木门施涂工序为：清理木门表面→刷一遍清漆→打磨、嵌批腻子→打磨、复补腻子→打磨、刷铅油→打磨、刷面漆。

2. 金属门油漆

如钢门施涂工序为：检查防锈漆（若磨损、老化则补刷防锈漆）→刮腻子→刷调和漆→刷罩面漆。

三、项目特征描述

木门油漆、金属门油漆项目特征描述提示：

（1）应注明门类型。如木大门、单层木门等。

（2）应注明门代号及洞口尺寸。如 M2150mm×1500mm。

（3）应注明腻子的种类，刮腻子的遍数。

(4)应注明防护材料的种类。
(5)应注明油漆品种、刷漆遍数。
(6)以平方米计量,项目特征可不必描述洞口尺寸。

四、工程量计算

【例 8-1】 某木门尺寸如图 8-1 所示,油漆为底油一遍,调和漆三遍,共计 20 樘,试根据其计算规则计算油漆工程量。

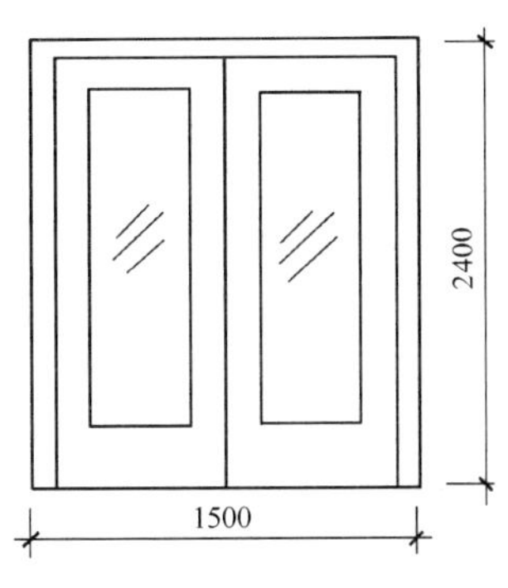

图 8-1　木门尺寸

【解】 本例为木门油漆工程,项目编码为 011401001,则其工程量计算如下:
计算公式:木门油漆工程量＝设计图示樘数或以门洞口尺寸计算所得单面面积
木门油漆工程量＝20 樘　或　木门油漆工程量 $1.5\times2.4\times20=72.0m^2$
(此处注意:工程量清单中凡门窗项目均已包括油漆,不应重复列项。)

第二节　窗油漆

一、工程量清单项目设置及工程量计算规则

窗油漆工程量清单项目设置及工程量计算规则见表 8-2。

表 8-2　窗油漆(编码:011402)

项目编码	项目名称	项目特征	计量单位	工程量计算规则	工作内容
011402001	木窗油漆	1. 窗类型 2. 窗代号及洞口尺寸 3. 腻子种类 4. 刮腻子遍数 5. 防护材料种类 6. 油漆品种、刷漆遍数	1. 樘 2. m^2	1. 以樘计量,按设计图示数量计算 2. 以平方米计量,按设计图示洞口尺寸以面积计算	1. 基层清理 2. 刮腻子 3. 刷防护材料、油漆
011402002	金属窗油漆				1. 除锈、基层清理 2. 刮腻子 3. 刷防护材料、油漆

二、项目名称释义

窗油漆的施涂工序与门油漆相同,可参见本章第一节“门油漆”的内容。

三、项目特征描述

窗油漆项目特征描述提示：

(1)应注明窗类型。如单层木门、双层(一玻一纱)木窗、木百叶窗等。

(2)应注明窗代号及洞口尺寸。如M2180mm×1800mm。

(3)应注明腻子的种类、刮腻子的遍数。

(4)应注明防护材料种类。

(5)应说明油漆品种、刷漆遍数。

四、工程量计算

【例8-2】 某房间设计有矩形窗木，制作时刷底油一遍，共4樘，洞口尺寸1500mm×1800mm，试根据其计算规则计算矩形木窗油漆工程量。

【解】 本例为木窗油漆工程，项目编码为011402001，则其工程量计算如下：

计算公式：木窗油漆工程量＝设计图示樘数

木窗油漆工程量＝4樘

第三节 木扶手与其他板条、线条油漆

一、工程量清单项目设置及工程量计算规则

木扶手与其他板条、线条油漆工程量清单项目设置及工程量计算规则见表8-3。

表8-3 木扶手与其他板条、线条油漆(编码:011403)

项目编码	项目名称	项目特征	计量单位	工程量计算规则	工作内容
011403001	木扶手油漆	1. 断面尺寸 2. 腻子种类 3. 刮腻子遍数 4. 防护材料种类 5. 油漆品种、刷漆遍数	m	按设计图示尺寸以长度计算	1. 基层清理 2. 刮腻子 3. 刷防护材料、油漆
011403002	窗帘盒油漆				
011403003	封檐板、顺水板油漆				
011403004	挂衣板、黑板框油漆				
011403005	挂镜线、窗帘棍、单独木线油漆				

二、项目特征描述

1. 项目特征描述提示

(1)应说明断面尺寸。

(2)应说明腻子种类及要求，如桐油灰腻子。

(3)应说明防护材料种类及涂刷遍数，如木扶手防火涂料三遍。

(4)应说明油漆品种及刷漆遍数，如调和漆三遍。

2. 油漆工程常用计量数据

油漆工程常用计量数据见表8-4～表8-8。

表8-4 油漆金属、木构件(防火漆)、木扶手(醇酸漆、硝基漆) m^2

名称	单位	防火漆(两遍成活)			醇酸漆(三遍成活)	硝基漆(三遍成活)
		金属构件	木方面	木板面	木扶手	木扶手
		t	$100m^2$	$100m^2$	100m	100m
综合工日	工日	22.18	16.39	12.53	35.08	56.82
清油	kg	116	—	—	0.62	—
防火漆	kg	10.56	—	—	—	—
松香水	kg	2.66	—	—	—	—
防锈漆	kg	8.93	—	—	—	—
催干剂	kg	1.50	—	—	—	—
膨胀型防火涂料	kg	—	77.52	99.75	—	—
石膏	kg	—	—	—	0.77	0.13
滑石粉	kg	—	—	—	2.69	8.73
色粉	kg	—	—	—	0.6	—
漆片	kg	—	—	—	1.17	0.59
酒精	kg	—	—	—	4.91	2.56
香蕉水	kg	—	—	—	7.37	4.01
酚醛清漆	kg	—	—	—	0.11	—
醇酸清漆	kg	—	—	—	9.18	—
醇酸漆稀料	kg	—	—	—	1.55	—
砂蜡	kg	—	—	—	0.53	0.53
上光蜡	kg	—	—	—	0.18	0.18
硝基底漆	kg	—	—	—	—	2.69
硝基磁漆	kg	—	—	—	—	8.06
硝基漆稀料	kg	—	—	—	—	14.37

注:木方面按投影面积计算,木板面按双面计算。

表8-5 油漆天棚(乳胶漆、防火漆) $100m^2$

名称	单位	抹灰乳胶漆		木材面防火漆(三遍成活)	金属面防火漆(三遍成活)
		三遍成活	每增一遍		
综合工日	工日	50.1	16.70	20.11	24.85
石膏	kg	3.23	—	—	—

续表

名　　称	单　位	抹灰乳胶漆		木材面防火漆（三遍成活）	金属面防火漆（三遍成活）
		三遍成活	每增一遍		
滑石粉	kg	21.83	—	—	—
纤维素	kg	0.82	—	—	—
乳胶漆	kg	49.97	6.66	—	—
醋酸乙烯乳胶	kg	4.46	1.49	—	—
清　油	kg	—	—	2.73	1.70
防火漆	kg	—	—	29.99	15.50
松香水	kg	—	—	4.40	3.90
防锈漆	kg	—	—	—	13.10
催干剂	kg	—	—	—	2.20

表 8-6　　油漆木制天棚(过氯乙烯漆)　　$100m^2$

名　　称	单　位	五遍成活	每增刷一遍		
			底漆	磁漆	清漆
综合工日	工日	65.78	10.13	10.59	10.13
过氯乙烯腻子	kg	38.84	—	—	—
过氯乙烯底漆	kg	16.24	16.24	—	—
过氯乙烯磁漆	kg	57.33	—	28.67	—
过氯乙烯清漆	kg	64.31	—	—	32.16
过氯乙烯溶剂	kg	20.57	5.42	7.57	7.58
砂　蜡	kg	2.12	—	—	—
上光蜡	kg	0.70	—	—	—

注:若设计要求不上蜡,扣除上蜡材料和综合工日 12.5 个。

表 8-7　　油漆墙面(抹灰面)、天棚(乳胶漆、硝基漆)　　$100m^2$

名　　称	单　位	乳胶漆(抹灰面)墙面		硝基清漆刷天棚	
		三遍成活	每增刷一遍	五遍成活	每增刷一遍
综合工日	工日	41.28	10.71	162.41	32.48
石　膏	kg	3.08	—	3.23	—
滑石粉	kg	20.79	—	21.83	—
大白粉	kg	2.15	—	—	—
纤维素	kg	0.81	—	0.82	—
漆　片	kg	—	—	0.67	—
色　粉	kg	—	—	4.45	—
酒　精	kg	—	—	2.9	—

续表

名称	单位	乳胶漆(抹灰面)墙面		硝基清漆刷天棚	
		三遍成活	每增刷一遍	五遍成活	每增刷一遍
松香水	kg	—	—	4.35	—
乳胶漆	kg	11.60	15.86	—	—
醋酸乙烯乳胶	kg	47.59	1.42	—	—
熟桐油	kg	4.25	—	—	—
硝基清漆	kg	—	—	114.06	22.81
硝基稀料	kg	—	—	227.67	45.53
砂　蜡	kg	—	—	1.94	—
上光蜡	kg	—	—	0.65	—

表 8-8　　油漆木地面(聚氨酯清漆、醇酸清漆)　　$100m^2$

名称	单位	聚氨酯清漆		醇酸清漆	
		五遍成活	每增刷一遍	四遍成活	每增刷一遍
综合工日	工日	82.50	19.25	100.33	23.33
石　膏	kg	3.83	—	3.83	—
滑石粉	kg	17.49	—	17.49	—
熟桐油	kg	2.36	—	2.36	—
纤维素	kg	0.66	—	0.66	—
漆　片	kg	1.37	—	—	—
色　粉	kg	3.18	—	3.18	—
酒　精	kg	7.15	—	7.15	—
松香水	kg	2.50	—	8.49	2.12
清　油	kg	3.26	—	3.26	—
聚氨酯甲乙料	kg	151.20	29.08	—	—
聚氨酯稀料	kg	50.04	10.5	—	—
酚醛清漆	kg	—	—	0.75	0.14
醇酸清漆	kg	—	—	48.29	12.07
醇酸稀料	kg	—	—	8.10	2.03
地板蜡	kg	16.67	—	16.67	—

三、工程量计算

【例 8-3】 某建筑物剖面图如图 8-2 所示，挂镜线刷底油一遍，调和漆两遍，试根据其计算规则计算挂镜线油漆工程量。

【解】 本例为木扶手及其他板条，线条油漆工程中的挂镜线油漆，项目编码为 011403005，则工程量计算如下：

计算公式：挂镜线油漆工程量＝设计图示长度

挂镜线油漆工程量＝[(3.9×2＋1.2－0.12×2)＋(6.00－0.12×2)]×2＝29.04m

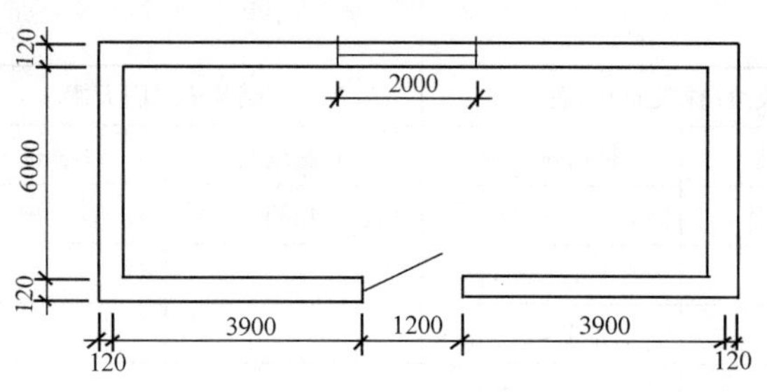

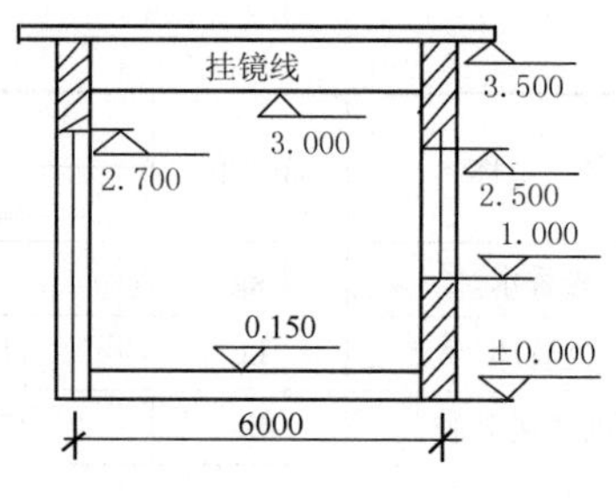

图 8-2　某建筑物剖面图

第四节　木材面油漆

一、工程量清单项目设置及工程量计算规则

木材面油漆工程量清单项目设置及工程量计算规则见表 8-9。

表 8-9　木材面油漆(编码:011404)

项目编码	项目名称	项目特征	计量单位	工程量计算规则	工作内容
011404001	木护墙、木墙裙油漆	1. 腻子种类 2. 刮腻子遍数 3. 防护材料种类 4. 油漆品种、刷漆遍数	m²	按设计图示尺寸以面积计算	1. 基层清理 2. 刮腻子 3. 刷防护材料、油漆
011404002	窗台板、筒子板、盖板、门窗套、踢脚线油漆				
011404003	清水板条天棚、檐口油漆				
011404004	木方格吊顶天棚油漆				
011404005	吸声板墙面、天棚面油漆				
011404006	暖气罩油漆				
011404007	其他木材面				
011404008	木间壁、木隔断油漆			按设计图示尺寸以单面外围面积计算	
011404009	玻璃间壁露明墙筋油漆				
011404010	木栅栏、木栏杆(带扶手)油漆				
011404011	衣柜、壁柜油漆			按设计图示尺寸以油漆部分展开面积计算	
011404012	梁柱饰面油漆				
011404013	零星木装修油漆				
011404014	木地板油漆				
011404015	木地板烫硬蜡面	1. 硬蜡品种 2. 面层处理要求		按设计图示尺寸以面积计算。空洞、空圈、暖气包槽、壁龛的开口部分并入相应的工程量内	1. 基层清理 2. 烫蜡

二、项目特征描述

1. 项目特征描述提示

(1)木护墙、木墙裙油漆,窗台板、筒子板、盖板、门窗套、踢脚线油漆,清水板条天棚、檐口油漆,木方格吊顶天棚油漆,吸声板墙面、天棚面油漆,暖气罩油漆,其他木材面,木间壁、木隔断油漆,玻璃间壁露明墙筋油漆,木栅栏、木栏杆(带扶手)油漆,衣柜、壁柜油漆,梁柱饰面油漆,零星木装修油漆,木地板油漆项目特征描述提示:

1)应说明腻子种类及要求。

2)应说明防护材料种类及涂刷遍数。

3)应说明油漆品种及刷漆遍数。

(2)木地板烫硬蜡面项目特征描述提示:

1)应说明硬蜡种类及使用要求。

2)应说明面层处理要求。

2. 木地板油涂漆种类

常见的木地板油涂种类有涂刷聚氨酯清漆、涂刷醇酸清漆、漆刷混色清漆等。

(1)木地板涂刷混色漆的涂装工序见表 8-10。

表 8-10　　木地板涂刷混色漆的涂装工序

序号	工序名称	材　料	操 作 要 点
1	处理地板	$1\frac{1}{2}$号及 1 号砂纸	用铲刀和皮老虎将地板表面及拼缝内的砂灰清除干净,用 $1\frac{1}{2}$ 号砂纸顺木纹打磨,最后用 1 号砂纸打磨并除去浮尘或用磨地板机打磨
2	刷底油	熟桐油∶松香水=1∶2.5	为使头道腻子与基层粘结牢固,并防止地板受潮变形,增强防腐作用
3	嵌补腻子	石膏腻子(石膏粉∶熟桐油∶水=20∶7∶50)	腻子要调配稍硬,将裂缝、拼缝及较大的缺陷处嵌补填实
4	磨砂纸	1 号砂纸	待腻子干硬后将嵌补处磨平、扫净浮尘
5	满批腻子二道	石膏腻子	腻子的油量可增加 20%,水量适当减少,只要稍有塑性即可,以防不易批刮干净。批刮时顺批刮方向将腻子倒成一条,用 3in(1in=25.4mm)以上大刮板批刮,要尽量收刮干净,不使腻子存留,头道腻子干后,经嵌补后可刮第二道
6	磨砂纸	1 号砂纸	待腻子干后将表面打磨平整、扫净浮尘
7	刷第一道油漆	醇酸调和漆,醇酸磁漆或其他地板漆	顺木纹涂刷,阴角处不得涂刷过厚
8	磨砂纸	1 号砂纸	待油干后轻轻打磨,不得将漆膜磨穿
9	复补腻子	色石膏腻子	将缺陷处复补找平

续表

序号	工序名称	材　　料	操 作 要 点
10	磨砂纸	1号砂纸	局部打磨
11	补刷油漆	醇酸调和漆,醇酸磁漆或其他地板漆	局部补刷调和漆
12	刷第二道油漆	醇酸调和漆,醇酸磁漆或其他地板漆	顺木纹涂刷,阴角处不得涂刷过厚
13	磨砂纸	1号砂纸	待腻子干后将表面打磨平整扫净浮尘
14	刷第三道油漆	醇酸调和漆,醇酸磁漆或其他地板漆	顺木纹涂刷,阴角处不得涂刷过厚,达到颜色光亮一致

(2)木地板涂刷聚氨酯清漆的涂装工序见表8-11。

表8-11　　木地板涂刷聚氨酯清漆的涂装工序

序号	工序名称	材　　料	操 作 要 点
1	处理地板	1号及$1\frac{1}{2}$号砂纸	操作方法同混色漆木地板
2	润油粉	大白粉∶松香水∶熟桐油=24∶16∶2适当颜料	将拌好的油粉均匀地擦在地板面上,将棕眼及木纹内擦实擦严,多余的油粉清理干净
3	满刮腻子	石膏、聚氨酯清漆	将腻子嵌于地板缝隙、麻坑凹陷不平处,顺木纹刮平,并及时将废腻子收净
4	磨砂纸	1号砂纸	待腻子干后将腻子磨平,扫净尘土
5	嵌补腻子	石膏、聚氨酯清漆	将遗留孔眼和第一道腻子塌陷处找补平整
6	磨砂纸	1号砂纸	待腻子干后将找补腻子处重新磨平,并用湿布将浮尘擦净
7	刷第一道聚氨酯清漆	聚氨酯清漆	先踢脚线,后地面,应用力刷匀,不漏刷
8	嵌补腻子	石膏、聚氨酯清漆	如有塌陷,需再修补腻子
9	磨砂纸	1/2号砂纸	补腻子干后磨平,表面轻磨一遍
10	点修木纹	漆片、颜料聚氨酯清漆	大片腻子疤痕,用油色或漆片用毛笔点修,达到整体一致
11	刷第二道聚氨酯清漆	聚氨酯清漆	先踢脚线,后地面,应用力刷匀,不漏刷
12	磨砂纸	0号砂纸	待油干后将刷纹磨光滑、不能磨穿漆层
13	刷第三道聚氨酯清漆	聚氨酯清漆	最后一道清漆要刷均匀,不能遗漏,不留刷痕,平整光滑

(3)木地板涂刷醇酸清漆的涂装工序见表8-12。

表8-12　木地板涂刷醇酸清漆的涂装工序

序号	工序名称	材　料	操　作　要　点
1	处理地板	1号及$1\frac{1}{2}$号砂纸	操作方法同混色漆木地板
2	刷底油	熟桐油∶松香水＝1∶2.5	操作方法同混色漆木地板，底油要稀，要根据样板加入适当颜料
3	嵌补腻子	石膏腻子(石膏粉∶熟桐油∶水＝20∶7∶50)	操作方法同混色漆木地板
4	磨砂纸	1号砂纸	待腻子干后将嵌补处磨平、扫净浮尘
5	满批腻子二道	石膏色腻子	可根据样板加入适量颜料，其操作方法同混色漆地板
6	刷油色	铅油、松香水及适量颜料	要刷开刷匀，涂层不应过厚，接槎重叠要错开
7	磨砂纸	1号砂纸	经48h后轻轻打磨地板，擦净浮尘
8	刷第一道清漆	醇酸清漆	涂层尽量厚一些
9	磨砂纸	0号砂纸	待油干后轻轻打磨刷痕，不可磨穿漆膜
10	刷第二道清漆	醇酸清漆	涂刷平整、均匀，不得漏刷
11	磨砂纸	0号砂纸	待油干后轻轻打磨刷痕，不可磨穿漆膜
12	刷第三道油漆	醇酸清漆	涂刷平整、均匀，不得漏刷

3. 木地板打蜡涂料工序

木地板打蜡的涂装工序见表8-13。

表8-13　木地板打蜡的涂装工序

序号	工序名称	材　料	操　作　要　点
1	处理地板	1号及$1\frac{1}{2}$号砂纸	清理地板上杂物，用1号或$1\frac{1}{2}$号砂纸包木方打磨地板，或用磨地板机打磨。先踢脚线，后地面，并将浮尘打扫干净
2	润油粉	大白粉∶熟桐油∶松香水＝24∶16∶2	用棉丝蘸油粉在地板上反复揉擦，将木纹棕眼全部填满、填实
3	磨砂纸	0号砂纸	待油粉干后将刮痕、印痕打磨光滑并清理干净
4	刷漆片	漆片、酒精适当颜料	满刷漆片，动作要快，不要重复不要遗漏，要刷两遍
5	磨砂纸	$\frac{1}{2}$号砂纸	待漆片干后用砂纸轻轻打磨，不能将漆膜磨穿
6	刷漆片	漆片、酒精适当颜料	满刷漆片，动作要快，不要重复不要遗漏，要刷两遍，接槎处不能有重叠
7	打蜡出光	豆包布、光蜡	均匀擦干踢脚线与地面上，不能涂擦过厚，稍干后用干净布反复涂擦使之出光

4. 木材面油漆参考用量

木材面油漆参考用量见表8-14。

表8-14　木材面油漆用量参考表

油漆名称	应用范围	施工方法	油漆面积/(m^2/kg)	油漆名称	应用范围	施工方法	油漆面积/(m^2/kg)
Y02－1(各色厚漆)	底	刷	6～8	白色醇酸无光磁漆	面	刷或喷	8
Y02－2(锌白厚漆)	底	刷	6～8	C04－44各色醇酸平光磁漆	面	刷或喷	8
Y02－13(白厚漆)	底	刷	6～8	Q01－1硝基清漆	罩面	喷	8
抄白漆	底	刷	6～8	Q22－1硝基木器漆	面	喷和揩	8
虫胶漆	底	刷	6～8	B22－2丙烯酸木器漆	面	刷或喷	8
F01－1(酚醛清漆)	罩光	刷	8				
F80－1(酚醛地板漆)	面	刷	6～8				

三、工程量计算

【例8-4】 如图8-3所示为某房间内木墙裙油漆示意图。已知墙裙高1.5m,窗台高1m,窗洞侧油漆宽100mm。试根据其计算规则计算木墙裙油漆工程量。

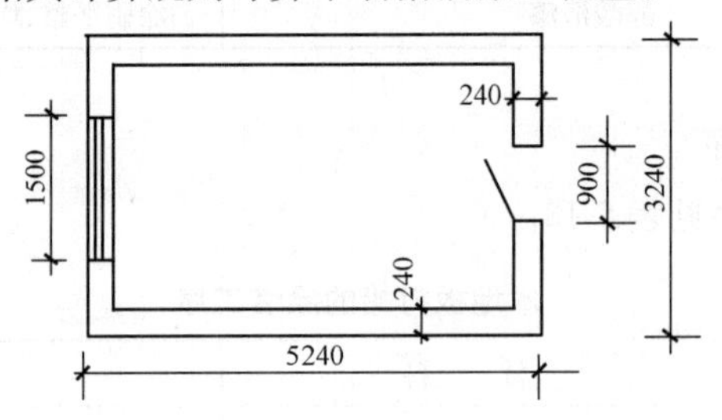

图8-3　某房间内木墙裙油漆示意图

【解】 本例为木材面油漆工程中的木墙裙油漆,项目编码为011404001,则其工程量计算如下:

计算公式:木材面油漆工程量＝设计图示尺寸以面积计算

木墙裙油漆工程量＝[(5.24－0.24×2)×2＋(3.24－0.24×2)×2]×1.5－[1.5×(1.5－1.0)＋0.9×1.5]＋(1.50－1.0)×0.10×2

＝20.56m^2

第五节　金属面油漆

一、工程量清单项目设置及工程量计算规则

金属面油漆工程量清单项目设置及工程量计算规则见表8-15。

表 8-15　　金属面油漆(编码:011405)

项目编码	项目名称	项目特征	计量单位	工程量计算规则	工作内容
011405001	金属面油漆	1. 构件名称 2. 腻子种类 3. 刮腻子要求 4. 防护材料种类 5. 油漆品种、刷漆遍数	1. t 2. m^2	1. 以吨计量,按设计图示尺寸以质量计算 2. 以平方米计量,按设计展开面积计算	1. 基层清理 2. 刮腻子 3. 刷防护材料、油漆

二、项目名称释义

金属面油漆涂饰的目的之一是美观,更重要的是防锈。防锈的最主要工序为除锈和涂刷防锈漆或是底漆。对于中间层漆和面漆的选择,也要根据不同基层,尤其是不同使用条件的情况选择适宜的油漆,才能达到防止锈蚀和保持美观的要求。金属面施涂混色油漆工艺见表 8-16。

表 8-16　　金属面施涂混色油漆工艺

序号	工序名称	材　　料	操　作　要　点
1	基层处理	砂纸、刮刀	首先将金属面上浮土、灰浆等清扫干净,基层面上的焊疤、铁刺、棱角、颗粒等均要进行细致的处理。然后用有机溶剂、碱液清除基层表面油脂、污渍等
2	修补防锈漆	钢丝刷、砂布、铲刀	对安装过程的焊点,防锈漆磨损处,进行清除焊渣,有锈时除锈,补 1～2 道防锈漆
3	修补腻子	石膏粉、桐油、调和漆或醇酸漆	将金属表面的砂眼、凹坑、缺棱拼缝等处找补腻子,做到基本平整
4	磨砂纸	1 号砂纸	轻轻打磨,将多余腻子打掉
5	刮腻子	油石膏腻子	用开刀或胶皮刮板满刮一遍石膏腻子,刮得薄,收得干净,均匀平整无飞刺
6	磨砂纸	1 号砂纸	注意保护棱角,达到表面平整光滑,线角平直,整齐一致
7	刷第一道油	调和漆或铅油做第一道油	要厚薄一致均匀,线角处要薄一些,但要盖底,不出现流淌,不显刷痕
8	嵌补腻子	油石膏腻子	同序号 3
9	磨砂纸	1 号砂纸	同序号 6,磨完后要打扫干净
10	刷第二道油	同工序 7	同序号 7 并增加油的总厚度
11	磨砂纸	1 号或旧砂纸	同序号 6,由于是最后一道砂纸,要轻磨,保护好棱角,达到平整、线角齐直,用湿布打扫干净
12	刷最后交活油	调和漆或醇酸漆	要多刷多理,刷油饱满,不流不坠,光亮均匀,色泽一致,如有毛病要及时修理

三、项目特征描述

1. 项目特征描述提示

(1)应注明构件名称。

(2)应说明腻子种类及要求。

(3)应说明防护材料种类及涂刷遍数。

(4)应说明油漆品种、刷漆遍数。

2. 金属面油漆参考用量

金属面油漆参考用量见表8-17。

表8-17　　金属面油漆用量参考表

油漆名称	应用范围	施工方法	油漆面积/(m^2/kg)	油漆名称	应用范围	施工方法	油漆面积/(m^2/kg)
Y53－2铁红(防锈漆)	底	刷	6～8	C04－48各色醇酸磁漆	面	刷、喷	8
F03－1各色酚醛调和漆	面	刷、喷	8	C06－1铁红醇酸底漆	底	刷	6～8
F04－1铝粉、金色酚醛磁漆	面	刷、喷	8	Q04－1各色硝基磁漆	面	刷	8
F06－1红灰酚醛底漆	底	刷、喷	6～8	H06－2铁红	底	刷、喷	6～8
F06－9锌黄，纯酚醛底漆	用于铝合金	刷	6～8	脱漆剂	除旧漆	刷、刮涂	4～6
C01－7醇酸清漆	罩面	刷	8				

四、工程量计算

【例8-4】　某钢直梯如图8-4所示，ϕ28mm光圆钢筋线密度为4.834kg/m，试根据其工程量计算钢直梯油漆工程量。

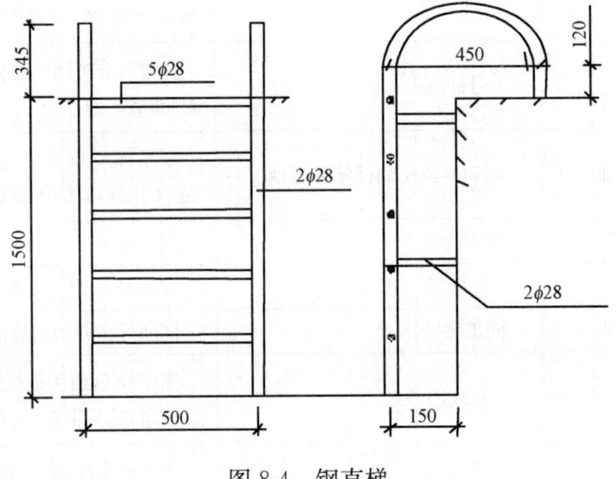

图8-4　钢直梯

【解】 本例为金属面油漆工程，项目编码为011405001。其工程量按设计图示尺寸以质量计算，则其工程量计算如下：

$$\text{钢直梯油漆工程量}=[(1.50+0.12\times2+0.45\times\pi/2)\times2+(0.50+0.028)\times5+(0.15-0.014)\times4]\times4.834$$

$$=39.04\text{kg}=0.039\text{t}$$

第六节　抹面灰油漆

一、工程量清单项目设置及工程量计算规则

抹面灰油漆工程量清单项目设置及工程量计算规则见表8-18。

表8-18　　抹面灰油漆（编码：011406）

<table>
<tr><th>项目编码</th><th>项目名称</th><th>项目特征</th><th>计量单位</th><th>工程量计算规则</th><th>工作内容</th></tr>
<tr><td>011406001</td><td>抹灰面油漆</td><td>1. 基层类型
2. 腻子种类
3. 刮腻子遍数
4. 防护材料种类
5. 油漆品种、刷漆遍数
6. 部位</td><td>m²</td><td>按设计图示尺寸以面积计算</td><td rowspan="2">1. 基层清理
2. 刮腻子
3. 刷防护材料、油漆</td></tr>
<tr><td>011406002</td><td>抹灰线条油漆</td><td>1. 线条宽度、道数
2. 腻子种类
3. 刮腻子遍数
4. 防护材料种类
5. 油漆品种、刷漆遍数</td><td>m</td><td>按设计图示尺寸以长度计算</td></tr>
<tr><td>011406003</td><td>满刮腻子</td><td>1. 基层类型
2. 腻子种类
3. 刮腻子遍数</td><td>m²</td><td>按设计图示尺寸以面积计算</td><td>1. 基层清理
2. 刮腻子</td></tr>
</table>

二、项目名称释义

(1)抹灰面油漆是指在内外墙及室内天棚抹灰面层或混凝土表面进行的油漆刷涂工作。抹灰面油漆施工前应清理干净基层并列腻子。抹灰面油漆一般采用机械喷涂作业。

(2)腻子是用于平整物体表面的一种装饰材料。直接涂施于物体或底涂上。用以天平被涂表面上高低不平的部分、采用现场调配的腻子，应坚实、牢固，不得分化、起皮和开裂。

三、项目特征描述

(1)抹灰面油漆项目特征描述提示：

1)应注明基层类型。如水泥灰面层。

2)应注明腻子种类以及刮腻子遍数。如成品腻子膏2遍。

3)应说明防护材料种类。

4)应注明油漆品种、刷漆遍数及部位。

(2)抹灰线条油漆项目特征描述提示：

1)应注明线条宽度、道数。如3条20mm宽油漆。

2)应注明腻子种类以及刮腻子遍数。

3)应说明防护材料种类。

4)应注明油漆品种、刷漆遍数。

(3)满刮腻子项目特征描述提示：

1)应注明基层类型。

2)应说明腻子种类。

3)应说明刮腻子遍数。

四、工程量计算

【例8-6】 如图8-5所示为某卧室平面图，卧室内墙抹灰面刷乳胶漆二遍，考虑吊顶因素，刷油漆高度为3.0m，试根据其计算规则计算其工程量。

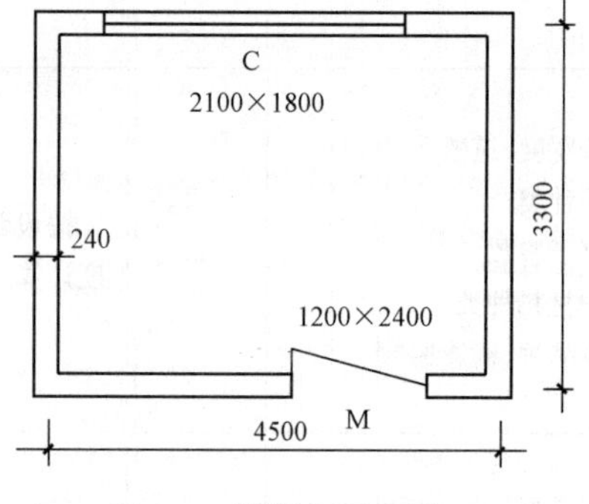

图8-5 某卧室平面图

【解】 本例为抹灰面油漆工程，项目编码为011406001，抹灰面油漆的工程量按设计图示尺寸以面积计算，则其工程量计算如下：

抹灰面油漆工程量＝[(4.5－0.24)＋(3.3－0.24)]×2×3.0－1.2×2.4－2.1×1.8

＝37.26m^2

第七节 喷刷涂料

一、工程量清单项目设置及工程量计算规则

喷刷涂料工程量清单项目设置及工程量计算规则见表8-19。

表 8-19　　喷刷涂料(编码:011407)

<table>
<tr><th>项目编码</th><th>项目名称</th><th>项目特征</th><th>计量单位</th><th>工程量计算规则</th><th>工作内容</th></tr>
<tr><td>011407001</td><td>墙面喷刷涂料</td><td rowspan="2">1. 基层类型
2. 喷刷涂料部位
3. 腻子种类
4. 刮腻子要求
5. 涂料品种、刷漆遍数</td><td rowspan="3">m²</td><td rowspan="2">按设计图示尺寸以面积计算</td><td rowspan="4">1. 基层清理
2. 刮腻子
3. 刷、喷涂料</td></tr>
<tr><td>011407002</td><td>天棚喷刷涂料</td></tr>
<tr><td>011407003</td><td>空花格、栏杆刷涂料</td><td>1. 腻子种类
2. 刮腻子遍数
3. 涂料品种、刷喷遍数</td><td>按设计图示尺寸以单面外围面积计算</td></tr>
<tr><td>011407004</td><td>线条刷涂料</td><td>1. 基层清理
2. 线条宽度
3. 刮腻子遍数
4. 刷防护材料、油漆</td><td>m</td><td>按设计图示尺寸以长度计算</td></tr>
<tr><td>011407005</td><td>金属构件刷防火涂料</td><td>1. 喷刷防火涂料构件名称
2. 防火等级要求
3. 涂料品种、喷刷遍数</td><td>1. m²
2. t</td><td>1. 以吨计量，按设计图示尺寸以质量计算
2. 以平方米计量，按设计展开面积计算</td><td>1. 基层清理
2. 刷防护材料、油漆</td></tr>
</table>

二、项目名称释义

(1)刷喷涂料是利用压缩空气，将涂料从喷枪中喷出并雾化，在气流的带动下涂到被涂件表面上形成涂膜的一种涂装方法。常用装饰涂料品种、适用范围及用量参考表 8-20。

表 8-20　　常用装饰涂料品种、适用范围及用量参考表

产品名称	适用范围	用量/(m²/kg)
多彩花纹装饰涂料	用于混凝土、砂浆、木材、岩石板、钢、铝等各种基层材料及室内墙、顶面	3～4
乙丙各色乳胶漆(外用)	用于室外墙面装饰涂料	5.7
乙丙各色乳胶漆(内用)	用于室内装饰涂料	5.7
乙—丙乳液厚涂料	用于外墙装饰涂料	2.3～3.3
苯—丙彩砂涂料	用于内、外墙装饰涂料	2～3.3
浮雕涂料	用于内、外墙装饰涂料	0.6～1.25
封底漆	用于内、外墙基体面	10～13
封固底漆	用于内、外墙增加结合力	10～13
各色乙酸乙烯无光乳胶漆	用于室内水泥墙面、天花	5
ST 内墙涂料	水泥砂浆，石灰砂浆等内墙面，贮存期为 6 个月	3～6
106 内墙涂料	水泥砂浆，新旧石灰墙面，贮存期为 2 个月	2.5～3.0

续表

产品名称	适用范围	用量/(m^2/kg)
JQ－83耐洗擦内墙涂料	混凝土,水泥砂浆,石棉水泥板,纸面石膏板,贮存期为3个月	3～4
KFT－831建筑内墙涂料	室内装饰,贮存期为6个月	3
LT－31型Ⅱ型内墙涂料	混凝土,水泥砂浆,石灰砂浆等墙面	6～7
各种苯丙建筑涂料	内外墙、顶	1.5～3.0
高耐磨内墙涂料	内墙面,贮存期为一年	5～6
各色丙烯酸有光、无光乳胶漆	混凝土、水泥砂浆等基面,贮存期为8个月	4～5
各色丙烯酸凹凸乳胶底漆	水泥砂浆,混凝土基层(尤其适用于未干透者)贮存期为一年	1.0
8201－4苯丙内墙乳胶漆	水泥砂浆,石灰砂浆等内墙面,贮存期为6个月	5～7
B840水溶性丙烯醇封底漆	内外墙面,贮存期为6个月	6～10
高级喷磁型外墙涂料	混凝土,水泥砂浆,石棉瓦楞板等基层	2～3

喷漆和刷是两种不同效果,喷的漆细腻柔滑,手感很好。喷漆的优点是:施工快、平整度好、无质感差;其缺点为:漆损耗大、后期维修麻烦,因为后期维修时,工人不可能再拉着喷漆的机器过来维修,只能用刷子刷了,刷出来的跟喷出来的质感肯定不同。刷漆施工相对慢一些。但漆面有滚涂质感、花纹,维修方便。其缺点为:大面滚涂效果与阴角、灯槽里面的刷纹不同,有质感差别。

室内涂刷顺序为:先天棚、后墙面,同遍顺序一般为从上到下,从左到右,先远后近,先边角棱角、小面后大面。同一饰面先竖向后横向。

(2)防火涂料是用于可燃性基材表面,能降低被涂材料表面的可燃性、阻滞火灾的迅速蔓延,用以提高被涂材料耐火极限的一种特种涂料。防火涂料涂覆在基材表面,除具有阻燃作用以外,还具有防锈、防水、防腐、耐磨、耐热以及涂层坚韧性、着色性、黏附性、易干性和一定的光泽等性能。

三、项目特征描述

1. 项目特征描述

(1)墙面喷刷涂料、天棚喷刷涂料项目特征描述提示:

1)应描述基层的类型。

2)应注明喷刷涂料的部位。

3)应注明腻子的种类及要求。

4)应注明涂料品种及喷刷的遍数。

5)喷刷墙面涂料部位要注明内墙或外墙。

(2)空花格、栏杆刷涂料项目特征描述提示:

1)应注明腻子种类以及刮腻子的遍数。

2)应注明涂料品种、刷喷遍数。

(3)线条刷涂料项目特征描述提示:

1)应做到基层清理。

2)应注明线条宽度。

3)应注明刮腻子遍数。

4)要做到刷防护材料、油漆。

(4)金属构件刷防火涂料、木材构件喷刷防火涂料项目特征描述提示：

1)应注明喷刷防火涂料构件名称。

2)应注明防火等级要求。

3)应注明涂料品种、喷涂遍数。

四、工程量计算

【例 8-7】 如图 8-2 所示为某建筑物剖面图，内墙抹灰满刮腻子两遍，喷涂涂料作波面状，挂镜线刷底油一遍，调和漆两遍。试根据其计算规则计算墙面喷刷涂料工程量。

【解】 本例为刷喷涂料，项目编码为 011407001，则其工程量计算如下：

计算公式：喷刷涂料工程量＝按设计图示高度×设计图示长度

墙面喷刷涂料工程量＝[(3.9×2＋1.2－0.24)＋(6.0－0.24)]×2×(3.0－0.15)－[(2.5－1.0)×2＋(2.7－0.15)×1.2]＋[1.2＋(2.7－0.15)×2＋(2.0＋2.5－1.0)×2]×0.12

＝78.3m²

【例 8-8】 某住宅阳台示意图如图 8-6 所示，欲刷防护涂料两遍，试根据其计算规则计算其工程量。

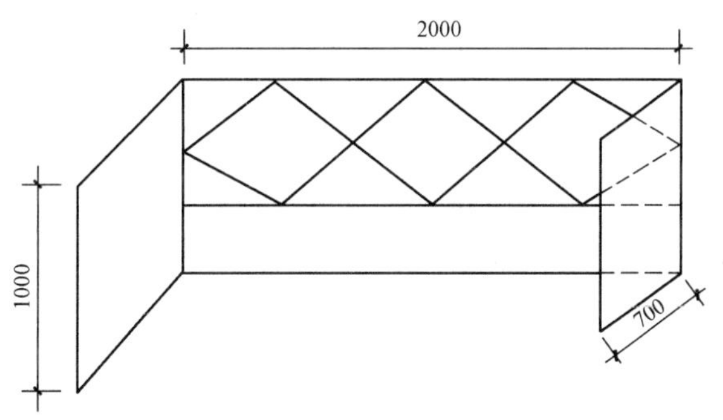

图 8-6　某住宅阳台示意图

【解】 本例为空花格刷涂料，项目编码为 011407003，其工程量按设计图示尺寸以单面外围面积计算，则其工程量计算如下：

空花格刷涂料工程量＝(1×0.7)×2＋2.0×1＝3.4m

【例 8-9】 某建筑物剖面图如图 8-2 所示，挂镜线刷底油一遍，调和漆两遍，试根据其计算规则计算线条涂料工程量。

【解】 本例为线条刷涂料，项目编码为 011407004，其工程量按按设计图示尺寸以长度计算，则其工程量计算如下：

线条刷涂料工程量＝(6＋0.24＋3.9＋1.2＋3.9＋0.24)×2＝30.96m

第八节　裱　　糊

一、工程量清单项目设置及工程量计算规则

裱糊工程量清单项目设置及工程量计算规则见表 8-21。

表 8-21　　裱糊(编码:011408)

项目编码	项目名称	项目特征	计量单位	工程量计算规则	工作内容
011408001	墙纸裱糊	1. 基层类型 2. 裱糊部位 3. 腻子种类 4. 刮腻子遍数 5. 粘结材料种类 6. 防护材料种类 7. 面层材料品种、规格、颜色	m^2	按设计图示尺寸以面积计算	1. 基层清理 2. 刮腻子 3. 面层铺粘 4. 刷防护材料
011408002	织锦缎裱糊				

二、项目名称释义

(1)墙纸裱糊。墙纸裱糊是广泛用于室内墙面、柱面及天棚的一种装饰,具有色彩丰富、质感性强、耐用、易清洗等优点。

(2)织锦缎裱糊。锦缎柔软光滑,极易变形,难以直接裱糊在木质基层面上。裱糊时,应先在锦缎背后上浆,并裱糊一层宣纸,使锦缎挺括,以便于裁剪和裱贴上墙。

三、项目特征描述

墙纸裱糊、织锦缎裱糊项目特征描述提示:

(1)应注明基层类型。

(2)应注明裱糊部位。

(3)应说明腻子种类以及刮腻子遍数。

(4)应说明粘结材料、防护材料的种类。

(5)应注明面层材料品种、规格、颜色。

四、工程量计算

【例 8-10】 某住宅工程,装饰室内墙壁时选择织锦缎裱糊墙面,其长度为1.75m,设计高度为1.65m。试根据其计算规则计算织锦缎裱糊工程量。

【解】 本例为裱糊工程中织锦缎裱糊,项目编码为011408002,则其工程量计算如下:

计算公式:织锦缎工程量=按设计图示高度×长度

$$织锦缎裱糊工程量=1.75\times1.65=2.89m^2$$

第九章

其他装饰工程工程量清单计价

第一节 柜类、货架

一、工程量清单项目设置及工程量计算规则

柜类、货架工程量清单项目设置及工程量计算规则见表 9-1。

表 9-1 柜类、货架(编码:011501)

项目编码	项目名称	项目特征	计量单位	工程量计算规则	工作内容
011501001	柜台	1. 台柜规格 2. 材料种类、规格 3. 五金种类、规格 4. 防护材料种类 5. 油漆品种、刷漆遍数	1. 个 2. m 3. m^3	1. 以个计量,按设计图示数量计量 2. 以米计量,按设计图示尺寸以延长米计算 3. 以立方米计量,按设计图示尺寸以体积计算	1. 台柜制作、运输、安装(安放) 2. 刷防护材料、油漆 3. 五金件安装
011501002	酒柜				
011501003	衣柜				
011501004	存包柜				
011501005	鞋柜				
011501006	书柜				
011501007	厨房壁柜				
011501008	木壁柜				
011501009	厨房低柜				
011501010	厨房吊柜				
011501011	矮柜				
011501012	吧台背柜				
011501013	酒吧吊柜				
011501014	酒吧台				
011501015	展台				
011501016	收银台				
011501017	试衣间				
011501018	货架				
011501019	书架				
011501020	服务台				

二、项目名称释义

(1)柜台。一般柜台兼有商品展览、商品挑选、服务人员与顾客交流等功能,所以柜台常用玻璃作面板,比较通透,骨架可采用木、铝合金、型钢、不锈钢等制作。柜台一般高度为950mm,台面宽根据经营商品的种类决定,普通百货柜为600mm左右。图9-1所示为普通百货柜台的构造,图9-2所示为布匹柜台的构造。

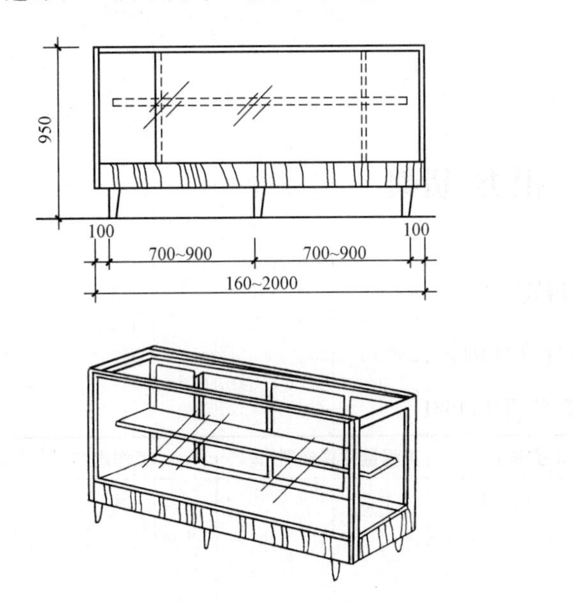

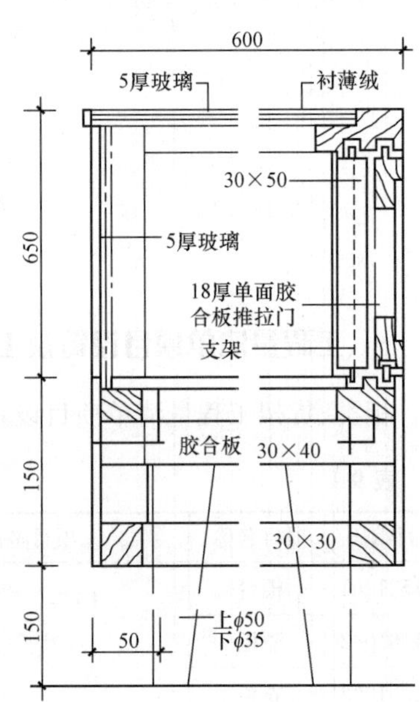

图9-1 普通百货柜台的构造

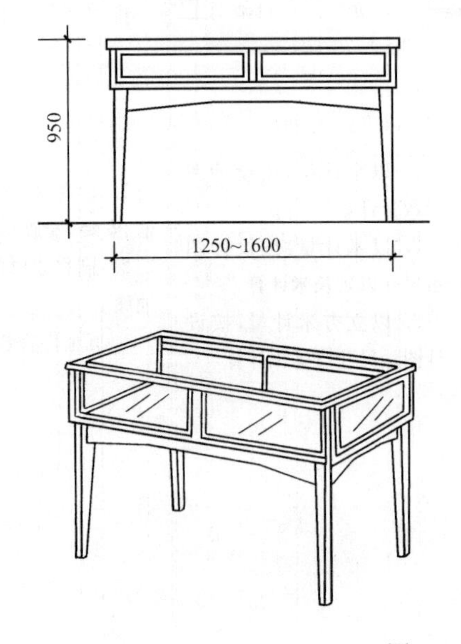

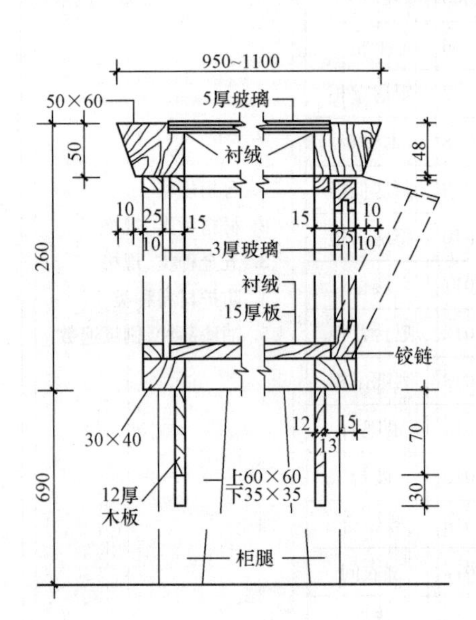

图9-2 布匹柜台的构造

(2)酒柜。酒柜是指专用于酒类贮存及展示的柜子。酒柜按制冷方式可分为电子半导体酒柜、压缩机直冷式酒柜、变频风冷式酒柜；按材质可分为实木酒柜和合成酒柜（即采用电子、木板、PVC 等材质组合的酒柜）。

（3）衣柜。衣柜是指存放衣服的柜子、壁橱等。

（4）存包柜。存包柜指用于存放和收藏包裹的柜子，多用于超市、酒店等。

（5）鞋柜。鞋柜是指用于存放鞋子的柜子，多用于客厅、宾馆等场所。

（6）书柜。书柜是指用于存放和收藏各类书籍的柜、橱等，多用于书房、办公室等场所。

（7）厨房壁柜。厨房壁柜沿墙而做，主要用来存放杯子、调料盒、餐盘、炊具等物品，具有节省空间、美观、适用等特点。

（8）木壁柜。木壁柜由工厂加工成品或半成品，木材含水率不得超过 12%，壁柜框扇进场后及时将加工品靠墙、贴地，顶面应涂刷防腐材料，其他各面应涂刷底油一道。

（9）厨房低柜。厨房低柜是指厨房内搁置在地面上且高度较小的储物柜，一般厨房低柜的顶面作案台使用。

（10）厨房吊柜。厨房吊柜是指为充分利用厨房空间而临空设置的储物柜。

（11）矮柜。矮柜一般有木质、藤制两种，可作为凳子用来坐、靠，打开盖子可以放东西，多用于厨房、客厅等。

（12）吧台背柜。吧台背柜主要是由环保型木板材料，用特制的防火板加上各种装饰材料及玻璃罩拼制而成，可根据商品需求及地面位置，做标准形状或异型背柜。

（13）酒吧吊柜。酒吧吊柜是指存放酒、饮料、器皿的吊挂柜。

（14）酒吧台。酒吧台是调制饮料和配制果盘操作的工作台，也是休闲坐歇的案台。酒吧台形式有单层台面式、双层内分式、两端分割式等。酒吧台的构造示意图，如图 9-3 所示。

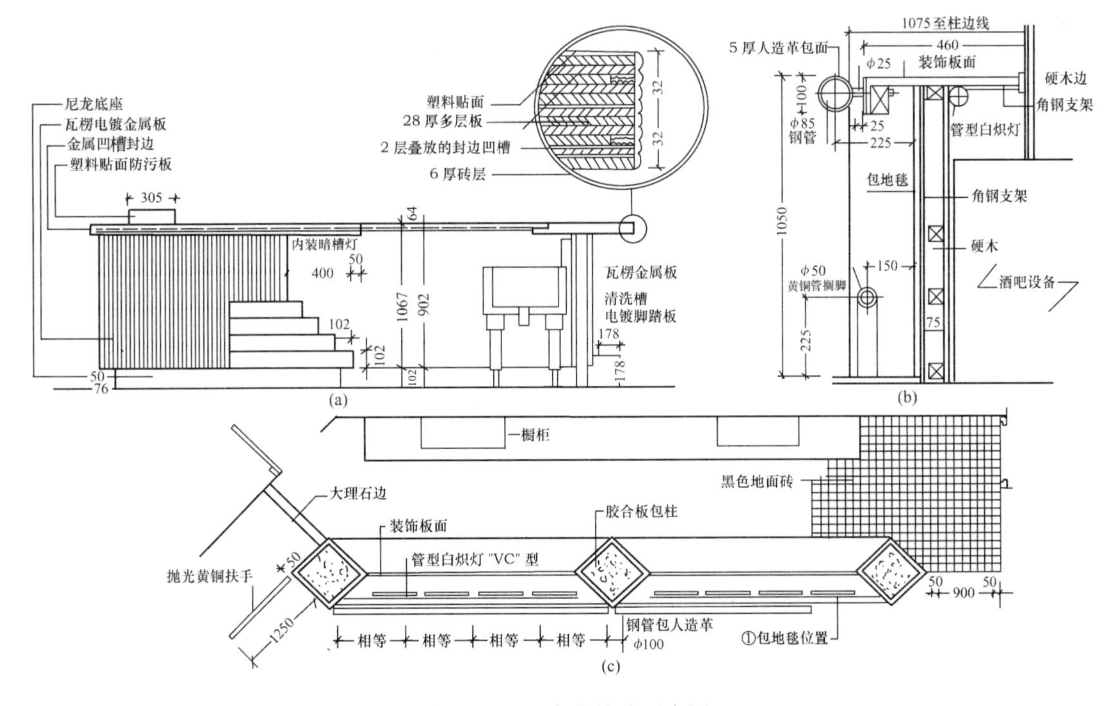

图 9-3　酒吧台的构造示意图

（a）立面图；（b）剖面图；（c）平面图

（15）展台。展台是一种实物的展示台，适用于教学培训、讨论会议等场合。

(16)收银台。收银台是指超市或综合营业场所收款的柜台,一般需具有清点商品台面及收银抽屉。

(17)试衣间。试衣间是指用户在服装店购买衣服时,用于试穿的场所。

(18)货架。货架是指存放各种货物的架子。

1)货架从规模上可分为以下几类:

①重型托盘货架:采用优质冷轧钢板经辊压成型,立柱可高达6m而中间无接缝,横梁选用优质方钢,承重力大,不易变形,横梁与立柱之间挂件为圆柱凸起插入,连接可靠、拆装容易。

②中量型货架:中量型货架造型别致,结构合理,装拆方便,且坚固结实,承载力大,广泛应用于商场、超市、企业仓库及事业单位。

③轻量型货架:可广泛应用于组装轻型料架、工作台、工具车、悬挂系统、安全护网及支撑骨架。

④阁楼式货架:全组合式结构,可采用木板、花纹板、钢板等材料做楼板,可灵活设计成二层或多层,适用于五金工具。

⑤特殊货架:包括模具架、油桶架、流利货架、网架、登高车、网隔间六大类。

2)货架从适用性及外形特点上可以分为以下几类:

①高位货架:具有装配性好、承载能力大及稳固性强等特点。货架用材使用冷热钢板。

②通廊式货架:用于取货率较低之仓库。

③横梁式货架:最流行、最经济的一种货架形式,安全方便,适合各种仓库,直接存取货物,是最简单也是最广泛使用的货架。

(19)书架。书架是存放各类图书的架子,多采用木质材料。书架常见有积层书架和密集书架两种形式。

1)积层书架。重叠组合而成的多层固定钢书架,附有小钢梯上下。其上层书架荷载经下层书架支柱传至楼、地面。上层书架之间的水平交通用书架层解决。

2)密集书架。为提高收藏量而专门设计的一种书架。若干书架安装在固定轨道上,紧密排列没有行距,利用电动或手动的装置,可以使任何两行紧密相邻的书架沿轨道分离,形成行距,便于提书。

(20)服务台。服务台主要用作咨询交流、接待、登记等,由于兼有书写功能,所以比一般柜台略高,为1100~1200mm。接待服务台由于总是处于大堂等显要位置,所以装饰档次也较高,所用的材料及构造做法都须考虑周全。柜台上端的天棚经常局部降低,与柜台及后部背景一起组成厅堂内的视觉中心。

三、项目特征描述

1. 项目特征描述提示

(1)应注明台柜规格。

(2)应注明材料种类、规格。

(3)应注明五金种类、规格。如螺栓、螺帽。

(4)应说明防护材料种类。

(5)应说明油漆品种、刷漆遍数。

2. 柜台、货架工料消耗参考指标

柜台、货架工料消耗参考指标分别见表9-2、表9-3。

表 9-2 柜 台 m

名称		单位	宝笼 1	宝笼 2	宝笼 3
人工	综合人工	工日	1.5700	1.7100	1.7100
材料	夹轮	个	4.0800	4.5337	8.1600
	强力磁碰	个	—	1.0200	—
	枫木线条 10×20	m	—	3.8634	—
	枫木线条 20×20	m	2.1200	3.1802	—
	三角枫木线 50×50	m	1.0600	—	—
	防火板	m^2	1.4300	—	2.1010
	平板玻璃 8mm	m^2	—	—	0.5445
	镜面玻璃 5mm	m^2	0.7623	0.3267	0.3449
	车边玻璃 8mm	m^2	2.0034	0.8827	0.5665
	螺钉	个	19.8900	23.8000	—
	射钉(枪钉)	盒	0.4875	0.3175	0.4794
	铁钉(圆钉)	kg	0.2020	0.1836	0.2020
	折页 50mm	块	—	4.0800	—
	铜拉手	个	—	2.0400	—
	AA 柱	m	0.9540	—	—
	山字槽	m	2.1200	2.1202	5.6280
	丝绒面料	m^2	—	0.7408	—
	羊角架 300	个	3.0600	—	3.0600
	枫木方 30×40	m	1.4175	2.7419	2.4675
	白枫木饰面板	m^2	—	2.2870	—
	胶合板 5mm	m^2	—	0.7758	0.5565
	胶合板 15mm	m^2	2.1263	3.7700	2.9978
	聚醋酸乙烯乳液	kg	—	1.0296	—
	玻璃胶 350g	支	0.6901	0.4250	1.1340
	立时得胶	kg	0.6568	—	0.9030
	白色有机灯片	m^2	—	—	0.2550

表 9-3 货 架 m^2

名称		单位	货架1	货架2	货架3
人工	综合人工	工日	1.5100	1.5100	1.5200
材料	夹轮	个	2.2667	2.0400	—
	防火胶板	m^2	1.1043	1.2238	—
	枫木线条10×10	m	2.3556	1.0600	—
	枫木线条10×20	m	—	0.5300	—
	枫木线条10×50	m	—	—	3.2489
	镜面玻璃5mm	m^2	0.6045	0.6655	—
	车边玻璃8mm	m^2	0.3433	0.4120	—
	螺钉	个	11.3300	11.2200	6.6300
	射钉(枪钉)	盒	0.1730	0.2315	0.5409
	铁钉(圆钉)	kg	0.2244	0.2244	0.2244
	折页40mm	块	—	—	1.6850
	木拉手	个	—	—	0.8293
	AA柱	m	1.0836	1.1660	—
	山字槽	m	1.1778	0.2120	—
	羊角架300	个	2.2667	—	—
	羊角架400	个	—	2.0400	—
	杉木锯材	m^3	—	0.0119	0.0191
	白枫木饰面板	m^2	—	—	3.9174
	胶合板5mm	m^2	0.3063	1.6931	4.3250
	胶合板9mm	m^2	1.2718	—	—
	胶合板15mm	m^2	1.1448	1.5225	—
	聚醋酸乙烯乳液	kg	—	—	1.7540
	玻璃胶350g	支	0.3167	0.2850	—
	立时得胶	kg	0.4743	0.5257	—
	白色有机灯片	m^2	—	0.0683	—
	灯格片	m^2	—	0.1575	—
	强力磁碰	个	0.2040	—	—
	枫木线条10×20	m	—	—	0.5003

续表

名　　称		单位	货架1	货架2	货架3
人工	综　合　人　工	工日	1.5100	1.5100	1.5200
材料	枫木线条 10×30	m	—	—	3.1927
	车边玻璃 8mm	m^2	—	0.4120	—
	木螺钉顶	个	8.9800	8.1600	5.4100
	射钉(枪钉)	盒	0.3410	0.2002	0.7813
	铁钉(圆钉)	kg	0.2244	0.2244	0.2244
	折页 40mm	块	1.6320	2.0400	1.3382
	不锈钢挑衣架	个	1.2240	—	—
	木拉手	个	0.8160	0.4080	0.6691
	AA 柱	m	0.6360	—	—
	松木锯材	m^3	—	—	18.6102
	白枫木饰面板	m^2	2.5740	1.3068	3.7477
	胶合板 5mm	m^2	—	—	5.5062
	胶合板 9mm	m^2	1.4784	—	0.1239
	胶合板 15mm	m^2	—	3.4167	—
	不锈钢方管 45×25	m	1.2240	—	—
	聚醋酸乙烯乳液	kg	1.1057	0.5613	2.1311
	玻璃胶 350g	支	—	0.6000	—
	白色有机灯片	m^2	0.2100	0.1365	—

四、工程量计算

【例 9-1】 某住宅制作一衣柜，木骨架，背面、上面及侧面为实木板，底板及隔板为细木工板，玻璃推拉门，金属滑轨。试根据其计算规则计算衣柜工程量。

【解】 衣柜工程量＝设计图示数量＝1 个

第二节　压条、装饰线

一、工程量清单项目设置及工程量计算规则

压条、装饰线工程量清单项目设置及工程量计算规则见表 9-4。

表 9-4 压条、装饰线(编码:011502)

<table>
<tr><th>项目编码</th><th>项目名称</th><th>项目特征</th><th>计量单位</th><th>工程量计算规则</th><th>工作内容</th></tr>
<tr><td>011502001</td><td>金属装饰线</td><td rowspan="4">1. 基层类型
2. 线条材料品种、规格、颜色
3. 防护材料种类</td><td rowspan="8">m</td><td rowspan="8">按设计图示尺寸以长度计算</td><td rowspan="7">1. 线条制作、安装
2. 刷防护材料</td></tr>
<tr><td>011502002</td><td>木质装饰线</td></tr>
<tr><td>011502003</td><td>石材装饰线</td></tr>
<tr><td>011502004</td><td>石膏装饰线</td></tr>
<tr><td>011502005</td><td>镜面玻璃线</td><td rowspan="3">1. 基层类型
2. 线条材料品种、规格、颜色
3. 防护材料种类</td></tr>
<tr><td>011502006</td><td>铝塑装饰线</td></tr>
<tr><td>011502007</td><td>塑料装饰线</td></tr>
<tr><td>011502008</td><td>GRC装饰线条</td><td>1. 基层类型
2. 线条规格
3. 线条安装部位
4. 填充材料种类</td><td>线条制作、安装</td></tr>
</table>

二、项目名称释义

1. 金属装饰线

装饰线材料是装饰工程中各平接面、相交面、分界面、层次面、对接面的衔接口,交接条的收边封口材料。装饰线材料对装饰工程质量、装饰效果有着举足轻重的影响。同时,装饰线材料在室内装饰艺术上起着平面构成和线形构成的重要角色,在装饰结构上起着固定、连接、加强装饰面的作用。

金属装饰线(压条、嵌条)是一种新型装饰材料,也是高级装饰工程中不可缺少的配套材料。它具有高强度、耐腐蚀的特点。另外,凡经阳极氧化着色、表面处理后,外表美观,色泽雅致,耐光和耐气候性能良好。金属装饰线有白色、金色、青铜色等多种,适用于现代室内装饰、壁板色边压条,效果极佳,精美高贵。

2. 木质装饰线

木质装饰线一般选用木质较硬、木纹较细、耐磨、耐腐蚀、不劈裂、切面光滑、加工性能良好、油漆上色性好、粘结性好、钉着力强的木材,经干燥处理后用机械加工或手工加工而成。木质装饰线表面应光滑、棱角棱边及弧面弧线既挺直又轮廓分明,木装饰线不得有扭曲和斜弯。木质装饰线可油漆成各种色彩和木纹木色,可进行对接拼接以及与特制的各种角部构件和弧形构件拼接成各种弧线。

木质装饰线特别是阴角线改变了传统的石膏粉刷线脚湿作业法,将木材加工成线脚条,便于安装。在室内装饰工程中,木装饰线的用途十分广泛,其主要用途有如下几个方面:

(1)天棚线:用于天棚上不同层次面交接处的封边、天棚上各种不同材料面的对接处封口及天棚平面上的造型线。另外,也常用作吊顶上设备的封边。

(2)天棚角线:用于天棚与墙面、天棚与柱面交接处封边,天棚角线多用阴角线。

(3)封边线:用于墙面上不同层次面交接处的封边,墙面上各种不同材料面的对接处封口,墙裙压边,踢脚板压边,挂镜装饰,柱面包角,设备的封边装饰,墙面饰面材料压线,墙面装饰造型线及造型体、装饰隔墙、屏风上收边收口线和装饰线。另外,也常被用作各种家具上的收边线、装饰线。

3. 石材装饰线

石材装饰线是在石材板材的表面或沿着边缘开的一个连续凹槽,用来达到装饰目的或突出连接位置。

4. 石膏装饰线

石膏装饰线按外观造型分为直线型和圆弧型两种。

(1)直线型:规格长度为1800mm或2200mm,宽度为18～280mm不等,共有几十个品种,表面花纹分为无花、单花、联花等花型。

(2)圆弧型:其直径为1000～9000mm,表面花纹有单花、联花和无花等花型。

由于石膏装饰制品制作工艺简单,所以,花式品种极多,大多数石膏装饰线均带有不同的花饰。另外,还可以按设计要求制作。

石膏装饰线可钉、可锯、可刨、可粘结,并且具有不变形、不开裂、无缝隙、完整性好、耐久性强、吸声、质轻、防火、防潮、防蛀、不腐、易安装等优点。石膏装饰线是一种深受人们欢迎的无污染建筑装饰材料,质地洁白,美观大方,用以装饰房间,给人以清新悦目之感。

5. 镜面玻璃线

镜面玻璃装配完毕,玻璃的透光部分与被玻璃安装材料覆盖的不透光部分的分界线称为镜面玻璃线。

6. 铝塑装饰线

铝塑装饰线具有防腐、防火等特点,广泛用于装饰工程各平接面、相交面、对接面、层次面的衔接口,交接条的收边封口。

7. 塑料装饰线

塑料装饰线早期是选用硬聚氯乙烯树脂为主要原料,加入适量的稳定剂、增塑剂、填料、着色剂等辅助材料,经捏合、选粒、挤出成型而制得。目前市场上使用较广泛的是聚氨酯浮雕装饰线。

(1)材料规格。硬聚氯乙烯塑料装饰线在一定场合可代替木质装饰线,适用于办公楼、住宅、展览馆、饭店、宾馆、酒家、咖啡厅等装饰级别较低场所或房间,与壁纸、墙布、地毯等材料配合使用,效果更佳。聚氨酯浮雕装饰线用于装饰级别较高的场所,其装饰豪华典雅,经久耐用。

塑料装饰线有压角线、压边线、封边线等几种,其外形和规格与木装饰线相同。除用于天棚与墙体的界面处外,也常用于塑料墙裙、踢脚板的收口处,多与塑料扣板配用。另外,也广泛用于门窗压条。

(2)性能特点。塑料装饰线耐磨性、耐腐蚀性、绝缘性较好,经加工一次成形后不需再做饰面处理。但国产硬聚氯乙烯塑料装饰线的质感、光泽性和装饰性较差,聚氨酯浮雕装饰线与进口塑料纤维装饰线具有加工精细、花纹精美、色彩柔和的特点。

8. GRC装饰线条

GRC装饰线包括檐线、腰线、墙饰板等。普通建筑在使用装饰线安装后,整个建筑的格局、外观就会变化。整个建筑将体现出一种很明显的西欧古典风格在空间上追求连续性,追求形体的变化和层次感室内装饰经过油漆处理后,色彩更鲜艳,光影变化更丰富、GRC的基本组成材料为水泥、砂子、纤维和水,另外添加有聚合物、外加剂等用于改善后期性能的材料。

三、项目特征描述

1. 项目特征描述提示

(1)金属装饰线、木质装饰线、石材装饰线、石膏装饰线、镜面玻璃线、铝塑装饰线、塑料装饰线项目特征描述提示:

1)应注明基层类型。

2)应注明线条材料品种、规格及颜色。

3)防护材料应说明种类。

(2)GRC 装饰线条项目特征描述提示:

1)应注明基层类型。

2)应注明线条规格及安装部位。

3)应注明填充材料种类。

2. 木线条型号和规格

木线条型号和规格见表 9-5。

表 9-5　木线条型号和规格　mm

型号	规格	型号	规格	型号	规格	型号	规格
封边线		B-29	40×18	G-10	25×25	封边线	
B-01	15×7	B-30	40×20	G-11	25×25	Y-01	15×17
B-02	15×13	B-31	45×18	G-12	33×27	Y-02	20×10
B-03	20×10	B-32	40×25	G-13	30×30	Y-03	25×13
B-04	20×10	B-33	45×20	G-14	30×30	Y-04	40×20
B-05	20×12	B-34	50×25	G-15	35×35	Y-05	8×4
B-06	25×10	B-35	55×25	G-16	40×40	Y-06	13×6
B-07	25×10	B-36	60×25	墙腰线		Y-07	15×7
B-08	25×15	B-37	20×10	Q-01	40×10	Y-08	20×10
B-09	20×10	B-38	25×8	Q-02	45×12	Y-09	25×13
B-10	15×8	B-39	30×8	Q-03	50×10	Y-10	35×17
B-11	25×15	B-40	30×10	Q-04	55×13	柱角线	
B-12	25×15	B-41	65×30	Q-05	70×15	Z-01	25×27
B-13	30×15	B-42	60×30	Q-06	80×15	Z-02	30×20
B-14	35×15	B-43	30×10	Q-07	85×25	Z-03	30×30
B-15	40×18	B-44	25×8	Q-08	95×13	Z-04	40×40
B-16	40×20	B-45	50×14	天花角线		弯线	
B-17	25×10	B-46	45×10	T-01	35×10	YT-301	φ70×19×17
B-18	30×12	B-47	50×10	T-02	40×12	YT-302	φ70×19×17
B-19	30×12	压角线		T-03	70×15	YT-303	φ70×11×19
B-20	30×15	G-01	10×10	T-04	65×15	YT-304	φ70×11×19
B-21	30×15	G-02	15×12	T-05	90×20	YT-305	φ89×8×13
B-22	30×18	G-03	15×15	T-06	50×15	YT-306	φ95×8×13
B-23	45×20	G-04	15×16	T-07	50×15	扶手	
B-24	55×20	G-05	20×20	T-08	15×12	D-01	75×65
B-25	35×15	G-06	20×20	T-09	60×15	D-02	75×65
B-26	35×20	G-07	20×20	T-10	60×15	镜框压边线	
B-27	35×20	G-08	25×13	T-11	100×20	K-1	6×19
B-28	40×15	G-09	25×25			K-2	5×15

3. 常见木线条形状

常见木线条形状如图 9-4～图 9-9 所示。

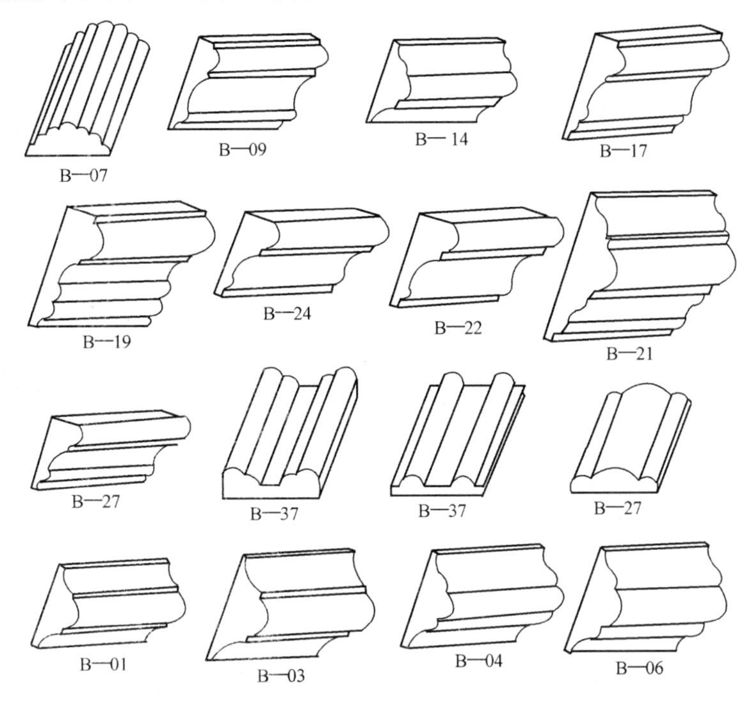

图 9-4　封边线

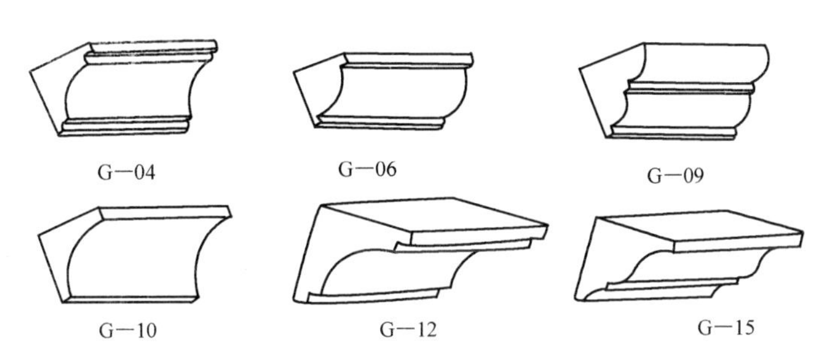

图 9-5　压角线

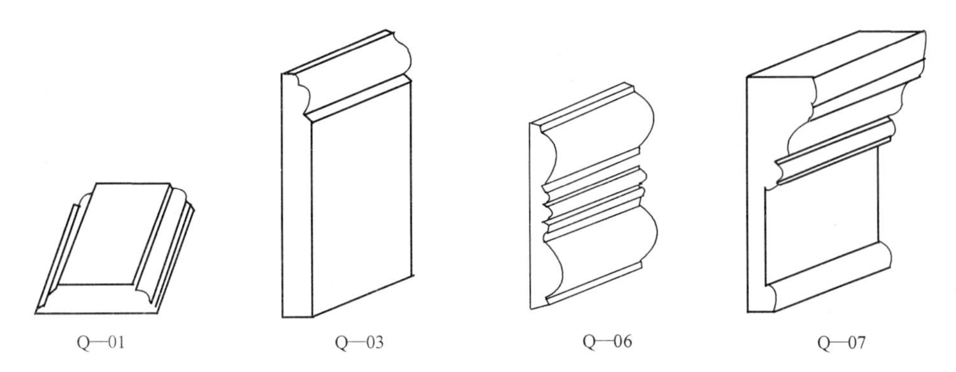

图 9-6　墙腰线

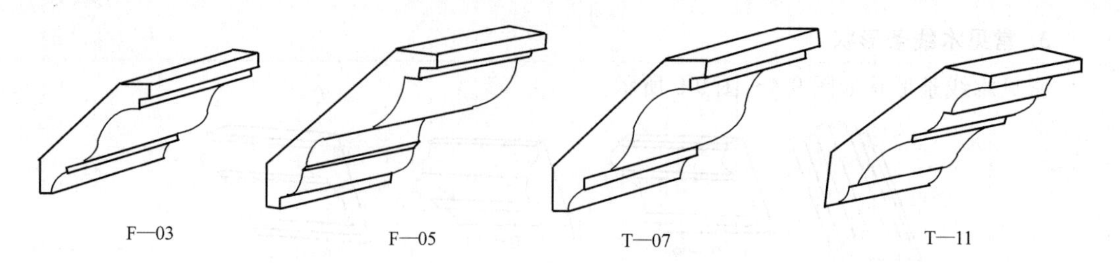

图 9-7 天花角线

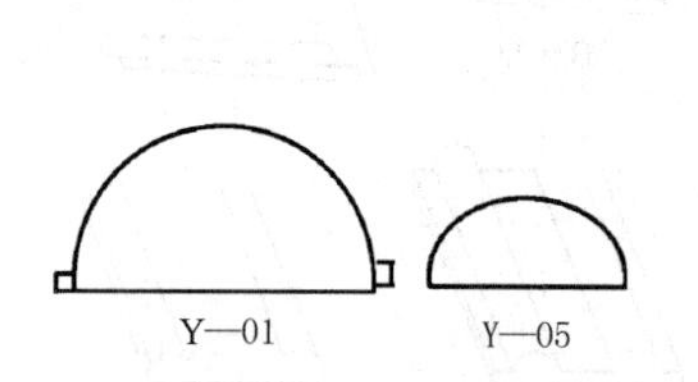

图 9-8 半圆线

a—Y—01(15×17);b—Y—05(8×4)

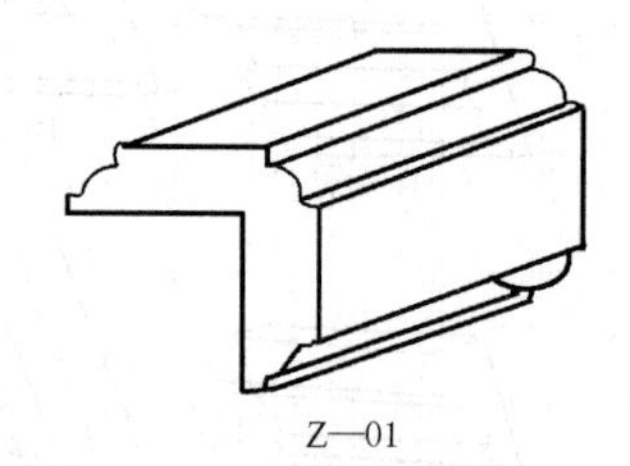

图 9-9 柱角线

4. 工料消耗参考指标

金属装饰线条、木质装饰线条工料消耗参考指标分别见表 9-6、表 9-7。

表 9-6　　金属装饰条工料消耗参考指标

名称		单位	压条	角线	槽线	铜嵌条
						2×15
人工	综合人工	工日	0.0199	0.0357	0.0357	0.0580
材料	自攻螺钉	个	4.0800	4.1820	4.1820	—
	金属压条 10×2.5	m	1.0300	—	—	—
	金属角线 30×30×1.5	m	—	1.0300	—	—
	金属槽线 50.8×12.7×1.2	m	—	—	1.0300	—
	铜条 15×2	m	—	—	—	1.0300
	202 胶 FSC—2	kg	0.0015	0.0088	0.0088	0.0006

表 9-7　　木质装饰线条工料消耗参考指标

名称		单位	宽度/mm			
			15 以内	25 以内	50 以内	80 以内
人工	综合人工	工日	0.0239	0.0239	0.0299	0.0329
材料	木质装饰线 19×6	m	—	1.0500	—	—
	木质装饰线 13×6	m	1.0500	—	—	—
	木质装饰线 50×20	m	—	—	1.0500	—
	木质装饰线 80×20	m	—	—	—	1.0500
	铁钉(圆钉)	kg	0.0053	0.0053	0.0070	0.0070

续表

名称		单位	宽度/mm			
			15以内	25以内	50以内	80以内
材料	锯材	m^3	—	—	0.0001	0.0001
	202胶FSC—2	kg	0.0019	0.0028	0.0076	0.0118
	木质装饰线100×12	m	1.0500	—	—	—
	木质装饰线150×15	m	—	1.0500	—	—
	木质装饰线200×15	m	—	—	1.0500	—
	木质装饰线250×20	m	—	—	—	1.0500
	铁钉(圆钉)	kg	0.0161	0.0161	0.0161	0.0161
	锯材	m^3	0.0001	0.0001	0.0001	0.0001
	202胶FSC—2	kg	0.0147	0.0221	0.0294	0.0368

四、工程量计算

【例9-2】 如图9-10所示为某卫生间墙面示意图，镜子周边为金属装饰线，试根据其计算规则计算镜子周边金属装饰线工程量。

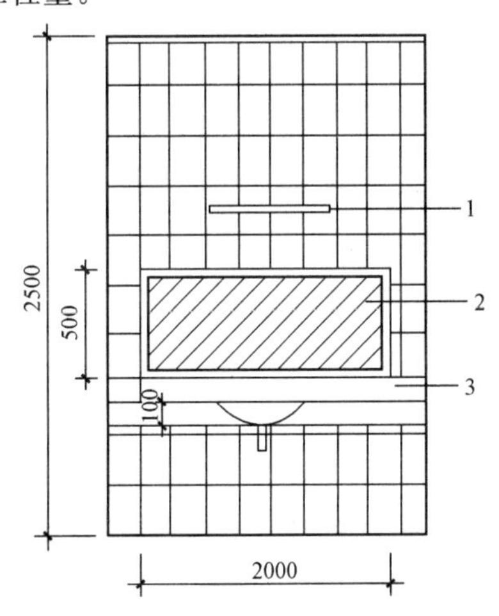

图9-10 某卫生间墙面示意图

1—镜前灯；2—镜子；3—大理石压板

【解】 本例为压条、装饰线工程中金属装饰线，项目编码为011502001，则其工程量计算如下：

计算公式：金属装饰线工程量＝设计图示长度

金属装饰线工程量＝(0.5＋2)×2＝5m

第三节 扶手、栏杆、栏板装饰

一、工程量清单项目设置及工程量计算规则

扶手、栏杆、栏板装饰工程量清单项目设置及工程量计算规则见表9-8。

表9-8 扶手、栏杆、栏板装饰(编码:011503)

项目编码	项目名称	项目特征	计量单位	工程量计算规则	工作内容
011503001	金属扶手、栏杆、栏板	1. 扶手材料种类、规格 2. 栏杆材料种类、规格 3. 栏板材料种类、规格、颜色 4. 固定配件种类 5. 防护材料种类	m	按设计图示尺寸以扶手中心线长度(包括弯头长度)计算	1. 制作 2. 运输 3. 安装 4. 刷防护材料
011503002	硬木扶手、栏杆、栏板				
011503003	塑料扶手、栏杆、栏板				
011503004	GRC栏杆、扶手	1. 栏杆的规格 2. 安装间距 3. 扶手类型规格 4. 填充材料种类			
011503005	金属靠墙扶手	1. 扶手材料种类、规格 2. 固定配件种类 3. 防护材料种类			
011503006	硬木靠墙扶手				
011503007	塑料靠墙扶手				
011503008	玻璃栏板	1. 栏杆玻璃的种类、规格、颜色 2. 固定方式 3. 固定配件种类			

二、项目名称释义

1. 金属扶手、带栏杆、栏板

目前,应用较多的金属栏杆、扶手为不锈钢栏杆、扶手。不锈钢扶手的构造如图9-11所示。

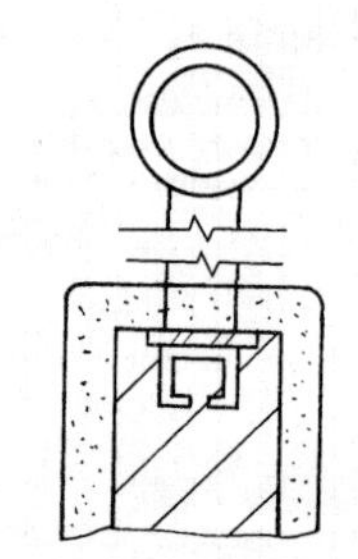

图9-11 不锈钢(或铜)扶手构造示意图

2. 硬木扶手带栏杆、栏板

木栏杆和木扶手是楼梯的主要部件,除考虑外形设计的实用和美观外,根据我国有关建筑结构设计规范要求应能承受规定的水平荷载,以保证楼梯的通行安全。所以,通常木栏杆和木扶手都要用材质密实的硬木制作。常用的木材树种有水曲柳、红松、红榉、白榉、泰柚木等。常用木扶手断面如图9-12所示。

3. 塑料扶手带栏杆、栏板

塑料扶手(聚氯乙烯扶手料)是化工塑料产品,其断面形式、规格尺寸及色彩应按设计要求选用。

4. GRC栏杆、扶手

GRC栏杆、扶手是一种新型建筑材料,采用低碱硫(铁)铝酸盐特种水泥为胶凝材料以含高

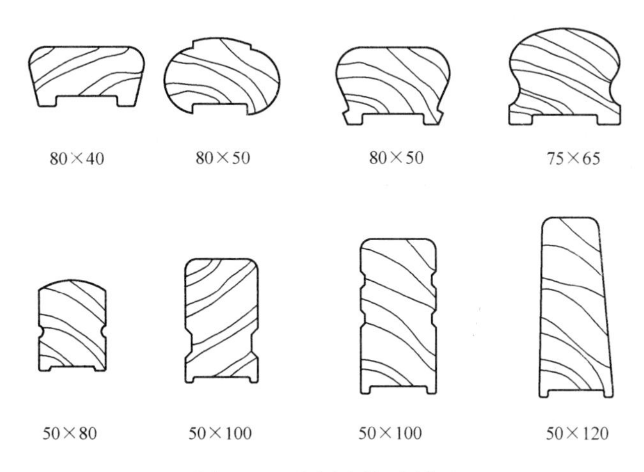

图 9-12　常用木扶手断面

氧化锆的抗(耐)碱玻璃纤维布、纤维丝为主增强材料,辅以其他配方材料、外加剂,同时,预埋入合理的安装结点钢筋依靠模具通过机械喷射,预混铺网抹浆、混合等工法一次喷射成型的一种高强度抗老化复合材料制品,应用十分广泛。

5. 靠墙扶手

靠墙扶手一般采用硬木、塑料和金属材料制作,其中硬木和金属靠墙块手应用较为普通。靠墙扶手通过连接件固定于墙上,连接件通常直接埋入墙上的预留孔内,也可用预埋螺栓连接。连接件与靠墙扶手的连接构造如图 9-13 所示。

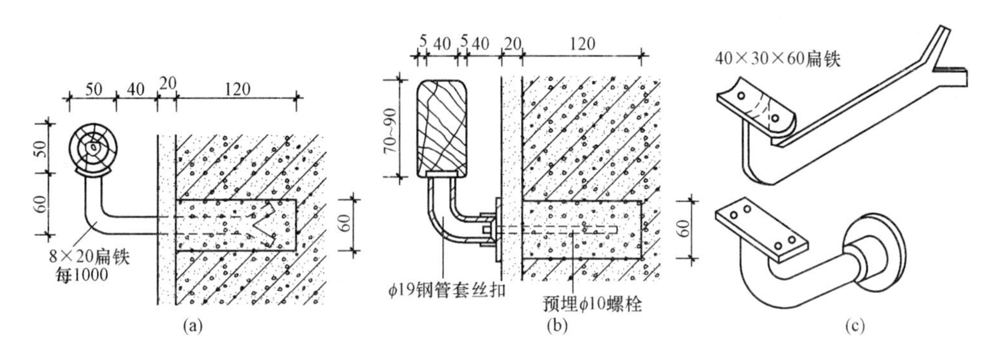

图 9-13　连接件与靠墙扶手的连接构造

(a)圆木扶手;(b)条木扶条;(c)扶手铁脚

6. 玻璃栏板

玻璃栏板又称玻璃栏河或玻璃扶手,是将大块的透明安全玻璃固定在地面的基座上,上面加设不锈钢、铜质或木质扶手。

三、项目特种描述

(1)金属扶手、栏杆、栏板,硬木扶手、栏杆、栏板,塑料扶手、栏杆、栏板项目特征描述提示:

1)应注明扶手材料种类、规格。如金属、硬木、塑料等。

2)应注明栏杆材料种类、规格。

3)应说明栏板材料种类、规格、颜色。

4)应注明固定配件种类。

5)应注明防护材料种类。

(2)GRC 栏杆、扶手项目特征描述提示:

1)应注明栏杆的规格。

2)应说明安装间距。

3)扶手应注明类型、规格。

4)应说明填充材料种类。

(3)金属靠墙扶手、硬木靠墙扶手、塑料靠墙扶手项目特征描述提示:

1)应注明扶手材料种类、规格。

2)应说明固定配件种类。

3)应说明防护材料种类。

(4)玻璃栏板项目特征描述提示:

1)栏杆玻璃应注明种类、规格、颜色。

2)应注明固定方式。

3)应说明固定配件种类。

四、工程量计算

【例 9-3】 如图 9-14 所示为五层水磨石楼梯设计图,采用不锈钢管直线型栏杆,栏杆扶手伸入平台 150mm。试根据其计算规则计算楼梯扶手、栏杆工程量。

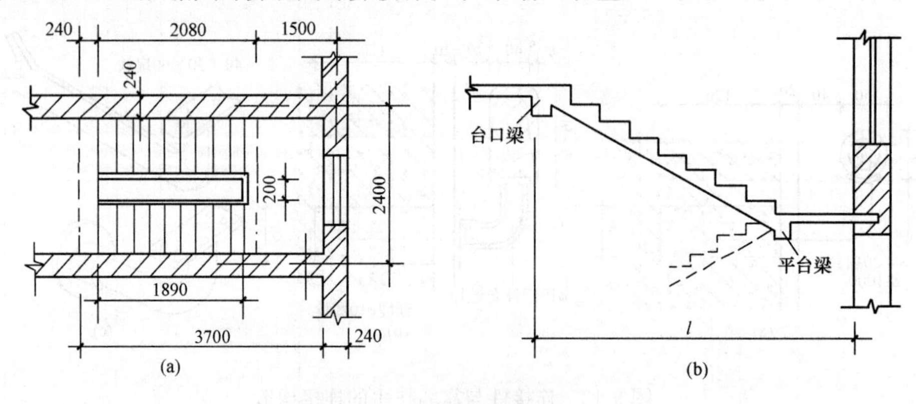

图 9-14 水磨石楼梯设计图

(a)平面;(b)剖面

【解】 本例为扶手、栏杆、栏板装饰工程中金属扶手栏杆、栏板,项目编码为 011503001,则其工程量计算如下:

金属扶手、栏杆工程量均按扶手中心线长度(包括弯头长度)计算。

工程量=每层水平投影长度×(n−1)×1.15(系数)+顶层水平扶手长度

=(1.89+0.15×2+0.2)×2×(5−1)×1.15+(2.4−0.24−0.2)÷2

=22.97m

第四节　暖气罩

一、工程量清单项目设置及工程量计算规则

暖气罩工程量清单项目设置及工程量计算规则见表 9-9。

表 9-9　　**暖气罩(编码:011504)**

项目编码	项目名称	项目特征	计量单位	工程量计算规则	工作内容
011504001	饰面板暖气罩	1. 暖气罩材质 2. 防护材料种类	m^2	按设计图示尺寸以垂直投影面积(不展开)计算	1. 暖气罩制作、运输、安装 2. 刷防护材料
011504002	塑料板暖气罩				
011504003	金属暖气罩				

二、项目名称释义

(1)饰面板暖气罩。暖气罩是室内的重要组成部分,其可起防护暖气片过热烫伤人员,使冷热空气对流均匀和散热合理的作用,并可美化、装饰室内环境。

暖气罩的布置通常有窗下式、沿墙式、嵌入式、独立式等形式。饰面板暖气罩主要是指木制、胶合板暖气罩。饰面板暖气罩采用硬木条、胶合板等做成格片状,也可以采用上下留空的形式。木制暖气罩舒适感较好,其构造如图 9-15 所示。

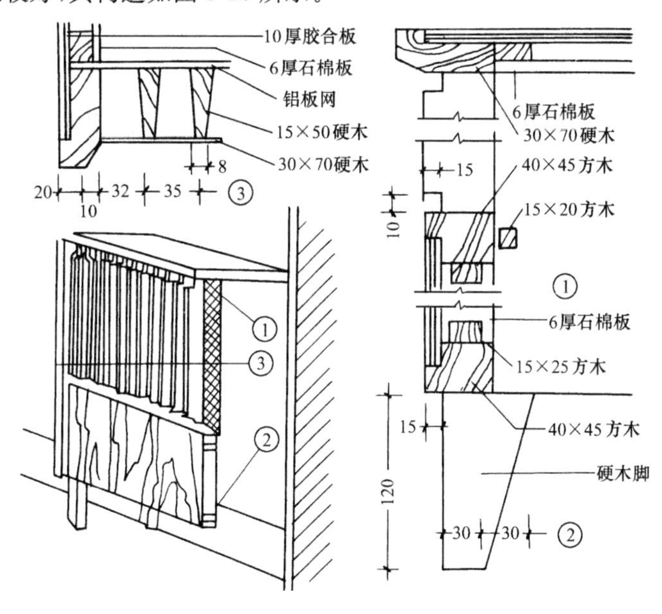

图 9-15　木制暖气罩的构造

(2)塑料板暖气罩。塑料板暖气罩的作用、布置方式同饰面板暖气罩,只是材质为 PVC 材料。

(3)金属暖气罩。金属暖气罩采用钢或铝合金等金属板冲压打孔,或采用格片等方式制成暖气罩。它具有性能良好、坚固耐久等特点,如图 9-16 所示。

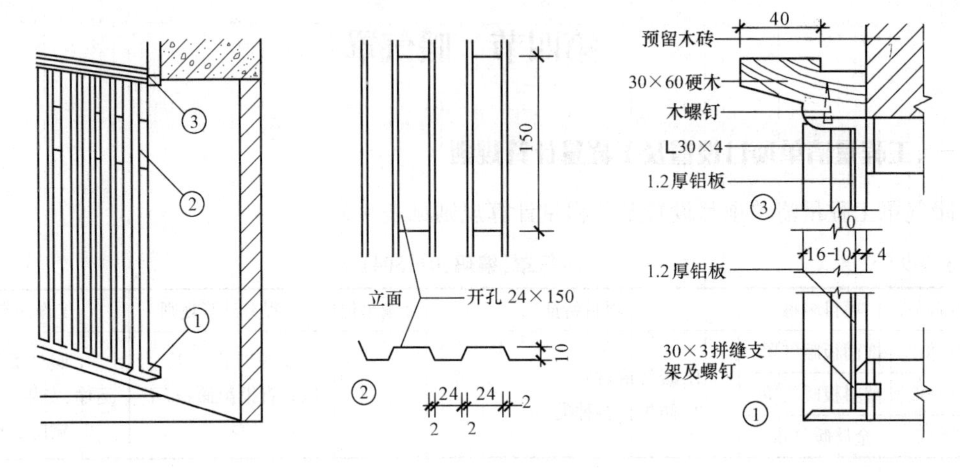

图 9-16　金属暖气罩的构造

三、项目特征描述

1. 项目特征描述提示

饰面板暖气罩、粗料板暖气罩、金属暖气罩项目特征描述提示：

(1)应注明暖气罩材质。

(2)应注明防护材料种类。

2. 暖气罩形式

一般而言，暖气罩有挂板式、明式、平墙式三种。

(1)挂板式暖气罩：指暖气罩的遮挡面板用连接件挂在预留的挂钩或支撑件上的形式。典型的挂板式暖气罩，如图 9-17(a)所示。

(2)明式暖气罩：指暖气罩凸出墙面，暖气片上面、左右面和正面均需由暖气罩遮挡的形式。典型的明式暖气罩，如图 9-17(b)所示。

(3)平墙式暖气罩：指暖气片置于专门设置的壁龛内，暖气罩挂在暖气片正面，其表面与墙面基本平齐的形式。典型的平墙式暖气罩如图 9-17(c)所示。

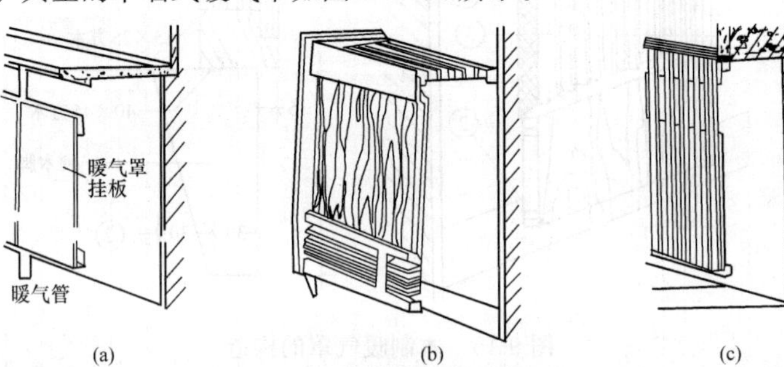

图 9-17　暖气罩形式示意图

(a)挂板式；(b)明式；(c)平墙式

3. 暖气罩工料消耗参考指标

暖气罩工料消耗参考指标见表 9-10。

表 9-10　　暖气罩工料消耗参考指标　　m^2

名称		单位	柚木板	塑板面	胶合板	
			挂板式		平墙式	明式
人工	综合人工	工日	0.5712	0.4510	0.5917	0.6238
材料	铝合金压条	m	8.1185	8.1185	—	—
	塑面板	m^2	—	1.1760	—	—
	膨胀螺栓	套	12.5460	12.5460	—	6.5790
	木螺钉	个	—	—	13.1621	13.1621
	门轧头	副	—	—	1.6320	1.6320
	电焊条	kg	0.1326	0.1326	—	—
	杉木锯材	m^3	—	—	0.0204	0.0204
	柚木企口板	m^2	0.0244	—	—	—
	胶合板 5mm	m^2	—	—	0.5335	0.7029
	角钢 40×3	kg	3.8181	3.8181	—	—
	钢筋	kg	1.1596	1.1596	—	—
	扁钢	kg	—	—	0.3026	0.3026
	铝板网	m^2	—	—	0.2710	0.2710
	镀锌钢管	kg	—	—	0.7130	0.7130
	调和漆	kg	0.4200	0.4200	—	—
	防锈漆	kg	0.4200	0.4200	—	—
	202 胶 FSC—2	kg	0.0641	0.0735	—	—

四、工程量计算

【例 9-4】 如图 9-18 所示为金属暖气罩示意图，尺寸为 820m×770m，试根据其计算规则计算金属暖气罩工程量。

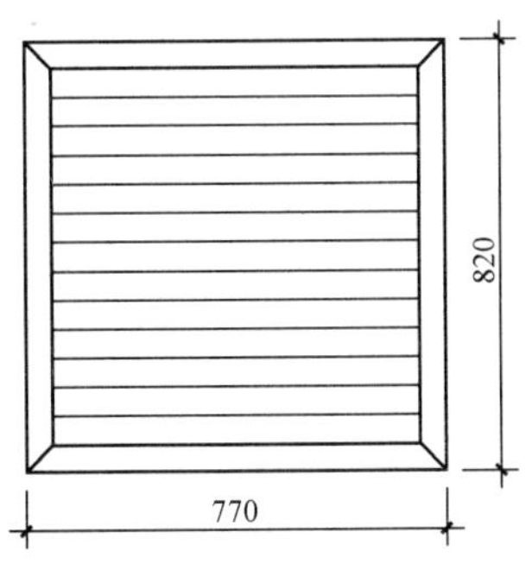

图 9-18　金属暖气罩示意图

【解】 本例为暖气罩工程中金属暖气罩，项目编码为 011504003，则其工程量计算如下：

计算公式：暖气罩工程量＝(设计图示高度×设计图示)[垂直投影面积(不展开)]长度

暖气罩工程量＝0.82×0.77＝0.63m^2

第五节　浴厕配件

一、工程量清单项目设置及工程量计算规则

浴厕配件工程量清单项目设置及工程量计算规则见表9-11。

表9-11　浴厕配件(编码:011505)

<table>
<tr><th>项目编码</th><th>项目名称</th><th>项目特征</th><th>计量单位</th><th>工程量计算规则</th><th>工作内容</th></tr>
<tr><td>011505001</td><td>洗漱台</td><td>1. 材料品种、规格、颜色
2. 支架、配件品种、规格</td><td>1. m^2
2. 个</td><td>1. 按设计图示尺寸以台面外接矩形面积计算。不扣除孔洞、挖弯、削角所占面积,挡板、吊沿板面积并入台面面积内
2. 按设计图示数量计算</td><td>1. 台面及支架运输、安装
2. 杆、环、盒、配件安装
3. 刷油漆</td></tr>
<tr><td>011505002</td><td>晒衣架</td><td rowspan="8">1. 材料品种、规格、颜色
2. 支架、配件品种、规格</td><td rowspan="4">个</td><td rowspan="8">按设计图示数量计算</td><td rowspan="4">1. 台面及支架运输、安装
2. 杆、环、盒、配件安装
3. 刷油漆</td></tr>
<tr><td>011505003</td><td>帘子杆</td></tr>
<tr><td>011505004</td><td>浴缸拉手</td></tr>
<tr><td>011505005</td><td>卫生间扶手</td></tr>
<tr><td>011505006</td><td>毛巾杆(架)</td><td>套</td><td rowspan="4">1. 台面及支架制作、运输、安装
2. 杆、环、盒、配件安装
3. 刷油漆</td></tr>
<tr><td>011505007</td><td>毛巾环</td><td>副</td></tr>
<tr><td>011505008</td><td>卫生纸盒</td><td rowspan="2">个</td></tr>
<tr><td>011505009</td><td>肥皂盒</td></tr>
<tr><td>011505010</td><td>镜面玻璃</td><td>1. 镜面玻璃品种、规格
2. 框材质、断面尺寸
3. 基层材料种类
4. 防护材料种类</td><td>m^2</td><td>按设计图示尺寸以边框外围面积计算</td><td>1. 基层安装
2. 玻璃及框制作、运输、安装</td></tr>
<tr><td>011505011</td><td>镜箱</td><td>1. 箱体材质、规格
2. 玻璃品种、规格
3. 基层材料种类
4. 防护材料种类
5. 油漆品种、刷漆遍数</td><td>个</td><td>按设计图示数量计算</td><td>1. 基层安装
2. 箱体制作、运输、安装
3. 玻璃安装
4. 刷防护材料、油漆</td></tr>
</table>

二、项目名称释义

2. 项目名称释义

(1)洗漱台。洗漱台是卫生间中用于支承台式洗脸盆,搁放洗漱、卫生用品,同时装饰卫生间,使之显示豪华气派风格的台面。宾馆住宅卫生间内的洗漱台台面下常做成柜子,一方面遮挡上下水管;另一方面存放部分清洁用品。洗漱台一般用纹理颜色具有较强装饰性的云石和花岗石光面板材经磨边、开孔制作而成。台面一般厚20cm,宽约570mm,长度视卫生间大小和台上洗脸盆数量而定。一般单个面盆台面长有1m、1.2m、1.5m;双面盆台面长则在1.5m以上。为了加强台面的抗弯能力,台面下需用角钢焊接架子加以支承。台面两端若与墙相接,则可将角钢架直接固定在墙面上,否则需砌半砖墙支承。

常见洗漱台安装示意图如图9-19所示。

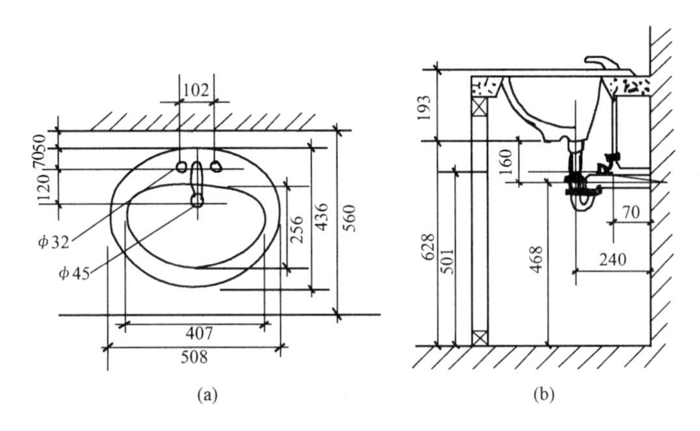

图9-19　常见洗漱台安装示意图

(a)平面图;(b)侧面图

(2)晒衣架。晒衣架是指晾晒衣物时使用的架子,一般安装在晒台或窗户外,形状一般为V形或一字形,还有收缩活动形。

(3)帘子杆。帘子杆为市场采购成品,仅需在墙上埋入胀管,用木螺钉固定即可。

(4)浴缸拉手。浴缸拉手为市场采购成品,仅需在墙上埋入胀管,用木螺钉固定即可。

(5)毛巾杆(架)。毛巾杆(架)为市场采购成品,仅需在墙上埋入胀管,用木螺钉固定即可。

(6)毛巾环。毛巾环为一种浴室配件。

(7)卫生纸盒。卫生纸盒为市场采购成品,仅需在墙上埋入胀管,用木螺钉固定即可。

(8)肥皂盒。肥皂盒为市场采购成品,仅需在墙上埋入胀管,用木螺钉固定即可。

(9)镜面玻璃。镜面玻璃选用的材料规格、品种、颜色或图案等均应符合设计要求,不得随意改动。

在同一墙面安装相同玻璃镜时,应选用同一批产品,以防止镜面色泽不一而影响装饰效果。对于重要部位的镜面安装,要求做防潮层及木筋和木砖采取防腐措施时,必须照设计要求处理。

镜面玻璃应存放于干燥通风的室内,玻璃箱应竖直立放,不应斜放或平放。安装后的镜面应达到平整、清洁,接缝顺直、严密,不得有翘起、松动、裂纹和掉角等质量弊病。

(10)镜箱。用于盛装浴室用具的箱子。

三、项目特征描述

(1)洗漱台、晒衣架、帘子杆、浴缸拉手、卫生间扶手、毛巾杆(架)、毛巾环、卫生纸盒、肥皂盒项目特征描述提示：

1)应注明材料品种、规格、颜色。

2)应说明支架、配件品种、规格。

(2)镜面玻璃项目特征描述提示：

1)应注明镜面玻璃品种、规格。

2)应说明框材质、断面尺寸。如木框 50mm×50mm.

3)应注明基层材料、防护材料种类。

(3)镜箱项目特征描述提示：

1)应注明箱体材质、规格。

2)应说明玻璃品种、规格。

3)应注明基层材料、防护材料种类。

4)油漆说明品种及刷漆遍数。

四、工程量计算

【例 9-5】 某卫生间洗漱台安装示意图如图 9-20 所示，20mm 厚大理石台饰。试根据其计算规则计算大理石洗漱台工程量。

【解】 本例为浴厕配件工程中洗漱台，项目编码为 011505001，则其工程量计算如下：

计算公式：洗漱台工程量＝台面外接矩形面积

$$洗漱台工程量=2\times0.6=1.2m^2$$

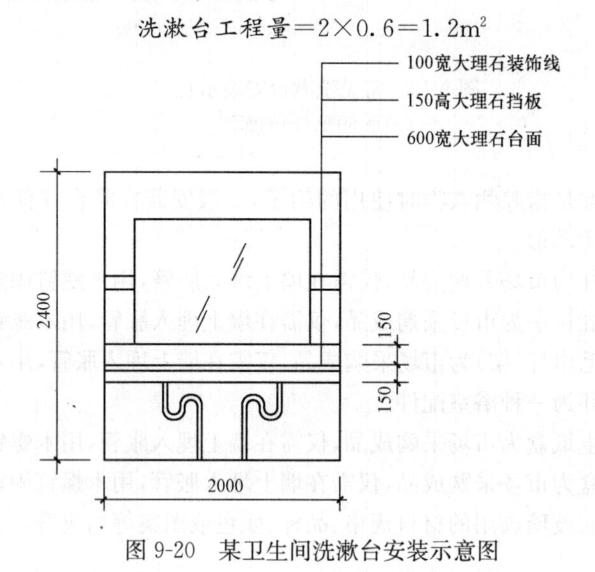

图 9-20 某卫生间洗漱台安装示意图

第六节 雨篷、旗杆

一、工程量清单项目设置及工程量计算规则

雨篷、旗杆工程量清单项目设置及工程量计算规则见表 9-12。

表 9-12　　雨篷、旗杆(编码:011506)

项目编码	项目名称	项目特征	计量单位	工程量计算规则	工作内容
011506001	雨篷吊挂饰面	1. 基层类型 2. 龙骨材料种类、规格、中距 3. 面层材料品种、规格 4. 吊顶(天棚)材料、品种、规格 5. 嵌缝材料种类 6. 防护材料种类	m^2	按设计图示尺寸以水平投影面积计算	1. 底层抹灰 2. 龙骨基层安装 3. 面层安装 4. 刷防护材料、油漆
011506002	金属旗杆	1. 旗杆材料、种类、规格 2. 旗杆高度 3. 基础材料种类 4. 基座材料种类 5. 基座面层材料、种类、规格	根	按设计图示数量计算	1. 土石挖、填、运 2. 基础混凝土浇筑 3. 旗杆制作、安装 4. 旗杆台座制作、饰面
011506003	玻璃雨篷	1. 玻璃雨篷固定方式 2. 龙骨材料种类、规格、中距 3. 玻璃材料品种、规格 4. 嵌缝材料种类 5. 防护材料种类	m^2	按设计图示尺寸以水平投影面积计算	1. 龙骨基层安装 2. 面层安装 3. 刷防护材料、油漆

二、项目编码与项目名称释义

2. 项目名称释义

传统的店面雨篷，一般都承担雨篷兼招牌的双重作用。现代店面往往以丰富入口及立面造型为主要目的，制作凸出和悬挑于入口上部建筑立面的雨篷式构造。

常见雨篷式招牌的形式及构造如图 9-21、图 9-22 所示。

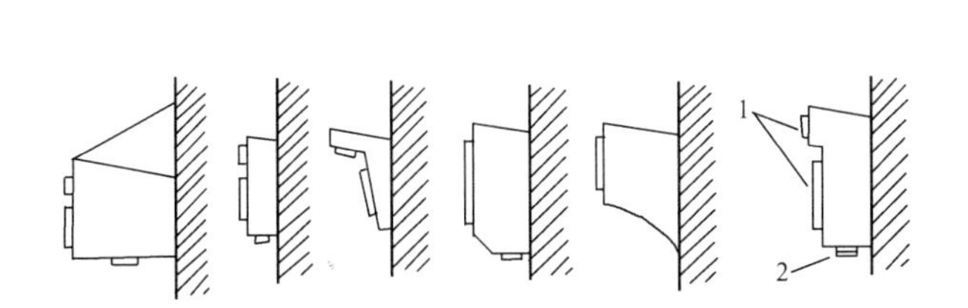

图 9-21　传统的雨篷式招牌形式

1—店面招牌文字；2—灯具

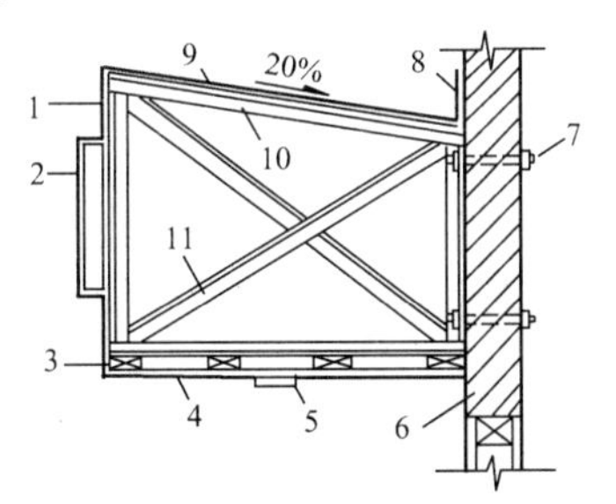

图 9-22　雨篷式招牌构造示意图

1—饰面材料；2—店面招牌文字；3—40×50 吊顶木筋；4—天棚饰面；5—吸顶灯；6—建筑墙体；7—ϕ10×12 螺杆；8—26 号镀锌铁皮泛水；9—玻璃钢屋面瓦；10—∟30×3 角钢；11—角钢剪刀撑

三、项目特征描述

(1)雨篷吊挂饰面项目特征描述：

1)应注明基层类型。

2)应说明龙骨材料种类、规格、中距。

3)应说明面层材料品种、规格。

4)吊顶(天棚)材料应注明品种、规格。

5)应说明嵌缝材料种类。

6)应注明防护材料种类。

(2)金属旗杆项目特征描述提示：

1)应说明旗杆材料、种类、规格。

2)应注明旗杆高度。

3)应注明基础材料种类。

4)应说明基座材料种类。

5)应注明基座面层材料、种类、规格。

(3)玻璃雨篷项目特征描述提示：

1)应说明玻璃雨篷固定方式。

2)应说明龙骨材料种类、规格、中距。

3)应说明玻璃材料品种、规格。

4)应说明嵌缝材料、防护材料种类。

四、工程量计算

【例9-6】 如图9-22所示，雨篷式招牌长2.1m，宽1.5m，试根据其计算规则计算雨篷式招牌工程量。

【解】 本例为雨篷、旗杆工程中雨篷吊挂饰面，项目编码为011506001，则其工程量计算如下：

计算公式：雨篷式吊挂饰面工程量＝图示尺寸水平投影面积

雨篷式吊挂饰面工程量＝2.1×1.5＝3.15m^2

第七节 招牌、灯箱

一、工程量清单项目设置及工程量计算规则

招牌、灯箱工程量清单项目设置及工程量计算规则见表9-13。

表9-13　　招牌、灯箱(编码：011507)

项目编码	项目名称	项目特征	计量单位	工程量计算规则	工作内容
011507001	平面、箱式招牌	1. 箱体规格 2. 基层材料种类 3. 面层材料种类 4. 防护材料种类	m^2	按设计图示尺寸以正立面边框外围面积计算。复杂形的凹凸造型部分不增加面积	1. 基层安装 2. 箱体及支架制作、运输、安装 3. 面层制作、安装 4. 刷防护材料、油漆
011507002	竖式标箱				
011507003	灯箱		个	按设计图示数量计算	

续表

项目编码	项目名称	项目特征	计量单位	工程量计算规则	工作内容
011507004	信报箱	1. 箱体规格 2. 基层材料种类 3. 面层材料种类 4. 保护材料种类 5. 户数	个	按设计图示数量计算	1. 基层安装 2. 箱体及支架制作、运输、安装 3. 面层制作、安装 4. 刷防护材料、油漆

二、项目名称释义

(1)平面、箱式招牌。平面、箱式招牌是一种广告招牌形式,主要强调平面感,描绘精致,多用于墙面。

(2)竖式标箱。竖式标箱是指六面体悬挑在墙体外的一种招牌基层形式,计算工程量时均按外围体积计算。

(3)灯箱。灯箱主要用作户外广告,分布于道路、街道两旁,以及影院、车站、商业区、机场、公园等公共场所。灯箱与墙体的连接方法较多,常用的方法有悬吊、悬挑和附贴等。

常见灯箱的构造示意图,如图9-23所示。

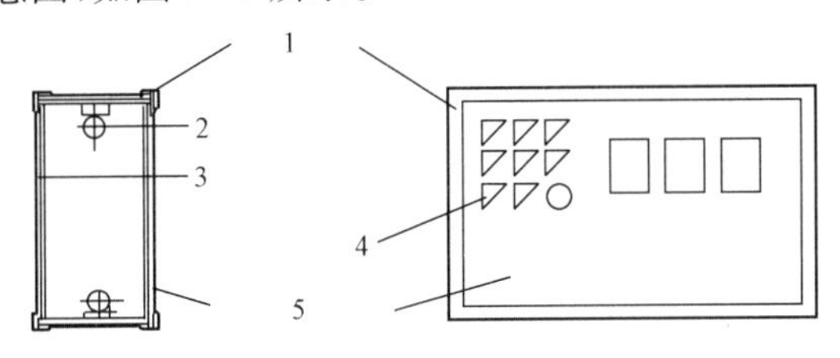

图9-23 常见灯箱的构造示意图

1—金属边框;2—日光灯管;3—框架(木质或型钢);
4—图案或字体;5—有机玻璃面板

(4)信报箱。信报箱作为新建小区及写字楼的配套产品之一,不仅是用户接收邮件和各类账单的重要载体,随着产品的不断升级换代,表面处理方式的推陈出新,在满足功能的同时,人们越来越倾向于把它作为建筑的一种装饰。

信报箱经历了从木质信报箱、铁皮信报箱到不锈钢信报箱,再到智能信报箱的一个发展过程,目前已形成涵盖智能信报箱、普通信报箱、别墅信报箱三大类多个系列的产品。

三、项目特征描述

(1)平面、箱式招牌,竖式标箱,灯箱项目特征描述提示:

1)应注明箱体规格。

2)应注明基层材料、面层材料和防护材料的种类。

(2)信报箱项目特征描述提示:

1)应注明箱体规格。

2)应说明基层材料、面层材料、保护材料的种类。

3)应注明户数。

四、工程量计算

【例 9-7】 某店面檐口上方设招牌，长 28m，高 1.5m，钢结构龙骨，九夹板基层，塑铝板面层，试根据其计量规则计算招牌工程量。

【解】 本例为招牌、灯箱工程中平面、箱式招牌，项目编码为 011507001，则其工程量计算如下：

计算公式：平面、箱式招牌工程量＝设计图示框外高度×设计图示框外长度

$$招牌工程量=28\times1.5=42m^2$$

第八节　美术字

一、工程量清单项目设置及工程量计算规则

美术字工程量清单项目设置及工程量计算规则见表 9-14。

表 9-14　　美术字(编码:011508)

项目编码	项目名称	项目特征	计量单位	工程量计算规则	工作内容
011508001	泡沫塑料字	1. 基层类型 2. 镌字材料品种、颜色 3. 字体规格 4. 固定方式 5. 油漆品种、刷漆遍数	个	按设计图示数量计算	1. 字制作、运输、安装 2. 刷油漆
011508002	有机玻璃字				
011508003	木质字				
011508004	金属字				
011508005	吸塑字				

二、项目名称释义

(1)泡沫塑料字：具有材质松软，重量轻，厚度厚(1～10cm)甚至更厚；安装轻便，可立于地上，表面颜色可选的特点。

(2)有机玻璃字：有机玻璃的化学名称叫聚甲烯酸甲酯，是由甲基丙烯酸酯聚合成的高分子化合物。其特点是表面光滑、色彩艳丽，比重小，强度较大，耐腐蚀，耐湿，耐晒，绝缘性能好，隔声性。有机玻璃不仅应用在商业、轻工、建筑、化工等方面，而且有机玻璃制作，在广告装潢、沙盘模型上应用十分广泛，如：标牌，广告牌，灯箱的面板和中英字母面板。按有机玻璃字造型划分，有平鼓字、尖鼓字、圆鼓字等。

(3)木质字：木质字牌因为其材料的普遍性，所以其使用历史悠久。过去由于森林资源的丰富，优质木材价格低廉且容易得到，所以一般的木质字牌都以较好的如红木、檀木、柞木等优质木材雕刻而成。而到现在，由于森林资源的匮乏，优质木材更是奇缺，价格昂贵，所以一般字牌都不可能找到优质木材进行雕刻。

(4)金属字：现有的金属字具体包括以下几种：铜字、合金铜字、不锈钢字、铁皮字。

1)铜字和合金铜字是目前立体广告招牌字的主导产品，其特点是因为有类似金色的金属光泽而外观显得高贵豪华。

2)不锈钢字虽然不存在生锈的问题，但由于属于冷的金属色调，色泽单一，给人以冷峻的感觉，加上其成本及市场售价均略高于合金铜字，所以目前采用的范围还不太普及。

3)铁皮字成本相对于铜字、合金铜字、不锈钢字而言是比较低的，但是普通铁皮需要喷漆做色彩，因为铁皮在阳光照射下及夜间降温时热胀冷缩现象比较容易出现，加上铁皮也容易内部锈蚀，结果容易导致油漆脱离铁皮。所以，铁皮喷漆字目前市场上也处于淘汰的趋势。

三、项目特征描述

泡沫塑料字、有机玻璃字、木质字、金属字、吸塑字项目特征描述提示：

(1)应注明基层类型，如铝塑板。

(2)应注明镌字材料品种、颜色，如红色泡沫塑料。

(3)应注明字体规格：外接矩形 500mm×500mm。

(4)应注明固定方式：粘贴。

(5)应注明油漆品种及涂刷遍数。

四、工程量计算

【例 9-8】 如图 9-24 所示为某商店红色金属招牌，试根据其计算规则计算金属字工程量。

鑫鑫商店

图 9-24　某商店红色金属招牌示意图

【解】 本例为美术字工程中金属字，项目编码为 011508004，则其工程量计算如下：

计算公式：金属字工程量＝设计图示数量

金属字工程量＝4 个

第十章 措施项目

第一节 脚手架工程

一、工程量清单项目设置及工程量计算规则

脚手架工程量清单项目设置及工程量计算规则见表 10-1。

表 10-1　　脚手架工程(编码:011701)

<table>
<tr><th>项目编码</th><th>项目名称</th><th>项目特征</th><th>计量单位</th><th>工程量计算规则</th><th>工作内容</th></tr>
<tr><td>011701001</td><td>综合脚手架</td><td>1. 建筑结构形式
2. 檐口高度</td><td rowspan="4">m²</td><td>按建筑面积计算</td><td>1. 场内、场外材料搬运
2. 搭、拆脚手架、斜道、上料平台
3. 安全网的铺设
4. 选择附墙点与主体连接
5. 测试电动装置、安全锁等
6. 拆除脚手架后材料的堆放</td></tr>
<tr><td>011701002</td><td>外脚手架</td><td rowspan="2">1. 搭设方式
2. 搭设高度
3. 脚手架材质</td><td rowspan="2">按所服务对象的垂直投影面积计算</td><td rowspan="5">1. 场内、场外材料搬运
2. 搭、拆脚手架、斜道、上料平台
3. 安全网的铺设
4. 拆除脚手架后材料的堆放</td></tr>
<tr><td>011701003</td><td>里脚手架</td></tr>
<tr><td>011701004</td><td>悬空脚手架</td><td rowspan="2">1. 搭设方式
2. 悬挑宽度
3. 脚手架材质</td><td>按搭设的水平投影面积计算</td></tr>
<tr><td>011701005</td><td>挑脚手架</td><td>m</td><td>按搭设长度乘以搭设层数以延长米计算</td></tr>
<tr><td>011701006</td><td>满堂脚手架</td><td>1. 搭设方式
2. 搭设高度
3. 脚手架材质</td><td rowspan="2">m²</td><td>按搭设的水平投影面积计算</td></tr>
<tr><td>011701007</td><td>整体提升架</td><td>1. 搭设方式及启动装置
2. 搭设高度</td><td>按所服务对象的垂直投影面积计算</td><td>1. 场内、场外材料搬运
2. 选择附墙点与主体连接
3. 搭、拆脚手架、斜道、上料平台
4. 安全网的铺设
5. 测试电动装置、安全锁等
6. 拆除脚手架后材料的堆放</td></tr>
</table>

续表

项目编码	项目名称	项目特征	计量单位	工程量计算规则	工作内容
011701008	外装饰吊篮	1. 升降方式及启动装置 2. 搭设高度及吊篮型号	m^2	按所服务对象的垂直投影面积计算	1. 场内、场外材料搬运 2. 吊篮的安装 3. 测试电动装置、安全锁、平衡控制器等 4. 吊篮的拆卸

二、项目名称释义

(1)满堂脚手架。按施工作业范围而设的,纵、横两个方向各有三排以上立杆的脚手架。

(2)挑脚手架。采用悬挑式支固的脚手架。

(3)悬空脚手架。悬吊于悬挑梁或工程结构至下的脚手架。

(4)外装饰吊篮。按用途可分为维修吊篮和装修吊篮;按驱动形式可分为手动、气动和电动;按提升方式可分为卷扬式和爬升式。

三、项目特征描述

(1)综合脚手架项目特征描述提示:

1)应注明建筑结构形式。

2)应说明檐口高度。

(2)外脚手架、里脚手架、满堂脚手架项目特征提示:

1)应说明搭设方式。如落地式、悬挑、附墙悬挂。

2)应说明搭设高度。

3)应说明脚手架材质。如铁质脚手架,竹制脚手架。

(3)悬空脚手架、挑脚手架项目特征提示:

1)应注明搭设方式。

2)应注明悬挑宽度。

3)应说明脚手架材质。

(4)整体提升架项目特征描述提示:

1)应注明搭设方式及启动装置。

2)应说明搭设高度。

(5)外装饰吊篮项目特征描述提示:

1)应说明升降方式及启动装置。

2)应说明搭设高度及吊篮型号。

第二节 混凝土模板及支架(撑)

一、工程量清单项目设置及工程量计算规则

混凝土模板及支架(撑)工程量清单项目设置及工程量计算规则见表10-2。

表 10-2　　　　混凝土模板及支架(撑)(编码:011702)

项目编码	项目名称	项目特征	计量单位	工程量计算规则	工作内容
011702001	基础	基础类型	m^2	按模板与现浇混凝土构件的接触面积计算 1. 现浇钢筋混凝土墙、板单孔面积≤0.3m^2 的孔洞不予扣除,洞侧壁模板亦不增加;单孔面积>0.3m^2 时应予扣除,洞侧壁模板面积并入墙、板工程量内计算 2. 现浇框架分别按梁、板、柱有关规定计算;附墙柱、暗梁、暗柱并入墙内工程量内计算 3. 柱、梁、墙、板相互连接的重叠部分,均不计算模板面积 4. 构造柱按图示外露部分计算模板面积	1. 模板制作 2. 模板安装、拆除、整理堆放及场内外运输 3. 清理模板粘结物及模内杂物、刷隔离剂等
011702002	矩形柱				
011702003	构造柱				
011702004	异形柱	柱截面形状			
011702005	基础梁	梁截面形状			
011702006	矩形梁	支撑高度			
011702007	异形梁	1. 梁截面形状 2. 支撑高度			
011702008	圈梁				
011702009	过梁				
011702010	弧形、拱形梁	1. 梁截面形状 2. 支撑高度			
011702011	直形墙				
011702012	弧形墙				
011702013	短肢剪力墙、电梯井壁				
011702014	有梁板	支撑高度			
011702015	无梁板				
011702016	平板				
011702017	拱板				
011702018	薄壳板				
011702019	空心板				
011702020	其他板				
011702021	栏板				
011702022	天沟、檐沟	构件类型		按模板与现浇混凝土构件的接触面积计算	
011702023	雨篷、悬挑板、阳台板	1. 构件类型 2. 板厚度		按图示外挑部分尺寸的水平投影面积计算,挑出墙外的悬臂梁及板边不另计算	
011702024	楼梯	类型		按楼梯(包括休息平台、平台梁、斜梁和楼层板的连接梁)的水平投影面积计算,不扣除宽度≤500mm 的楼梯井所占面积,楼梯踏步、踏步板、平台梁等侧面模板不另计算,伸入墙内部分亦不增加	

续表

项目编码	项目名称	项目特征	计量单位	工程量计算规则	工作内容
011702025	其他现浇构件	构件类型	m²	按模板与现浇混凝土构件的接触面积计算	1. 模板制作 2. 模板安装、拆除、整理堆放及场内外运输 3. 清理模板粘结物及模内杂物、刷隔离剂等
011702026	电缆沟、地沟	1. 沟类型 2. 沟截面		按模板与电缆沟、地沟接触的面积计算	
011702027	台阶	台阶踏步宽		按图示台阶水平投影面积计算，台阶端头两侧不另计算模板面积。架空式混凝土台阶，按现浇楼梯计算	
011702028	扶手	扶手断面尺寸		按模板与扶手的接触面积计算	
011702029	散水			按模板与散水的接触面积计算	
011702030	后浇带	后浇带部位		按模板与后浇带的接触面积计算	
011702031	化粪池	1. 化粪池部位 2. 化粪池规格		按模板与混凝土接触面积计算	
011702032	检查井	1. 检查井部位 2. 检查井规格			

二、项目名称释义

(1)矩形柱是框架结构中常见的结构柱形式，在框架结构中起到传递梁上荷载作用，矩形柱是随着建筑结构一起建筑的，也就是属于结构主体构架。

(2)在砌体房屋墙体的规定部位，按构造配筋，并按先砌墙后浇灌混凝土柱的施工顺序制成的混凝土柱，通常称为混凝土构造柱，简称构造柱。

(3)异形柱是异形截面柱的简称。这里所谓“异形截面”，是指柱截面的几何形状与常用普通的矩形截面相异而言。异形柱截面几何形状为L形、T形和十字形，且截面各肢的肢高肢厚比不大于4的柱。

(4)异形梁结构顾名思义，就是梁截面的形状是异形的，不是普通框架结构那样的圆形或者矩形。具体指虹梁，弧(弯)形梁。

(5)圈梁是指在房屋的基础上部的连续的钢筋混凝土梁也叫地圈梁(DQL)；而在墙体上部，紧挨楼板的钢筋混凝土梁叫上圈梁。圈梁通常设置在基础墙、檐口和楼板处，其数量和位置与建筑物的高度、层数、地基状况和地震强度有关。

(6)过梁是砌体结构房屋墙体门窗洞上常用的构件，它用来承受洞口顶面以上砌体的自重及上层楼盖梁板传来的荷载。过梁的形式有钢筋砖过梁、砌砖平拱、砖砌弧拱和钢筋混凝土过梁、

砖砌楔拱过梁、砖砌半圆拱过梁、木过梁等。

(7)基础梁简单说就是在地基土层上的梁。基础梁一般用于框架结构、框架剪力墙结构,框架柱落于基础梁上或基础梁交叉点上,其主要作用是作为上部建筑的基础,将上部荷载传递到地基上。基础梁是指直接以垫层顶为底模板的梁。

(8)直形墙指剪力墙结构无转折的钢筋混凝土剪力墙。

(9)弧形墙体是砌体工程中难于操作的部分,“三一”砌砖法适用于弧形墙体组砌的需要,因此,弧形墙体砌筑宜采用“三一”砌砖法。

(10)短肢剪力墙结构是指墙肢的横截面高度为厚度(墙厚)的4~8倍剪力墙结构,常用的有“T”字型、“L”型、“十”字型、“Z”字型、折线型、“一”字型。

三、项目特征描述

(1)基础项目特征描述提示:

1)应注明基础类型,如满堂基础,条形基础,独立基础。

2)原槽浇灌的混凝土基础,不计算模板。

(2)异形柱项目特征描述提示:应注明柱截面形状。

(3)基础梁、矩形梁、异形梁、弧形、拱形梁项目特征描述提示:

1)应注明梁截面形状。

2)应说明支撑高度。

(4)有梁板、无梁板、平板、拱板、薄壳板、空心板、其他板项目特征描述提示:应注明支撑高度。

(5)雨篷、悬挑板、阳台板项目特征描述:

1)应注明构件类型。

2)应说明板厚度。

(6)电缆沟、地沟项目特征描述提示:

1)应注明沟类型。

2)应说明沟截面。

(7)台阶项目特征描述提示:应说明台阶踏步宽。

(8)扶手项目特征描述提示:应说明扶手断面尺寸。

(9)化粪池项目特征描述提示:

1)应说明化粪池部位。

2)应说明化粪池规格。

(10)检查井项目特征描述提示:

1)应注明检查井的部位。

2)应注明检查井的规格。

第三节 垂直运输

一、工程量清单项目设置及工程量计算规则

垂直运输工程量清单项目设置及工程量计算规则见表10-3。

表 10-3 垂直运输(编码:011703)

项目编码	项目名称	项目特征	计量单位	工程量计算规则	工作内容
011703001	垂直运输	1. 建筑物建筑类型及结构形式 2. 地下室建筑面积 3. 建筑物檐口高度、层数	1. m^2 2. 天	1. 按建筑面积计算 2. 按施工工期日历天数计算	1. 垂直运输机械的固定装置、基础制作、安装 2. 行走式垂直运输机械轨道的铺设、拆除、摊销

二、项目名称释义

在建筑工程中，常用的垂直运输工具是卷扬机和塔式起重机。一般 6～8 层以下采用卷扬机，9 层及其以上采用塔式起重机。建筑物的垂直运输按照建筑物的建筑面积计算，而涉及的垂直运输费是建筑行业里的一个专项收费项目，在工程的承包中，由建设单位支付给施工单位的一项费用。其计算方法是从正负零减去正一楼算起，直至楼顶的提升高度。建筑物檐口高度在 3.6m 以内的单层建筑，不计算垂直运输费用。

三、项目特征描述

垂直运输项目特征描述提示：

(1)应注明建筑物建筑类型及结构形式。

(2)应注明地下室建筑面积。

(3)应说明建筑物檐口高度、层数。

四、工程量计算

【例 10-1】 某建筑物 8 层，檐口高度 28.5m，每层建筑面积为 $400m^2$，试根据其计算规则计算该工程垂直运输工程量。

【解】 建筑物檐高 28m＜28.5m＜29.5m，则工程量：$S=400\times3=1200m^2$

1～6 层垂直运输不计。

第四节 超高施工增加

一、工程量清单项目设置及工程量计算规则

超高施工增加工程量清单项目设置及工程量计算规则见表 10-4。

表 10-4 超高施工增加(编码:011704)

项目编码	项目名称	项目特征	计量单位	工程量计算规则	工作内容
011704001	超高施工增加	1. 建筑物建筑类型及结构形式 2. 建筑物檐口高度、层数 3. 单层建筑物檐口高度超过 20m，多层建筑物超过 6 层部分的建筑面积	m^2	按建筑物超高部分的建筑面积计算	1. 建筑物超高引起的人工工效降低以及由于人工工效降低引起的机械降效 2. 高层施工用水加压水泵的安装、拆除及工作台班 3. 通信联络设备的使用及摊销

二、项目名称释义

当建筑物檐高超过20m时,工程量清单编制人应考虑在分部分项工程量清单中增加建筑物超高施工增加费用项目。超高施工增加费在计价时,应考虑计算超高施工人工降效、机械降效和超高施工加压水泵台班及其他费用。

超高施工增加费包含的内容:

(1)垂直运输机械降效。

(2)上人电梯费用。

(3)人工降效。

(4)自来水加压及附属设施。

(5)上下通信器材的摊销。

(6)白天施工照明和夜间高空安全号增加费。

(7)临时卫生设施。

(8)其他。

三、项目特征描述

超高施工增加项目特征描述提示:

(1)应说明建筑物建筑类型及结构形式。

(2)应注明建筑物檐口高度、层数。

(3)单层建筑物檐口高度超过20m,多层建筑物超过6层部分的建筑面积。

四、工程量计算

【例10-2】 某建筑物9层,檐口高度为38m,每层建筑面积为500m²,试根据其计算规则计算该工程脚手架超高增加工程量。

【解】 (38－2)/3.3＝5.45层,故按5个超高层计算工程量。余数3.3×0.45＝1.5<3.3m,则舍去不计。则:

$$S=500\times5=2500\text{m}^2$$

第五节 大型机械设备进出场及安拆

一、工程量清单项目设置及工程量计算规则

大型机械设备进出场及安拆工程量清单清单项目设置及工程量计算规则见表10-5。

表10-5 大型机械设备进出场及安拆(编码:011705)

项目编码	项目名称	项目特征	计量单位	工程量计算规则	工作内容
011705001	大型机械设备进出场及安拆	1. 机械设备名称 2. 机械设备规格型号	台次	按使用机械设备的数量计算	1. 安拆费包括施工机械、设备在现场进行安装拆卸所需人工、材料、机械和试运转费用以及机械辅助设施的折旧、搭设、拆除等费用 2. 进出场费包括施工机械、设备整体或分体自停放地点运至施工现场或由一施工地点运至另一施工地点所发生的运输、装卸、辅助材料等费用

二、项目名称释义

在措施费中，大型机械设备进出场及安拆费是指机械整体或分体自停放场地运至施工现场或由一个施工地点运至另一个施工地点，所发生的机械进出场运输及转移费用及机械在施工现场进行安装、拆卸所需的人工费、材料费、机械费、试运转费和安装所需的辅助设施的费用。而施工机械使用费中的安拆费及场外运费，这里的场外运费是指施工机械整体或分体自停放地点运至施工现场或由一施工地点运至另一施工地点的运输、装卸、辅助材料及架线等费用，场外运输费包括了机械的进出场费(25km 以内的)，超出规定的另外单独计取运费。

三、项目特征描述

大型机械设备进出场以及安拆项目特征描述提示：

(1)应注明机械设备名称。

(2)应说明机械设备规格型号。

第六节 施工排水、降水

一、工程量清单项目设置及工程量计算规则

施工排水、降水工程量清单项目设置及工程量计算规则见表 10-6。

表 10-6 施工排水、降水(编码：011706)

项目编码	项目名称	项目特征	计量单位	工程量计算规则	工作内容
011706001	成井	1. 成井方式 2. 地层情况 3. 成井直径 4. 井(滤)管类型、直径	m	按设计图示尺寸以钻孔深度计算	1. 准备钻孔机械、埋设护筒、钻机就位；泥浆制作、固壁；成孔、出渣、清孔等 2. 对接上、下井管(滤管)，焊接，安放，下滤料，洗井，连接试抽等
011706002	排水、降水	1. 机械规格型号 2. 降排水管规格	昼夜	按排、降水日历天数计算	1. 管道安装、拆除，场内搬运等 2. 抽水、值班、降水设备维修等

二、项目名称释义

施工排水、降水费是指为确保工程在正常条件下施工，采取各种排水、降水措施所发生的各种费用。如为降低水位进行井点降水所发生的费用，含机械费、材料费、人工费。按实际发生的费用处理，因项目而异。

清单计价措施费中的施工排水降水费应根据当地(工程地点)地质、地下水位的情况，由施工单位编制排水施工方案，经建设方审核批准后，可按批准的施工方案计算其排水费用。

三、项目特征描述

(1)成井项目特征描述提示：

1)应注明成井方式。

2)应说明地层情况。

3)应注明成井直径。

4)应说明井(滤)管类型、直径。

(2)排水、降水项目特征描述提示：

1)应说明机械规格型号。

2)应说明降排水管规格。

第七节　安全文明施工及其他措施项目

安全文明施工及其他措施项目工程量清单项目设置及工程量计算规则见表10-7。

表10-7　安全文明施工及其他措施项目(编码:011707)

项目编码	项目名称	工作内容及包含范围
011707001	安全文明施工	1. 环境保护:现场施工机械设备降低噪声、防扰民措施;水泥和其他易飞扬细颗粒建筑材料密闭存放或采取覆盖措施等;工程防扬尘洒水;土石方、建渣外运车辆防护措施等;现场污染源的控制、生活垃圾清理外运、场地排水排污措施;其他环境保护措施 2. 文明施工:“五牌一图”;现场围挡的墙面美化(包括内外粉刷、刷白、标语等)、压顶装饰;现场厕所便槽刷白、贴面砖,水泥砂浆地面或地砖,建筑物内临时便溺设施;其他施工现场临时设施的装饰装修、美化措施;现场生活卫生设施;符合卫生要求的饮水设备、淋浴、消毒等设施;生活用洁净燃料;防煤气中毒、防蚊虫叮咬等措施;施工现场操作场地的硬化;现场绿化、治安综合治理;现场配备医药保健器材、物品和急救人员培训;现场工人的防暑降温、电风扇、空调等设备及用电;其他文明施工措施 3,安全施工:安全资料、特殊作业专项方案的编制,安全施工标志的购置及安全宣传;“三宝”(安全帽、安全带、安全网)、“四口”(楼梯口、电梯井口、通道口、预留洞口)、“五临边”(阳台围边、楼板围边、屋面围边、槽坑围边、卸料平台两侧),水平防护架、垂直防护架、外架封闭等防护;施工安全用电,包括配电箱三级配电、两级保护装置要求、外电防护措施;起重机、塔吊等起重设备(含井架、门架)及外用电梯的安全防护措施(含警示标志)及卸料平台的临边防护、层间安全门、防护棚等设施;建筑工地起重机械的检验检测;施工机具防护棚及其围栏的安全保护设施;施工安全防护通道;工人的安全防护用品、用具购置;消防设施与消防器材的配置;电气保护、安全照明设施;其他安全防护措施 4. 临时设施:施工现场采用彩色、定型钢板,砖、混凝土砌块等围挡的安砌、维修、拆除;施工现场临时建筑物、构筑物的搭设、维修、拆除,如临时宿舍、办公室,食堂、厨房、厕所、诊疗所、临时文化福利用房、临时仓库、加工厂、搅拌台、临时简易水塔、水池等;施工现场临时设施的搭设、维修、拆除,如临时供水管道、临时供电管线、小型临时设施等;施工现场规定范围内临时简易道路铺设,临时排水沟、排水设施安砌、维修、拆除;其他临时设施搭设、维修、拆除
011707002	夜间施工	1. 夜间固定照明灯具和临时可移动照明灯具的设置、拆除 2. 夜间施工时,施工现场交通标志、安全标牌、警示灯等的设置、移动、拆除 3. 包括夜间照明设备及照明用电、施工人员夜班补助、夜间施工劳动效率降低等
011707003	非夜间施工照明	为保证工程施工正常进行,在地下室等特殊施工部位施工时所采用的照明设备的安拆、维护及照明用电等
011707004	二次搬运	由于施工场地条件限制而发生的材料、成品、半成品等一次运输不能到达堆放地点,必须进行的二次或多次搬运

续表

项目编码	项目名称	工作内容及包含范围
011707005	冬雨季施工	1. 冬雨(风)季施工时增加的临时设施(防寒保温、防雨、防风设施)的搭设、拆除 2. 冬雨(风)季施工时,对砌体、混凝土等采用的特殊加温、保温和养护措施 3. 冬雨(风)季施工时,施工现场的防滑处理、对影响施工的雨雪的清除 4. 包括冬雨(风)季施工时增加的临时设施、施工人员的劳动保护用品、冬雨(风)季施工劳动效率降低等
011707006	地上、地下设施、建筑物的临时保护设施	在工程施工过程中,对已建成的地上、地下设施和建筑物进行的遮盖、封闭、隔离等必要保护措施
011707007	已完工程及设备保护	对已完工程及设备采取的覆盖、包裹、封闭、隔离等必要保护措施

第十一章 装饰装修工程工程量清单计价编制实例

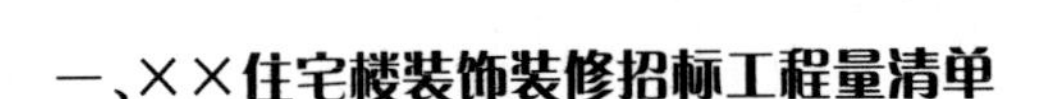

一、××住宅楼装饰装修招标工程量清单

××住宅楼装饰装修＿＿＿工程

招标工程量清单

招　标　人：＿＿＿＿××× ＿＿＿＿
（单位盖章）

造价咨询人：＿＿＿＿××× ＿＿＿＿
（单位盖章）

××年×月×日

<u>　　××住宅楼装饰装修　　</u>工程

招标工程量清单

招　标　人：<u>　　×××　　</u> （单位盖章）	造价咨询人：<u>　　×××　　</u> （单位资质专用章）
法定代表人 或其授权人：<u>　　×××　　</u> （签字或盖章）	法定代表人 或其授权人：<u>　　×××　　</u> （签字或盖章）
编　制　人：<u>　　×××　　</u> （造价人员签字盖专用章）	复　核　人：<u>　　×××　　</u> （造价工程师签字盖专用章）
编制时间：　年　月　日	复核时间：　年　月　日

扉-1

总　说　明

工程名称：××住宅楼装饰装修工程　　　　第　页　共　页

1. 工程概况：该工程建筑面积 12000m²，砖混结构，层数四层。
2. 招标范围：装饰装修工程。
3. 工程质量要求：优良工程。
4. 工程量清单编制依据：

4.1　由××市建筑勘测设计院设计的施工图1套；

4.2　由××公司编制的《××住宅楼装饰装修工程施工招标书》；

4.3　工程量清单计量按照国家标准《房屋建筑与装饰工程工程量计算规范》编制。

5. 因工程质量要求优良，故所有材料必须持有市以上有关部门颁发的《产品合格证书》及价格在中档以上的建筑材料

表-01

分部分项和单价措施项目清单与计价表

工程名称：××住宅楼装饰装修工程　　　　标段：　　　　第　页共　页

序号	项目编码	项目名称	项目特征描述	计量单位	工程量	金额/元		
						综合单价	合价	其中
								暂估价
		0111　楼地面装饰工程						
1	011101001001	水泥砂浆楼地面	1∶2水泥砂浆，厚20m	m^2	10.68			
2	011102001001	石材楼地面	一层营业大理石地面，混凝土垫层C10砾40，厚0.08m，0.8m×0.8m大理石面层	m^2	83.25			
3	011102003001	块料楼地面	混凝土垫层C10砾40，0.10m×0.40m地面砖面层	m^2	45.34			
4	011102003002	块料楼地面	卫生间防滑地砖地面，混凝土垫层C10砾40，厚0.08m，C20砾10混凝土找坡0.5%，1∶2水泥砂浆找平	m^2	8.27			
5	011102003003	块料楼地面	地砖楼面，结合层25mm厚，1∶4干硬性混凝土0.40m×0.40m地面砖	m^2	237.89			
6	011102003004	块料楼地面	卫生间防滑地砖地面，C20砾10，混凝土找坡0.5%，1∶2水泥砂浆找平	m^2	16.29			
7	011105002001	石材踢脚线	高150mm，15mm厚1∶3水泥砂浆，10mm厚大理石板	m^2	5.51			
8	011105003001	块料踢脚线	高150mm，17mm厚2∶1∶8水泥、石灰砂浆，3～4mm厚1∶1水泥砂浆加20%108胶	m^2	37.32			
9	011106002001	块料楼梯面层	20mm厚1∶3水泥砂浆，0.40mm×0.40mm×0.10mm面砖	m^2	18.42			
10	011107001001	石材台阶面	1∶3∶6石灰、砂、碎石垫层20mm厚，C15砾40混凝土垫层10mm厚，花岗石面层	m^2	22.00			
		分部小计						

续一

序号	项目编码	项目名称	项目特征描述	计量单位	工程量	金额/元		
						综合单价	合价	其中
								暂估价
		0112 墙、柱面装饰与隔断、幕墙工程						
11	011201001001	墙面一般抹灰	混合砂浆 15mm 厚,888 涂料三遍	m^2	926.15			
12	011201001002	墙面一般抹灰	外墙抹混合砂浆及外墙漆,1∶2 水泥砂浆 20mm 厚	m^2	534.63			
13	011201001003	墙面一般抹灰	女儿墙内侧抹灰水泥砂浆,1∶2 水泥砂浆 20mm 厚	m^2	67.25			
14	011203001001	零星项目一般抹灰	女儿墙压顶抹灰水泥砂浆,1∶2 水泥砂浆 21mm 厚	m^2	12.13			
15	011203001002	零星项目一般抹灰	出入孔内侧四周粉水泥砂浆,1∶2 水泥砂浆 20mm 厚	m^2	1.25			
16	011203001003	零星项目一般抹灰	雨篷装饰,上部、四周抹 1∶2 水泥砂浆,涂外墙漆,底部抹混合砂浆,888 涂料三遍	m^2	20.83			
17	011203001004	零星项目一般抹灰	水箱外粉水泥砂浆立面,1∶2 水泥砂浆 20mm 厚	m^2	13.71			
18	011204003001	块料墙面	墙砖面层,17mm 厚 1∶3 水泥砂浆	m^2	13.71			
19	011206002001	块料零星项目	污水池,混凝土面层,17mm 厚 1∶3 水泥砂浆,3～4mm 厚 1∶1 水泥砂浆加 20%108 胶	m^2	6.24			
		分部小计						
		0113 天棚工程						
20	011301001001	天棚抹灰	天棚抹灰(现浇板底),7mm 厚 1∶1∶4 水泥、石灰砂浆,5mm 厚 1∶0.5∶3 水泥砂浆,888 涂料三遍	m^2	123.61			
21	011301001002	天棚抹灰	天棚抹灰(预制板底),7mm 厚 1∶1∶4 水泥、石灰砂浆,5mm 厚 1∶0.5∶3 水泥砂浆,888 涂料三遍	m^2	134.41			

续二

序号	项目编码	项目名称	项目特征描述	计量单位	工程量	金额/元		
						综合单价	合价	其中
								暂估价
		0113 天棚工程						
22	011301001003	天棚抹灰	天棚抹灰(楼梯抹灰),7mm厚1∶1∶4水泥、石灰砂浆,5mm厚1∶0.5∶3水泥砂浆,888涂料三遍	m^2	18.08			
23	01130202001	格栅吊顶	不上人型U形轻钢龙骨600mm×600mm间距,600mm×600mm石膏板面层	m^2	162.40			
		分部小计						
		0108 门窗工程						
24	010801001001	木质门	上人孔盖板,杉木板0.02m厚,上钉镀锌铁皮1.5mm厚	m^2	2			
25	010801001002	木质门	胶合板门M－2,杉木框钉5mm胶合板,面层3mm厚榉木板,聚氨酯5遍,门碰、执手锁11个	m^2	13			
26	010802001001	金属门	M－1,铝合金框70系列,四扇四开,白玻璃6mm厚	m^2	1			
27	010802001002	金属门	M－3,塑钢门窗,不带亮,平开,白玻璃5mm厚	m^2	10			
28	010802004001	防盗门	M－4,两面1.5mm厚铁板,上涂深灰聚氨酯面漆	m^2	1			
29	010803001001	金属卷闸门	网状铝合金卷闸门M－5,网状钢丝ϕ10,电动装置1套	m^2	1			
30	010807001001	金属窗	C－2,铝合金1.2mm厚,90系列5mm厚白玻璃	m^2	9			
31	010807001002	金属窗	C－5,铝合金1.2mm厚,90系列5mm厚白玻璃	m^2	4			
32	010807001003	金属窗	C－4,铝合金1.2mm厚,90系列5mm厚白玻璃	m^2	6			

续三

序号	项目编码	项目名称	项目特征描述	计量单位	工程量	金额/元		
						综合单价	合价	其中
								暂估价
		0108　门窗工程						
33	010807001004	金属窗	铝合金平开窗，铝合金1.2mm厚，50系列5mm厚白玻璃	m^2	8			
34	010807001005	金属窗	铝合金固定窗C－1，四周无铝合金框，用SPS胶	m^2	4			
35	010807001006	金属窗	C－2，不锈钢圆管ϕ18@100，四周扁管20mm×20mm	m^2	4			
36	010807001007	金属窗	C－3，不锈钢圆管ϕ18@100，四周扁管20mm×20mm	m^2	4			
37	010808001001	木门窗套	20mm×20mm@200杉木枋上钉5mm厚胶合板，面层3mm厚榉木板	m^2	35.21			
		分部小计						
		0114　油漆、涂料、裱糊工程						
38	011406001001	抹灰面油漆	外墙门窗套外墙漆，水泥砂浆面上刷外墙漆	m^2	42.82			
		分部小计						
		0115　其他装饰工程						
39	011503001001	金属扶手、栏杆、栏板	不锈钢栏杆ϕ25，不锈钢扶手ϕ70	m	17.65			
		分部小计						
		措施项目						
40	011701001001	综合脚手架	多层建筑物(层高在3.6m以内)檐口高度在20m以内	m^2	500			
		分部小计						
合计								

表-08

总价措施项目清单与计价表

工程名称:××住宅楼装饰装修工程　　　　标段:　　　　第　页　共　页

序号	项目编码	项目名称	计算基础	费率(%)	金额/元	调整费率(%)	调整后金额/元	备注
1	011707001001	安全文明施工费	定额人工费					
2	011707002001	夜间施工费	定额人工费					
3	011707004001	二次搬运费	定额人工费					
4	011707005001	冬雨季施工增加费	定额人工费					
5	011707007001	已完工程及设备保护费						
合　计								

编制人(造价人员):×××　　　　复核人(造价工程师):×××

表-11

其他项目清单与计价汇总表

工程名称:××住宅楼装饰装修工程　　　　标段:　　　　第　页　共　页

序　号	项目名称	金额/元	结算金额/元	备　注
1	暂列金额	10000.00		明细见表—12—1
2	暂估价	20000.00		
2.1	材料(工程设备)暂估价	—		明细见表—12—2
2.2	专业工程暂估价	20000.00		明细见表—12—3
3	计日工			明细见表—12—4
4	总承包服务费			明细见表—12—5
合计		30000.00		—

表-12

暂列金额明细表

工程名称：××住宅楼装饰装修工程　　　　标段：　　　　第　页　共　页

序号	项目名称	计量单位	暂定金额/元	备注
1	政策性调整和材料价格风险	项	5000.00	
2	工程量清单中工程量变更和设计变更	项	4000.00	
3	其他	项	1000.00	
合　计			10000.00	—

表-12-1

材料(工程设备)暂估单价及调整表

工程名称：××住宅楼装饰装修工程　　　　标段：　　　　第　页　共　页

序号	材料(工程设备)名称、规格、型号	计量单位	数量		暂估/元		确认/元		差额±/元		备注
			暂估	确认	单价	合价	单价	合价	单价	合价	
1	台阶花岗石	m^2	22		200.00	4400.00					用在台阶装饰工程中
2	U形轻龙骨大龙骨 h=45mm	m	80		5.00	400.00					用在格栅吊顶工程中
合　计						4800.00					

表-12-2

专业工程暂估价及结算价表

工程名称:××住宅楼装饰装修工程　　　　　　　　标段:　　　　　　　　　　第　页　共　页

序号	工程名称	工程内容	暂估金额(元)	结算金额(元)	差额±(元)	备注
1	入户防盗门	安装	20000.00			
合　计			20000.00			

表-12-3

计 日 工 表

工程名称:××住宅楼装饰装修工程　　　　　　　　标段:　　　　　　　　　　第　页　共　页

编号	项目名称	单位	暂定数量	实际数量	综合单价	合价(元)	
						暂定	实际
一	人工						
1	技工	工日	15				
人　工　小　计							
二	材料						
1	水泥42.5	t	2.0				
2	中砂	m^3	6.0				
3	砾石(5～40mm)	m^3	5.0				
4	钢筋(规格、型号综合)	t	0.2				
材　料　小　计							
三	施工机械						
1	灰浆搅拌机(400L)	台班	5.0				
机　械　小　计							
四、企业管理费和利润							
总　计							

表-12-4

总承包服务费计价表

工程名称：××住宅楼装饰装修工程　　　　标段：　　　　第　页　共　页

序号	项目名称	项目价值/元	服务内容	计算基础	费率(%)	金额/元
1	发包人发包专业工程	20000.00	(1)按专业工程承包人的要求提供施工并对施工现场统一管理，对竣工资料统一汇总整理。 (2)为专业工程承包人提供垂直运输机械和焊接电源拉入点，并承担运输费和电费。 (3)为防盗门安装后进行修补和找平并承担相应的费用			
2	发包人提供材料	4800.00	对发包人供应的材料进行验收及保管和使用发放			
	合计	—	—		—	

表-12-5

规费、税金项目计价表

工程名称：××住宅楼装饰装修工程　　　　标段：　　　　第　页　共　页

序号	项目名称	计算基础	计算基数	计算费率(%)	金额/元
1	规费	定额人工费			
1.1	社会保险费	定额人工费			
(1)	养老保险费	定额人工费			
(2)	失业保险费	定额人工费			
(3)	医疗保险费	定额人工费			
(4)	工伤保险费	定额人工费			
(5)	生育保险费	定额人工费			
1.2	住房公积金	定额人工费			
1.3	工程排污费	按工程所在地环保部门收取标准，按实计入			
2	税金	分部分项工程费＋措施项目费＋其他项目费＋规费－按规定不计税的工程设备金额			
合计					

编制人(造价人员)：×××　　　　复核人(造价工程师)：×××

表-13

二、××住宅楼装饰装修投标报价

××住宅楼装饰装修　　　　工程

投标总价

投　标　人：×××
（单位盖章）

××年×月×日

投 标 总 价

招　　标　　人：×××

工 程 名 称：×××住宅楼装饰装修工程

投标总价(小写)：232244.13

(大写)：贰拾叁万贰仟贰佰肆拾肆元壹角叁分

投　标　人：×××
(单位盖章)

法定代表人
或其授权人：×××
(签字或盖章)

编　制　人：×××
(造价人员签字盖专用章)

编 制 时 间：××年×月×日

总 说 明

工程名称:××住宅楼装饰装修工程　　　　第　页　共　页

1. 编制依据:

1.1 建设方提供的××楼土建施工图、招标邀请书等一系列招标文件。

2. 编制说明:

2.1 经核算建设方招标书中发布的“工程量清单”中的工程数量基本无误。

2.2 经我公司实际进行市场调查后,建筑材料市场价格确定如下:

2.2.1 砂、石材料因该工程在远郊,且工程附近100m处有一砂石场,故砂、石材料报价在标底价上下浮10%。

2.2.2 其他所有材料均在×市建设工程造价主管部门发布的市场材料价格上下浮3%。

2.2.3 按我公司目前资金和技术能力、该工程各项施工费率值取定如下:(略)

2.2.4 税金按3.413%计取

表-01

建设项目投标报价汇总表

工程名称:××住宅楼装饰装修工程　　　　第　页　共　页

序号	单项工程名称	金额/元	其中:/元		
			暂估价	安全文明施工费	规费
1	××住宅楼装饰装修工程	232244.13	4800.00	12714.17	14494.15
合　计		232244.13	4800.00	12714.17	14494.15

表-02

单项工程投标报价汇总表

工程名称：××住宅楼装饰装修工程　　　　第　页　共　页

序号	单位工程名称	金额/元	其中：/元		
			暂估价	安全文明施工费	规费
1	××住宅楼装饰装修工程	232244.13	4800.00	12714.17	14494.15
合　计		232244.13	4800.00	12714.17	14494.15

表-03

单位工程投标报价汇总表

工程名称：　　　　标段：　　　　第　页　共　页

序号	汇 总 内 容	金额/元	其中：暂估价/元
1	分部分项工程	145345.70	4800.00
0111	楼地面装饰工程	46668.02	4400.00
0112	墙、柱面装饰与隔断、幕墙工程	26793.85	
0113	天棚工程	11751.01	400.00
0108	门窗工程	50163.63	
0114	油漆、涂料、裱糊工程	1942.32	
0115	其他装饰工程	8026.87	
2	措施项目	26899.89	
0117	其中：安全文明施工费	12714.17	—
3	其他项目	37840.85	—
3.1	其中：暂列金额	10000.00	—
3.2	其中：专业工程暂估价	20000.00	—
3.3	其中：计日工	6402.45	—
3.4	其中：总承包服务费	1438.40	—
4	规费	14494.15	—
5	税金	7663.54	—
投标报价合计=1+2+3+4+5		232244.13	4800.00

表-04

分部分项和单价措施项目清单与计价表

工程名称:××住宅楼装饰装修工程　　　　标段:　　　　第　页　共　页

序号	项目编码	项目名称	项目特征描述	计量单位	工程量	金额/元		
						综合单价	合　价	其中
								暂估价
		0111　楼地面装饰工程						
1	011101001001	水泥砂浆楼地面	1∶2水泥砂浆,厚20mm	m^2	10.68	8.62	92.06	
2	011102001001	石材楼地面	一层营业大理石地面,混凝土垫层C10砾40,0.08m,0.8m×0.8m大理石面层	m^2	83.25	203.75	16962.19	
3	011102003001	块料楼地面	混凝土垫层C10砾40,0.10m×0.40m地面砖面层	m^2	45.34	64.88	2941.66	
4	011102003002	块料楼地面	卫生间防滑地砖地面,混凝土垫层C10砾40,厚0.08m,C20砾10混凝土找坡0.5%,1∶2水泥砂浆找平	m^2	8.27	145.28	1201.47	
5	011102003003	块料楼地面	地砖楼面,结合层25mm厚,1∶4干硬性混凝土0.40m×0.40m地面砖	m^2	237.89	47.25	11240.30	
6	011102003004	块料楼地面	卫生间防滑地砖地面,C20砾10,混凝土找坡0.5%,1∶2水泥砂浆找平	m^2	16.29	134.56	2191.98	
7	011105002001	石材踢脚线	高150mm,15mm厚1∶3水泥砂浆,10mm厚大理石板	m^2	5.51	235.49	1297.55	
8	011105003001	块料踢脚线	高150mm,17mm厚2∶1∶8水泥、石灰砂浆,3~4mm厚1∶1水泥砂浆加20%108胶	m^2	37.32	52.49	1958.93	
9	011106002001	块料楼梯面层	20mm厚1∶3水泥砂浆,0.40mm×0.40mm×0.10mm面砖	m^2	18.42	99.02	1823.95	
10	011107001001	石材台阶面	1∶3∶6石灰、砂、碎石垫层20mm厚,C15砾40混凝土垫层10mm厚,花岗石面层	m^2	22.00	316.27	6957.94	4400.00
		分部小计					46668.02	4400.00

续一

序号	项目编码	项目名称	项目特征描述	计量单位	工程量	金额/元		
						综合单价	合　价	其中 暂估价
		0112　墙、柱面装饰与隔断、幕墙工程						
11	011201001001	墙面一般抹灰	混合砂浆 15mm 厚，888 涂料三遍	m^2	926.15	13.28	12299.27	
12	011201001002	墙面一般抹灰	外墙抹混合砂浆及外墙漆，1∶2 水泥砂浆 20mm 厚	m^2	534.63	21.45	11467.81	
13	011201001003	墙面一般抹灰	女儿墙内侧抹灰水泥砂浆，1∶2 水泥砂浆 20mm 厚	m^2	67.25	8.66	582.39	
14	011203001001	零星项目一般抹灰	女儿墙压顶抹灰水泥砂浆，1∶2 水泥砂浆 21mm 厚	m^2	12.13	20.48	248.42	
15	011203001002	零星项目一般抹灰	出入孔内侧四周粉水泥砂浆，1∶2 水泥砂浆 20mm 厚	m^2	1.25	21.02	26.28	
16	011203001003	零星项目一般抹灰	雨篷装饰，上部、四周抹 1∶2 水泥砂浆，涂外墙漆，底部抹混合砂浆，888 涂料三遍	m^2	20.83	80.22	1670.98	
17	011203001004	零星项目一般抹灰	水箱外粉水泥砂浆立面，1∶2 水泥砂浆 20mm 厚	m^2	13.71	9.04	123.94	
18	011204003001	块料墙面	墙砖面层，17mm 厚 1∶3 水泥砂浆	m^2	13.71	8.56	117.36	
19	011206002001	块料零星项目	污水池，混凝土面层，17mm 厚 1∶3 水泥砂浆，3～4mm 厚 1∶1 水泥砂浆加 20%108 胶	m^2	6.24	41.25	257.40	
		分部小计					26793.85	
		0113　天棚工程						
20	011301001001	天棚抹灰	天棚抹灰（现浇板底），7mm 厚 1∶1∶4 水泥、石灰砂浆，5mm 厚 1∶0.5∶3 水泥砂浆，888 涂料三遍	m^2	123.61	13.30	1644.01	
21	011301001002	天棚抹灰	天棚抹灰（预制板底），7mm 厚 1∶1∶4 水泥、石灰砂浆，5mm 厚 1∶0.5∶3 水泥砂浆，888 涂料三遍	m^2	134.41	13.55	1821.26	

续二

序号	项目编码	项目名称	项目特征描述	计量单位	工程量	金额/元		
						综合单价	合　价	其中 暂估价
		0113　天棚工程						
22	011301001003	天棚抹灰	天棚抹灰(楼梯抹灰),7mm厚1∶1∶4水泥、石灰砂浆,5mm厚1∶0.5∶3水泥砂浆,888涂料三遍	m^2	18.08	12.58	227.45	
23	01130202001	格栅吊顶	不上人型U形轻钢龙骨600mm × 600mm间距,600mm×600mm石膏板面层	m^2	162.40	49.62	8058.29	400.00
		分部小计					11751.01	400.00
		0108　门窗工程						
24	010801001001	木质门	上人孔盖板,杉木板0.02m厚,上钉镀锌铁皮1.5mm厚	m^2	2	125.34	250.68	
25	010801001002	木质门	胶合板门M－2,杉木框钉5mm胶合板,面层3mm厚榉木板,聚氨酯5遍,门碰、执手锁11个	m^2	13	427.50	5557.50	
26	010802001001	金属门	M－1,铝合金框70系列,四扇四开,白玻璃6mm厚	m^2	1	2316.25	2316.25	
27	010802001002	金属门	M－3,塑钢门窗,不带亮,平开,白玻璃5mm厚	m^2	10	310.56	3105.60	
28	010802004001	防盗门	M－4,两面1.5mm厚铁板,上涂深灰聚氨酯面漆	m^2	1	1235.50	1235.50	
29	010803001001	金属卷闸门	网状铝合金卷闸门M－5,网状钢丝ϕ10,电动装置1套	m^2	1	11122.72	11122.72	
30	010807001001	金属窗	C－2,铝合金1.2mm厚,90系列5mm厚白玻璃	m^2	9	698.27	6284.43	
31	010807001002	金属窗	C－5,铝合金1.2mm厚,90系列5mm厚白玻璃	m^2	4	596.24	2384.96	
32	010807001003	金属窗	C-4,铝合金1.2mm厚,90系列5mm厚白玻璃	m^2	6	1310.24	7861.44	

续三

序号	项目编码	项目名称	项目特征描述	计量单位	工程量	金额/元		
						综合单价	合价	其中 暂估价
		0108 门窗工程						
33	010807001004	金属窗	铝合金平开窗，铝合金1.2mm厚，50系列5mm厚白玻璃	m^2	8	276.22	2209.76	
34	010807001005	金属窗	铝合金固定窗C—1，四周无铝合金框，用SPS胶	m^2	4	1214.56	4858.24	
35	010807001006	金属窗	C—2，不锈钢圆管ϕ18@100，四周扁管20mm×20mm	m^2	4	175.23	700.92	
36	010807001007	金属窗	C—3，不锈钢圆管ϕ18@100，四周扁管20mm×20mm	m^2	4	56.25	225.00	
37	010808001001	木门窗套	20mm×20mm@200杉木枋上钉5mm厚胶合板，面层3mm厚榉木板	m^2	35.21	58.24	2050.63	
		分部小计					50163.63	
		0114 油漆、涂料、裱糊工程						
38	011406001001	抹灰面油漆	外墙门窗套外墙漆，水泥砂浆面上刷外墙漆	m^2	42.82	45.36	1942.32	
		分部小计					1942.32	
		0115 其他装饰工程						
39	011503001001	金属扶手、栏杆、栏板	不锈钢栏杆ϕ25，不锈钢扶手ϕ70	m	17.65	454.78	8026.87	
		分部小计					8026.87	
		措施项目						
40	011701001001	综合脚手架	多层建筑物(层高在3.6m以内)檐口高度在20m以内	m^2	500	7.89	3945.00	
		(其他略)						
		分部小计					5834.32	
合计							151180.02	4800.00

表-08

综合单价分析表

工程名称:××住宅楼装饰装修工程　　标段:　　第　页　共　页

项目编码	011406001001	项目名称	抹灰面油漆	计量单位	m²	工程量	42.85			
清单综合单价组成明细										
定额编号	定额项目名称	定额单位	数量	单价				合价		
				人工费	材料费	机械费	管理费和利润	人工费	材料费	机械费	管理费和利润
BE0267	抹灰面满刮耐水腻子	100m²	0.01	360.00	2550.00		110.00	3.60	25.50		1.10
BE0267	外墙乳胶漆一遍底面漆二遍	100m²	0.01	320.00	900.00		102.00	3.20	9.00		1.02
人工单价		小　计						6.80	34.50		2.12
41.8元/工日		未计价材料费									
清单项目综合单价								43.42			
材料费明细		主要材料名称、规格、型号			单位	数量		单价/元	合价/元	暂估单价/元	暂估合价/元
		耐水成品腻子			kg	2.50		9.90	24.75		
		××牌乳胶漆面漆			kg	0.353		19.50	6.88		
		××牌乳胶漆底漆			kg	0.136		16.60	2.26		
		其他材料费						—	0.61	—	
		材料费小计						—	34.50	—	

表-09

总价措施项目清单与计价表

工程名称:××住宅楼装饰装修工程　　标段:　　第　页　共　页

序号	项目编码	项目名称	计算基础	费率(%)	金额/元	调整费率(%)	调整后金额/元	备注
1	011707001001	安全文明施工	定额人工费	25	12714.17			
2	011707002001	夜间施工费	定额人工费	3	1525.70			
3	011707004001	二次搬运费	定额人工费	2	1017.13			
4	011707005001	冬雨季施工	定额人工费	1	508.57			
5	011707007001	已完工程及设备保护			5300.00			
		合　计			21065.57			

编制人(造价人员):×××　　复核人(造价工程师):×××

表-11

其他项目清单与计价汇总表

工程名称：××住宅楼装饰装修工程　　　　标段：　　　　第　页　共　页

序　号	项目名称	金额/元	结算金额/元	备　注
1	暂列金额	10000.00		明细见表－12－1
2	暂估价	20000.00		
2.1	材料(工程设备)暂估价	—		明细见表－12－2
2.2	专业工程暂估价	20000.00		明细见表－12－3
3	计日工	6402.45		明细见表－12－4
4	总承包服务费	1438.40		明细见表－12－5
合计		37840.85		—

表-12

暂列金额明细表

工程名称：××住宅楼装饰装修工程　　　　标段：　　　　第　页　共　页

序号	项目名称	计量单位	暂定金额/元	备注
1	政策性调整和材料价格风险	项	5000.00	
2	工程量清单中工程量变更和设计变更	项	4000.00	
3	其他	项	1000.00	
合　计			10000.00	—

表-12-1

材料(工程设备)暂估单价及调整表

工程名称:××住宅楼装饰装修工程　　　　　标段:　　　　　第　页　共　页

序号	材料(工程设备)名称、规格、型号	计量单位	数量		暂估/元		确认/元		差额±/元		备注
			暂估	确认	单价	合价	单价	合价	单价	合价	
1	台阶花岗石	m^2	22		200.00	4400.00					用在台阶装饰工程中
2	U形轻龙骨大龙骨 $h=45$mm	m	80		5.00	400.00					用在格栅吊顶工程中
合　计						4800.00					

表-12-2

专业工程暂估价及结算价表

工程名称:××住宅楼装饰装修工程　　　　　标段:　　　　　第　页　共　页

序号	工程名称	工程内容	暂估金额/元	结算金额/元	差额±/元	备注
1	入户防盗门	安装	20000.00			
合　计			20000.00			

表-12-3

计 日 工 表

工程名称：××住宅楼装饰装修工程　　　　标段：　　　　第　页　共　页

编号	项目名称	单位	暂定数量	实际数量	综合单价	合价/元	
						暂定	实际
一	人工						
1	技工	工日	15		68.50	1027.50	
人　工　小　计						1027.50	
二	材料						
1	水泥 42.5	t	2.0		600.00	1200.00	
2	中砂	m^3	6.0		80.00	480.00	
3	砾石(5～40mm)	m^3	5.0		42.00	210.00	
4	钢筋(规格、型号综合)	t	0.2		4000.00	800.00	
材　料　小　计						2690.00	
三	施工机械						
1	灰浆搅拌机(400L)	台班	5.0		500.00	2500.00	
机　械　小　计						2500.00	
四、企业管理费和利润　按人工费 18%计						184.95	
总　　计						6402.45	

表-12-4

总承包服务费计价表

工程名称：××住宅楼装饰装修工程　　　　标段：　　　　第　页　共　页

序号	项目名称	项目价值/元	服务内容	计算基础	费率(%)	金额/元
1	发包人发包专业工程	20000.00	(1)按专业工程承包人的要求提供施工并对施工现场统一管理，对竣工资料统一汇总整理。 (2)为专业工程承包人提供垂直运输机械和焊接电源拉入点，并承担运输费和电费。 (3)为防盗门安装后进行修补和找平并承担相应的费用	项目价值	7	1400.00
2	发包人提供材料	4800.00	对发包人供应的材料进行验收及保管和使用发放	项目价值	0.8	38.40
	合计	—	—		—	1438.40

表-12-5

规费、税金项目计价表

工程名称:××住宅楼装饰装修工程　　　　标段:　　　　第　页　共　页

序号	项目名称	计算基础	计算基数	计算费率(%)	金额/元
1	规费	定额人工费			14494.15
1.1	社会保险费	定额人工费	(1)+…+(5)		11442.75
(1)	养老保险费	定额人工费		14	7119.94
(2)	失业保险费	定额人工费		2	1017.13
(3)	医疗保险费	定额人工费		6	3051.40
(4)	工伤保险费	定额人工费		0.25	127.14
(5)	生育保险费	定额人工费		0.25	127.14
1.2	住房公积金	定额人工费		6	3051.40
1.3	工程排污费	按工程所在地环保部门收取标准,按实计入			
2	税金	分部分项工程费+措施项目费+其他项目费+规费-按规定不计税的工程设备金额		3.413	7663.54
合计					22157.69

编制人(造价人员):×××　　　　复核人(造价工程师):×××

表-13

参考文献

[1] 中华人民共和国住房和城乡建设部．GB 50500—2013 建设工程工程量清单计价规范[S]．北京：中国计划出版社，2013.

[2] 中华人民共和国住房和城乡建设部．GB 50854—2013 房屋建筑与装饰工程工程量计算规范[S]．北京：中国计划出版社，2013.

[3] 建设工程工程量清单计价规范编制组．2013 建设工程计价计量规范辅导[M]．北京：中国计划出版社，2013.

[4] 刘晓佳．装饰装修工程工程量清单计价实施指南[M]．北京：中国电力出版社，2009.

[5] 齐景华，宋晓慧．建筑装饰施工技术[M]．北京：北京理工大学出版社，2009.

[6] 郭阳明．工程量清单计价实务[M]．北京：北京理工大学出版社，2009.

[7] 徐晓珍．装饰装修工程量清单计价全程解析[M]．长沙：湖南大学出版社，2009.

[8] 李伟昆，侯春奇，李清奇．建筑装饰工程量与计价[M]．北京：北京理工大学出版社，2010.

[9] 吴锐．建筑装饰工程计量与计价[M]．北京：机械工业出版社，2009.

[10] 李宏扬．装饰装修工程量清单计价与投标报价[M]．2 版．北京：中国建筑工业出版社，2010.

[11] 程磊．例解装饰装修工程工程量清单计价[M]．武汉：华中科技大学出版社，2010.

[12] 寥雯．新编装饰工程计价教程[M]．北京：北京理工大学出版社，2011.

[13] 张国栋．图解装饰装修工程工程量清单计算手册[M]．北京：机械工业出版社，2009.

[14] 候小霞，刘芳．建筑装饰工程概预算[M]．北京：北京理工大学出版社，2009.

中国建材工业出版社
China Building Materials Press